2024

Abitur

W0302056

Original-Prüfungsaufgaben
mit Lösungen

Niedersachsen

Mathematik gA

STARK

© 2023 Stark Verlag GmbH
15. neu bearbeitete und ergänzte Auflage
www.stark-verlag.de

Das Werk und alle seine Bestandteile sind urheberrechtlich geschützt. Jede vollständige oder teilweise Vervielfältigung, Verbreitung und Veröffentlichung bedarf der ausdrücklichen Genehmigung des Verlages. Dies gilt insbesondere für Vervielfältigungen, Mikroverfilmungen sowie die Speicherung und Verarbeitung in elektronischen Systemen.

Inhaltsverzeichnis

Vorwort
Stichwortverzeichnis

Hinweise und Tipps zum Zentralabitur

1 Ablauf der schriftlichen Abiturprüfung ... I
2 Die Inhalte in der Einführungs- und Qualifikationsphase ... II
3 Bewertung der Prüfungsarbeiten ... V
4 Operatoren in zentralen Prüfungsaufgaben Mathematik ... VI
5 Methodische Hinweise und allgemeine Tipps zur schriftlichen Prüfung ... IX
6 Hinweise und Tipps zum Lösen von Abituraufgaben mit CAS-Rechnern ... X
7 Weiterführende Informationen ... XVI

Übungsaufgaben zum Pflichtteil

Analysis ... 1
Stochastik ... 2
Analytische Geometrie ... 4
Lösungsvorschlag ... 5

Übungsaufgaben zum Wahlteil

Analysis
Übungsaufgabe 1: Rutschbahn (80 Min., GTR) ... 16
Übungsaufgabe 2: Bakterien (80 Min., GTR) ... 21
Übungsaufgabe 3: Das approximierte Dreieck (80 Min., CAS) ... 27

Stochastik

Übungsaufgabe 1: Sportlerkontrollen (40 Min., CAS) 32
Übungsaufgabe 2: Grippeschutz (40 Min., GTR) 36
Übungsaufgabe 3: Ziehen aus zwei Urnen (40 Min., GTR/CAS) 40

Analytische Geometrie

Übungsaufgabe 1: Ölbohrinsel (40 Min., GTR) 44
Übungsaufgabe 2: Eine Raute im Raum (40 Min., CAS) 47
Übungsaufgabe 3: Geraden im Raum (40 Min., GTR/CAS) 51

Original-Abituraufgaben

Es liegen alle Aufgaben für CAS und für GTR vollständig vor. Wenn eine Aufgabe für beide Rechnerarten gleich ist, wurde die Lösung für die erstgenannte ausgearbeitet. Bei Unterschieden in der Aufgabenstellung finden Sie die Variante für die eine Rechnertechnologie im Buch und die andere bei MyStark.

Abiturprüfung 2019

Pflichtteil 2019-1
Aufgabe 1A – Rechnertyp: GTR – Analysis 2019-7
Aufgabe 1B – Rechnertyp: CAS – Analysis 2019-14
Aufgabe 2A – Rechnertyp: GTR – Stochastik 2019-22
Aufgabe 2B – Rechnertyp: CAS/GTR – Stochastik 2019-27
Aufgabe 3A – Rechnertyp: CAS/GTR – Geometrie/Algebra 2019-31
Aufgabe 3B – Rechnertyp: CAS – Geometrie/Algebra (* Teilaufgabe b) .. 2019-37

Die mit einem * markierten Aufgaben sind wegen Lehrplanänderungen seit 2021 für das Abitur nicht mehr relevant.

Der Jahrgang 2020 fehlt, da wegen der Umstellung von G8 auf G9 in diesem Jahr nur für sehr wenige Schüler eine Abiturprüfung stattgefunden hat.

Abiturprüfung 2021

Pflichtteil 2021-1
Aufgabe 1A – Rechnertyp: GTR/CAS – Analysis 2021-8
Aufgabe 1B – Rechnertyp: CAS/GTR – Analysis 2021-16
Aufgabe 2A – Rechnertyp: GTR/CAS – Stochastik 2021-23
Aufgabe 2C – Rechnertyp: CAS/GTR – Stochastik 2021-29
Aufgabe 3A – Rechnertyp: GTR/CAS – Geometrie/Algebra 2021-35
Aufgabe 3C – Rechnertyp: CAS/GTR – Geometrie/Algebra 2021-41

Abiturprüfung 2022

Pflichtteil 2022-1
Aufgabe 1B – Rechnertyp: GTR/CAS – Analysis 2022-9
Aufgabe 1C – Rechnertyp: CAS – Analysis 2022-18
Aufgabe 2A – Rechnertyp: GTR/CAS – Stochastik 2022-25
Aufgabe 2B – Rechnertyp: CAS/GTR – Stochastik 2022-31
Aufgabe 3A – Rechnertyp: GTR/CAS – Geometrie/Algebra 2022-38
Aufgabe 3C – Rechnertyp: CAS/GTR – Geometrie/Algebra 2022-44

Abiturprüfung 2023 .... **www.stark-verlag.de/mystark**

Sobald die Original-Prüfungsaufgaben 2023 freigegeben sind, können sie als PDF auf der Plattform MyStark heruntergeladen werden (Zugangscode auf der Umschlaginnenseite).

Bei **MyStark** finden Sie:

- **Interaktives Training** zum hilfsmittelfreien Teil des Abiturs
- **Lernvideos** zum Einsatz Ihres GTR bzw. CAS
- **Jahrgang 2023**, sobald dieser zum Download bereit steht
- alle **Original-Prüfungsaufgaben** der Jahre **2014 bis 2019 und 2021 bis 2023** mit Lösungen, die nicht im Buch abgedruckt sind

Den Zugangscode zu MyStark finden Sie auf der Umschlaginnenseite.

Sitzen alle mathematischen Begriffe? Im Interaktiven Training und unter www.stark-verlag.de/mathematik-glossar/ finden Sie ein kostenloses Glossar zum schnellen Nachschlagen aller wichtigen Definitionen mitsamt hilfreicher Abbildungen und Erläuterungen.

Kostenlose **Webinare** zur Prüfungsvorbereitung finden Sie ab Mitte März 2024 unter:
www.stark-verlag.de/schule/unser-angebot/kurse/online-kurse

Autoren

Volker Honkomp (Übungsaufgaben, Lösungen der Abituraufgabe 2023)
Josef Rolfs (Hinweise zum Zentralabitur, Übungsaufgaben, Lösungen der Abituraufgaben 2011–2018)
Hartmut Müller-Sommer (Hinweise zum Zentralabitur, Übungsaufgaben, Lösungen der Abituraufgaben 2014–2019, 2021–2023)

Vorwort

Liebe Schülerinnen und Schüler,

mit diesem Buch geben wir Ihnen eine optimale Hilfestellung zur Vorbereitung auf die **Abiturprüfung 2024** im **Grundlegenden Anforderungsniveau** in **Niedersachsen**.

- Sie erhalten im ersten Teil des Buches zahlreiche **Informationen zum Abitur**, deren Kenntnis für die gezielte Vorbereitung auf die Abiturklausur hilfreich und wichtig ist. Dazu gehören u. a. eine komplette, kommentierte Aufstellung der Operatoren für das Abitur, Hinweise zum genauen Ablauf der Prüfung sowie alles Wissenswerte zur Struktur und zu den Anforderungen der Prüfungsaufgaben. Sie finden dort darüber hinaus viele **praktische Hinweise**, die Ihnen sowohl in der Vorbereitung auf das Abitur als auch während der Prüfung dazu verhelfen, Prüfungsaufgaben gut zu lösen.
- Der Band enthält **für das Grundlegende Anforderungsniveau** viele **Übungsaufgaben** zu den **Themen des Abiturs 2024** sowie zum **Pflichtteil**. Diese sind auf den Stil der Prüfungsaufgaben abgestimmt, d. h., in der Abiturprüfung werden auf Sie in Umfang, Form und Schwierigkeitsgrad vergleichbare Fragestellungen zukommen.
- Zusätzlich finden Sie in diesem Band die **Original-Abituraufgaben 2019 und 2021 bis 2023**. Damit können Sie sich ein genaues Bild davon machen, wie die Prüfung in den letzten Jahren ausgesehen hat.
- Zu sämtlichen Aufgaben im Buch wurden von uns **vollständige, kommentierte Lösungsvorschläge** sowie separate **Tipps zum Lösungsansatz** ausgearbeitet, die Ihnen das selbstständige Lösen der Aufgaben erleichtern.
- Zudem erhalten Sie zusätzliches Übungsmaterial **online bei MyStark**:
  - **Interaktives Training** zum hilfsmittelfreien Teil
  - **Lernvideos** zum Einsatz Ihres GTR bzw. CAS
  - **Jahrgang 2023**, sobald dieser zum Download bereit steht
  - **Original-Abituraufgaben** der Jahre **2014 bis 2019 und 2021 bis 2023**, die nicht im Buch abgedruckt sind

  Die Zugangscode zu MyStark finden Sie auf der Umschlaginnenseite.

Wir wünschen Ihnen viel Erfolg bei der Abiturvorbereitung und bei Ihrer Prüfung!

Hartmut Müller-Sommer Volker Honkomp Josef Rolfs

Stichwortverzeichnis 2019, 2021 und 2022

Das Verzeichnis gliedert sich in die drei Themenbereiche Analysis, Stochastik und Analytische Geometrie/Lineare Algebra.
Folgende Abkürzungen wurden zur Kennzeichnung der einzelnen Aufgaben gewählt:

ÜA/1	**Ü**bungsaufgaben zum Prüfungsteil **A**, Aufgabe **1**
ÜB/3c	**Ü**bungsaufgaben zum Prüfungsteil B (des Themenbereichs, in dem sich das Stichwort befindet) Übungsaufgabe **3**, Teilaufgabe **c**
19/P3 a	Abitur 20**19**, **P**flichtteil, Aufgabe **3**, Teilaufgabe **a**
21/1A bc	Abitur 20**21**, Wahlteil, Aufgabe **1A**, Teilaufgaben **b** und **c**

Analysis

Ableitung	ÜA/2, 4a, 5a; ÜB/1, 2; 19/P4 b; 19/1A a; 21/1A b, 1B cd; 22/1B d, 1C
Abstand	ÜB/3c; 19/1B a
Änderungsrate	ÜB/2 ab; 21/1A f; 22/1B deg
Approximierung	ÜB/3; 22/1B b
Asymptote	ÜB/2
Begründung	ÜA/1b; 21/P2 a; 21/1B ai; 22/1B efg
Beurteilung	ÜB/3
Erläuterung, Erklärung	22/1B b
Exponentialgleichung	ÜA/2, 3
Extrempunkte	ÜA/2; ÜB/2c; 19/1A ac; 21/1A cd, 1B cd; 22/P2 b; 22/1B e, 1C f
Flächeninhalt	ÜA/1; ÜB/1b, 2c, 3; 19/P3 b; 19/1A b, 1B abc; 21/P2 b; 21/1B I; 22/P3; 22/1C g
Funktion	
• Exponential-	ÜA/2, 3, 4; ÜB/2; 19/P4; 19/1A; 21/1A; 22/P1; 22/1B
• ganzrationale	ÜA/1; ÜB/1, 3; 19/1B; 21/1B; 22/P2; 22/1C
• Wurzel-	ÜA/5

Graphen beschreiben und interpretieren	ÜB/2a
Graphen zeichnen, skizzieren	ÜB/1a, 2a; 19/1A a; 22/1B c
Integration	ÜA/1; ÜB/1b, 3bc; 19/1A b, 19/1B abc; 21/P3 a; 21/1B fg; 22/1B fg
Interpretation	21/1A be, 1B a
Modellierung	ÜB/2, 3; 22/1C efg
Nullstellen	ÜB/1b
Parameterbestimmung	22/P1 a; 22/1C b
prozentuale Zunahme	22/1B d
Schnittpunkte	ÜB/1b, 3; 19/P3 a; 19/1B b
Steckbriefaufgabe	ÜB/1a; 19/1B c
Steigung, größte	ÜB/1a; 22/1C f
Symmetrie	ÜA/1b; ÜB/3; 22/1C d
Tangente/Normale	ÜA/4, 5; ÜB/1b, 2c; 19/P4 bc; 19/1A c, 1B b; 21/P1 b; 22/1C a
Wendepunkte	ÜB/1; 21/1A c, 1B d
Wertemenge	ÜA/2b
Winkelberechnung	ÜB/1b; 22/1C h

Stochastik

Anteil	22/P4; 22/2A cef, 2B d
arithmetisches Mittel	ÜA/6ac
Baumdiagramm	ÜA/9a; ÜB/3b; 19/P2 a; 19/2A b; 21/P4 a; 21/2A ab; 22/P5 b; 22/2B b
Begründung, Beurteilung	ÜA/8a; ÜB/2d; 19/2A c, 2B b; 22/2B de
Bedeutung	21/2C b; 22/2A d, 2B c
Binomialkoeffizient	ÜB/3d
Binomialverteilung	ÜB/1b, 3a; 19/2A, 2B; 21/P5 ab; 21/2A defg, 2C ab; 22/2A acd, 2B a
Erklärung, Erläuterung	ÜB/2c; 21/P4 b
Erwartungswert	ÜA/7; ÜB/1; 19/2A b, 2B ab; 21/2A ef, 2C ce; 22/P5 a
Gewinnerwartung, „faires“ Spiel	19/2A b
Irrtumswahrscheinlichkeit	ÜB/1a
Laplace-Bedingung	ÜB/1b; 19/2B b
Median	ÜA/6ab
Modalwert	ÜA/6a
Pfadregel	ÜA/9; ÜB/3bc; 19/2A b; 21/2A c; 22/P5 b
quadratische Ungleichung	ÜB/1b

Sicherheitswahrscheinlichkeit	ÜB/1b
Sigma-Umgebung	19/2B b
Standardabweichung	ÜA/7; 19/2B ab
Summenfunktion der Binomialverteilung, Lösung mit Rechner	19/2A a, 2B ab; 21/2A efg, 2C a
systematisches Zählen	ÜA/10; ÜB/3d
Test (-spezifität, -sensitivität)	ÜB/1; 18/2B
unabhängige Ereignisse	ÜB/2d
Vertrauensintervall, -zahl/ Konfidenzintervall	ÜB/1b
Vierfeldertafel	ÜB/2; 22/2A ef
Wahrscheinlichkeit,	
• bedingte	ÜA/9b; ÜB/2bc; 21/2C d
• maximale	ÜA/8b
• Mindest-	ÜB/1b
Wahrscheinlichkeitsverteilung	ÜA/7, 8a; 19/P2 b; 22/P5 a
Ziehen mit/ohne Zurücklegen	19/2A ab

Analytische Geometrie/Lineare Algebra

Abstand	
• Punkt – Gerade	ÜB/1a
• zweier Punkte	ÜA/12c, 13b; ÜB/3c; 19/P1 b; 19/3A b; 21/P4 a; 21/3C f; 22/P4 a; 22/3A de, 3C bcd
Begründung	22/3A b
Behauptung, Beweis	21/3C ab
Diagonale	ÜB/2a
Dreieck	ÜB/2a; 19/3B a; 22/P4
Ebene	
• durch 3 Punkte	ÜA/13a; ÜB/1b, 2b; 22/3C a
• durch Punkt und Gerade	ÜA/11b
• Koordinatenform	19/3B b
• Normalenform	19/3B b
Erläuterung, Erklärung	21/3A d
Flächeninhalt	ÜB/2b; 21/3A a; 22/P4 b; 22/3C c
Gerade	19/3A a, 3B c; 21/3C c; 22/P5 b; 22/3A e
Geschwindigkeit, Bewegung von Punkten	ÜB/1a; 19/3A ac
grafische Darstellung	
• Schrägbild	ÜB/2a; 21/P5 ab; 22/3A cde
• Skizze	19/3B c

Lagebeziehung
- Punkt – Ebene ÜA/11c; 22/3C a
- Punkt – Gerade ÜA/11a
- zweier Geraden ÜA/12ab, 13a; ÜB/1a; 22/P5 a

Länge ÜB/2a; 22/P4 a; 22/3A ad, 3C bcd
lineares Gleichungssystem ÜA/11ac, 12a; ÜB/1a, 3ab; 19/3B c; 21/3C ad; 22/P5 a; 22/3C a
Lotgerade, Lotfußpunkt ÜB/1a; 19/3A b

Normalenvektor 19/3B b

Parallelogramm 22/3A a
Pyramide ÜB/2b; 21/3A

Raute ÜB/2; 22/3C b

Schnittpunkte von Ebenen und Geraden ÜA/12a; ÜB/1a, 3a; 19/3B c
Schnittwinkel s. Winkel
Skalarprodukt 19/3B ab; 21/P4 b, P5 c; 21/3A bc, 3C e; 22/3A a, 3C ce

Volumen ÜB/2b; 21/3A e

Winkel zwischen
- Gerade und Ebene 19/3B b
- zwei Geraden ÜB/3a; ÜP/11b
- zwei Vektoren oder Strecken ÜB/2a; 21/3A b; 22/3C c

HINWEISE UND TIPPS

Hinweise und Tipps zum Zentralabitur

1 Ablauf der schriftlichen Abiturprüfung

1.1 Die zentrale schriftliche Prüfung

Seit dem Schuljahr 2005/2006 gibt es im Land Niedersachsen im Fach Mathematik zentrale schriftliche Abiturprüfungen. Seit dem Schuljahr 2013/2014 werden Teile davon länderübergreifend gestellt.
Die Abiturprüfung besteht aus zwei Teilen: dem **Prüfungsteil A**, der ohne elektronische Hilfsmittel und ohne Formelsammlung zu bearbeiten ist, und dem **Prüfungsteil B**, der mithilfe der unten angeführten Hilfsmittel bearbeitet werden kann.

1.2 Aufbau der Prüfungsaufgaben

Im **Prüfungsteil A** müssen insgesamt **fünf Aufgaben** aus den drei Sachgebieten Analysis, Stochastik und Analytische Geometrie bearbeitet werden. Die Aufgaben werden in die Aufgabengruppe 1 und Aufgabengruppe 2 unterteilt. Die Aufgabengruppe 1 enthält Aufgaben aus den Anforderungsbereichen I und II. Die Aufgabengruppe 2 enthält Aufgaben aus den Anforderungsbereichen I und II, wobei mindestens eine Teilaufgabe auch den Anforderungsbereich III erreicht.
Den Schülerinnen und Schülern werden je eine Aufgabe aus der Analysis, eine aus der Stochastik und eine aus der Analytischen Geometrie vorgelegt, die alle drei bearbeitet werden müssen. Diese kommen alle aus der Aufgabengruppe 1.
Zusätzlich erhalten die Schülerinnen und Schüler zu jedem der drei Sachgebiete jeweils eine weitere Aufgabe der Aufgabengruppe 1 und eine der Aufgabengruppe 2. Aus jeder der beiden Aufgabengruppen muss von den drei Aufgaben eine beliebige bearbeitet werden.
Ein Prüfling könnte aus der Aufgabengruppe 1 beispielsweise die Analysisaufgabe und aus der Aufgabengruppe 2 die Aufgabe zur Analytischen Geometrie bearbeiten. Insgesamt hat er dann fünf Aufgaben im Prüfungsteil A bearbeitet.
Die Aufgaben des Prüfungsteils A sind mit jeweils 5 Bewertungseinheiten gleichgewichtet und gehen **zu 25 %** in die Gesamtnote ein.

Im **Prüfungsteil B** werden den Schülerinnen und Schülern je zwei Aufgaben aus der Analysis, aus der Stochastik und aus der Analytischen Geometrie vorgelegt. Sie müssen aus jedem der drei Bereiche jeweils eine Aufgabe auswählen und bearbeiten. In der Analysisaufgabe können 35 Bewertungseinheiten erreicht werden, in der Stochastik und der Analytischen Geometrie jeweils 20. Die Aufgaben des Wahlteils gehen insgesamt **zu 75 %** in die Gesamtnote ein.

1.3 Dauer der Prüfung

Die Arbeitszeit beträgt **285 Minuten**. Zu Beginn der Prüfung werden die Aufgaben des Prüfungsteils A und des Prüfungsteils B ausgeteilt. Die Schülerinnen und Schüler entscheiden selbst, wann sie den Prüfungsteil A abgeben. Dies muss spätestens nach 90 Minuten erfolgen. Anschließend erhalten sie die zugelassenen Hilfsmittel.

1.4 Verwendung von Hilfsmitteln im Wahlteil

Von den lokalen Fachkonferenzen wird zu Beginn der Einführungsphase festgesetzt, welche der beiden Technologiekategorien in den jeweiligen Prüfungsgruppen verwendet werden. Diese Entscheidung legt eine Aufgabenklasse für die Prüfungsgruppe fest und kann nicht mehr verändert werden. Zur Auswahl stehen:

- grafikfähiger Taschenrechner ohne CAS (GTR)
- computeralgebrafähiger Taschencomputer, Computeralgebrasystem auf einem Tablet, PC oder Notebook (CAS)

Alle Prüflinge einer Prüfungsgruppe verwenden dasselbe Rechnermodell mit demselben Betriebssystem.

In der Abiturprüfung sollen die Schülerinnen und Schüler die **Rechnertechnologie** einsetzen und den sinnvollen Gebrauch dieser Technologie nachweisen. Dabei gilt:

- Alle Taschenrechner sind mittels eines Hard- bzw. Software-Resets vor der Prüfung in einen vergleichbaren Zustand zu versetzen. Eigene Programme und Dateien sind auf dem Rechner nicht zulässig.
- Bei den Computeralgebrasystemen sind keine Ergänzungsprogrammpakete erlaubt; auf PCs sind neben einem CAS die Standard-Officeprogramme, aber keine weiteren mathematischen Programme oder weitere Dateien zulässig.

Weiter sind zur Abiturprüfung das auf den Seiten des IQB veröffentlichte „Dokument mit mathematischen Formeln“ und **Handbücher** der Rechner zugelassen.

2 Die Inhalte in der Einführungs- und Qualifikationsphase

Grundlage für die schriftliche Abiturprüfung sind die Bildungsstandards im Fach Mathematik für die Allgemeine Hochschulreife (BS, 2012) und das Kerncurriculum Mathematik (KC, 2018). Außerdem werden wie jedes Jahr durch die „Hinweise zur schriftlichen Abiturprüfung 2024“ weitere Angaben gemacht.

Im Folgenden werden die verbindlichen Inhalte für die Einführungs- und Qualifikationsphase aufgeführt, da diese für das Abitur relevant sind. Wir beschränken uns hier auf die inhaltsbezogenen Kompetenzen, denn diese sind fachbezogen und legen fest, über welches Wissen Sie im jeweiligen Inhaltsbereich verfügen sollen.

2.1 Analysis

Einführungs-phase	**Elementare Funktionenlehre** – Funktionsbegriff – Potenzfunktionen – Sinus- und Kosinusfunktion – Exponentialfunktionen – $g(x) = a \cdot f \cdot (b \cdot (x - c)) + d$ mit Auswirkungen auf den Graphen – Parametervariationen – ganzrationale Funktionen – Nullstellen (Linearfaktorzerlegung) – Grenzwerte, Symmetrien, asymptotisches Verhalten
	Ableitungen – mittlere Änderungsrate-Sekantensteigung-Sekante – lokale Änderungsrate-Tangentensteigung-Tangente – Ableitung als Grenzwert der Sekantensteigungen – Ableitungsfunktion – Tangenten- und Normalengleichung – Zusammenhang zwischen Funktionsgraph und Ableitungsgraph – Monotonie und Extrempunkte – Krümmung und Wendepunkte – Ableitungsfunktionen zu $f(x) = x^n$, $n \in \mathbb{N}$ und $f(x) = \sin(x)$, $f(x) = \cos(x)$ – Summen-, Faktor- und Potenzregel – notwendige und hinreichende Kriterien für Extrem- und Wendepunkte – Ableitung ganzrationaler Funktionen – Lösen von Sachproblemen mit Ableitungen – Lösen linearer Gleichungssysteme
Qualifikations-phase	**Differenzialrechnung** – Gauß-Algorithmus (mit GTR/CAS) – ganzrationale Funktionen mit vorgegebenen Eigenschaften bestimmen – Produktregel und Kettenregel – Parametervariation zur Anpassung an eine vorgegebene Eigenschaft
	Integralrechnung – Rekonstruktion aus Änderungsraten – Integral als Grenzwert von Produktsummen – Hauptsatz der Differenzial- und Integralrechnung

- bestimmte Integrale
- Flächenberechnungen
- Rotationsvolumina
- Stammfunktionen zu $f(x)=x^n$, $n \in \mathbb{N}$, $f(x)=e^x$, $f(x)=\sin(x)$ und $f(x)=\cos(x)$

e-Funktion
- Exponentialfunktionen und Eulersche Zahl e
- natürlicher Logarithmus
- Ableitungsfunktion zu $f(x)=e^x$
- Untersuchung von additiven und multiplikativen Verknüpfungen der e-Funktion mit ganzrationalen Funktionen vom Grad höher als 2
- Produkt- und Kettenregel bei linearer innerer Funktion
- Lösen von Exponentialgleichungen
- asymptotisches Verhalten des begrenzten Wachstums

2.2 Stochastik

Einführungsphase

Beschreibende Statistik
- Datenerhebung und Repräsentativität
- Darstellung von Daten in Säulendiagrammen
- arithmetisches Mittel, Modalwert und Median
- Streuungsmaße: Spannweite, empirische Varianz und empirische Standardabweichung
- Vergleichen von Häufigkeitsverteilungen mithilfe der Kenngrößen und Darstellungen

Qualifikationsphase

Wahrscheinlichkeitsrechnung
- systematisches Zählen
- Binomialkoeffizient
- bedingte Wahrscheinlichkeit und stochastische Unabhängigkeit
- Baumdiagramme und Vierfeldertafeln
- Zufallsgrößen und ihre Verteilung
- Erwartungswert, Varianz und Standardabweichung von Zufallsgrößen
- Bernoulli-Versuche und Bernoulli-Ketten
- Binomialverteilungen
- Wahrscheinlichkeiten für binomialverteilte Zufallsgrößen
- Erwartungswert und Standardabweichung einer Binomialverteilung
- faires Spiel
- Prognose- und Konfidenzintervalle
- Simulation von Zufallsexperimenten

2.3 Analytische Geometrie

Einführungsphase Nicht vorgesehen

Qualifikationsphase

Punkte und Vektoren
- Punkte im Raum
- Vektoren im Anschauungsraum
- bildliche Darstellung geometrischer Objekte (Punkte, Strecken, Flächen, einfache Körper) im dreidimensionalen Koordinatensystem
- Addition, Subtraktion und skalare Multiplikation von Vektoren
- Abstände zwischen Punkten
- Kollinearität von Vektoren
- Winkel zwischen Vektoren
- Skalarprodukt zweier Vektoren, Deutung als Projektion
- Orthogonalität zweier Vektoren

Geraden und Ebenen
- Parameterdarstellung von Geraden im Raum
- Lagebeziehungen zwischen Geraden
- Schnittpunkte von Geraden
- Winkel zwischen Geraden
- Parameterdarstellung von Ebenen

3 Bewertung der Prüfungsarbeiten

Die Note „ausreichend" (5 Punkte) wird erteilt, wenn annähernd die Hälfte (mindestens 45 %) der erwarteten Gesamtleistung erbracht worden ist. Oberhalb und unterhalb dieser Schwelle sollen die Anteile der erwarteten Gesamtleistung den einzelnen Notenstufen jeweils ungefähr linear zugeordnet werden. Es ergibt sich somit folgende Umrechnungstabelle:

Note	sehr gut			gut			befriedigend			ausreichend			mangelhaft			ungenügend
Notenpunkte	15	14	13	12	11	10	09	08	07	06	05	04	03	02	01	00
ab dem prozentualen Anteil an der erwarteten Gesamtleistung	95	90	85	80	75	70	65	60	55	50	45	40	33	27	20	00

4 Operatoren in zentralen Prüfungsaufgaben Mathematik

In zentral gestellten Mathematikaufgaben sind im Aufgabentext Handlungsanweisungen, die sogenannten Operatoren, versteckt. Für alle Prüflinge muss diese Anweisung eindeutig sein, auch wenn die Details der Ausführung vom Kontext abhängen.
Wir geben Ihnen hier einen Überblick über die vorgegebenen Operatoren und erläutern an Beispielen, wie sie sich im Kontext darstellen.

Operator	was tun?	Beispiele und Anmerkungen
Angeben, Nennen	Sachverhalte, Begriffe, Daten ohne Erläuterungen aufzählen	„Nennen Sie drei Beispiele …“ „Geben Sie die Koordinaten des Schnittpunktes an.“ 2022 – Aufgabe 1B, Teilaufgabe b; 2022 – Aufgabe 1C, Teilaufgabe a
Entscheiden	Sich auf eine von mehreren Möglichkeiten festlegen (eine Begründung muss nur geliefert werden, wenn diese explizit verlangt wird).	„Entscheiden Sie, welche Alternative die kostengünstigere ist.“ „Entscheiden Sie, welche Funktion das Problem am besten annähert, und begründen Sie Ihre Entscheidung.“ Es steht zunächst der Vergleich im Vordergrund. Sie müssen aus dem Kontext alles, was für die Entscheidung wichtig ist, herausfinden und gegenüberstellen. Dann treffen Sie Ihre Entscheidung und liefern ggf. aus den Daten die Begründung dafür, falls diese gefordert wird. 2019 – Aufgabe 2A, Teilaufgabe c
Beurteilen	Ein selbstständiges Urteil aufgrund der Fakten formulieren und begründen.	„Beurteilen Sie die Brauchbarkeit des Ergebnisses für das praktische Problem, z. B. bei einer Trassierung.“ Sie haben einen Funktionsterm ausgerechnet und müssen überlegen, ob er für eine Übergangskurve brauchbar ist. „Beurteilen Sie die Aussagekraft des Tests.“ Bauen Sie Ihre Beurteilung auf möglichst vielen mathematischen (und soweit Ihnen bekannten außermathematischen) Sachverhalten auf und wägen Sie diese gegeneinander ab. Das erfordert viel Text.
Beschreiben	Etwas in Textform mit eigenen Worten in vollständigen Sätzen wiedergeben.	„Beschreiben Sie den Verlauf des Graphen und dessen Bedeutung für das dargestellte Problem.“ Verwenden Sie die Begriffe „(monoton) steigend“, „Hochpunkt“ usw. Hierbei müssen Sie berücksichtigen, was z. B. ein Ansteigen und ein Hochpunkt für das dargestellte Problem bedeuten. „Beschreiben Sie einen Lösungsweg.“ Sie müssen die Lösung nicht finden, Sie müssen nur aufschreiben, was Sie tun würden, um die Lösung zu erhalten. 2022 – Aufgabe 2B, Teilaufgabe c

Operator	was tun?	Beispiele und Anmerkungen
Erläutern	Etwas in Textform mit eigenen Worten in vollständigen Sätzen erklärend wiedergeben, eventuell durch andere Darstellungen ergänzen.	„Erläutern Sie den Bereich sinnvoller Ergebnisse.“ Sie müssen nicht nur den Bereich angeben, sondern auch erklären, warum dieser Bereich sinnvoll ist. „Erläutern Sie Ihre Vorgehensweise.“ Es genügt nicht, dass Sie angeben: „Ich mache erst dies und dann jenes“, sondern Sie müssen auch mitteilen, warum und warum in dieser Reihenfolge. Manchmal ist es sogar wichtig, auch auf Alternativen einzugehen, z. B.: „Ich mache dies, weil das andere zu kompliziert wird.“ 2021 – Aufgabe 3A, Teilaufgabe d
Interpretieren, deuten	Ergebnisse im Zusammenhang deuten.	„Interpretieren Sie das Ergebnis.“ Sie haben etwas ausgerechnet und sollen dies in einen anderen Zusammenhang bringen, z. B.: Was bedeutet diese ausgerechnete Dosis des Medikaments für den Patienten? „Interpretieren Sie den Graphen der Integralfunktion als Weg-Zeit-Diagramm.“ Wie hängt der zurückgelegte Weg von der verstrichenen Zeit ab? 2019 – Aufgabe 2B, Teilaufgabe a
Begründen Zeigen, Nachweisen	Mittels einer lückenlosen logischen Kette die Behauptung nachweisen.	„Begründen Sie, dass der Graph drei Wendepunkte hat.“ Sie müssen inhaltlich argumentieren, also den Tatbestand auf Gesetzmäßigkeiten und kausale Zusammenhänge zurückführen, „... Polynomfunktion 5. Grades ...“, „... zweite Ableitung höchstens drei Nullstellen ...“ usw. „Zeigen Sie, dass das Viereck ABCD ein Quadrat ist.“ Man berechnet die Seitenlängen und einen Winkel des Vierecks und begründet damit die Behauptung. Oft wird bei der Aufforderung „Zeigen Sie, dass gilt ...“ ein Ergebnis angegeben, das in späteren Rechnungen gebraucht wird. Im Einzelfall können Zusätze folgen wie: „Dokumentieren Sie einen Nachweis, der auch ohne den Einsatz des Rechners nachvollziehbar ist.“ 2022 – Aufgabe 2B, Teilaufgabe d; 2022 – Aufgabe 3C, Teilaufgabe a; 2022 – Aufgabe 3C, Teilaufgabe b
Herleiten	Aus etwas Gegebenem etwas anderes berechnen.	„Leiten Sie einen Term für die Stammfunktion her.“ Meist handelt es sich bei Herleitungen um rechnerische Umformungen nach allgemeinen Regeln. Zwischenschritte können mit dem Rechner ausgeführt werden. Es genügt aber nicht die Angabe des Endergebnisses, denn „Herleiten“ bedeutet, einen logischen Prozess zu beschreiben. Im Einzelfall können Zusätze folgen wie: „Dokumentieren Sie einen Nachweis, der auch ohne den Einsatz des Rechners nachvollziehbar ist.“

Operator	was tun?	Beispiele und Anmerkungen
Berechnen	Ausgehend von einem Ansatz die Berechnung darstellen	„Berechnen Sie die Wahrscheinlichkeit.“ Alle Rechenschritte müssen klar dargestellt werden und nachvollziehbar sein. 2021 – Aufgabe P2, Teilaufgabe b
Bestimmen, Ermitteln	Ausrechnen und einen möglichen Lösungsweg aufschreiben, Ergebnis klar bezeichnen, numerische Lösung durch „≈“ kenntlich machen.	„Bestimmen Sie den Schnittpunkt.“ „Ermitteln Sie die Gleichung der Geraden.“ Alle Werkzeugebenen sind zulässig, Sie können per Hand rechnen, Tabelle oder Rechner zu Hilfe nehmen. Rechnen Sie so lange wie möglich exakt und gehen Sie erst zum Schluss zu Näherungslösungen über, wenn es sein muss. Wenn eine Rechnung per Hand verlangt wird, so steht dies deutlich in der Aufgabenstellung: „Dokumentieren Sie einen Rechenweg, der ohne den Einsatz des Rechners nachvollziehbar ist.“ 2022 – Aufgabe P1, Teilaufgabe a; 2021 – Aufgabe 1A, Teilaufgabe d
Klassifizieren	Eine Menge von Objekten ordnen.	„Klassifizieren Sie die Funktionenschar.“ Meist müssen Sie selbst die Kriterien herausfinden, nach denen Sie die Dinge sortieren: Parameter >0 oder <0, Anzahl der Nullstellen, usw. Die Kriterien hängen von der speziellen Aufgabe ab. Man entdeckt sie meist, wenn man einige Objekte betrachtet und verändert. Suchen Sie nach Ähnlichkeiten und prüfen Sie Grenzfälle.
Vergleichen	Zwei oder mehr Dinge gegenüberstellen und auf Gemeinsamkeiten, Ähnlichkeiten und Unterschiede untersuchen.	„Vergleichen Sie die errechneten Werte.“ „Vergleichen Sie den Verlauf der drei Graphen.“ „Vergleichen Sie die beiden Verfahren.“ Sie müssen aus dem Kontext entnehmen, welche Vergleichskriterien wichtig sind. Eine tabellarische Gegenüberstellung kann hilfreich sein, damit man auf einen Blick sehen kann, wo Gemeinsamkeiten und Unterschiede vorliegen. Graphen kann man auch gut vergleichen, indem man eine gemeinsame Skizze anfertigt und ggf. mit Farbe die Unterschiede hervorhebt. Wenn (nur) ein Vergleich gefordert ist, müssen Sie die Objekte nicht auch noch beurteilen.
Untersuchen	Eigenschaften suchen und beschreiben.	„Untersuchen Sie die Lagebeziehung.“, „Untersuchen Sie, ob die Kurve für einen Straßenübergang geeignet ist.“ Verwenden Sie mathematische Untersuchungsmethoden und beschreiben Sie deren Ergebnisse. „Untersuchen Sie die Besonderheiten der Funktion …“ Hier ist keine stereotype Kurvendiskussion gemeint. Sie müssen genau nachsehen, was diese Funktion vor anderen auszeichnet. Nullstellen und Extrempunkte hat fast jeder Graph. Eine Besonderheit wäre z. B. deren Fehlen. 2022 – Aufgabe 1B, Teilaufgabe d

Operator	was tun?	Beispiele und Anmerkungen
Zeichnen, grafisch darstellen	Etwas mit Bleistift genau (im Koordinatensystem) darstellen und beschriften.	„Zeichnen Sie das Schrägbild …“. Bei Zeichnungen kommt es auf Sauberkeit und Genauigkeit an. Oft ist die Verwendung verschiedener Farben nötig, damit die Zeichnung übersichtlich wird. Achsenbeschriftung und Maßeinheiten dürfen nicht fehlen. 2022 – Aufgabe 1C, Teilaufgabe h
Skizzieren	Etwas mit Bleistift schnell darstellen (und beschriften).	„Skizzieren Sie den Graphen…“. Skizzen müssen nicht sehr genau sein, sollen aber den charakteristischen Verlauf oder typische Zusammenhänge wiedergeben. 2019 – Aufgabe P4, Teilaufgabe a

5 Methodische Hinweise und allgemeine Tipps zur schriftlichen Prüfung

5.1 Vorbereitung

- Bereiten Sie sich **langfristig** (spätestens ab Januar) auf die Abiturprüfung vor und fertigen Sie sich eine Übersicht über die von Ihnen bereits bearbeiteten Themen, Inhalte und Verfahren an. Teilen Sie die Inhalte in sinnvolle Teilbereiche ein und legen Sie fest, bis wann Sie welche Teilbereiche bearbeitet haben wollen.
  Es ist zweckmäßig, alle schriftlichen Bearbeitungen dieser Aufgaben übersichtlich aufzubewahren, das erleichtert spätere Wiederholungen.
- Benutzen Sie zur Prüfungsvorbereitung neben diesem Übungsbuch Ihre **Unterrichtsaufzeichnungen** und das Lehrbuch.
- Verwenden Sie während der Prüfungsvorbereitung grundsätzlich die **Hilfsmittel**, die auch in der Prüfung zugelassen sind. Prägen Sie sich wichtige Seiten in Ihrer Formelsammlung ein und nutzen Sie Ihren Taschenrechner mit allen Funktionen.
- Oft ist der Zeitfaktor ein großes Problem. Testen Sie, ob Sie eine Aufgabe in der vorgegebenen Zeit allein lösen können. **Simulieren Sie selbst eine Prüfungssituation.**
- Gehen Sie optimistisch in die Prüfung. Wer sich gut vorbereitet hat, braucht sich keine Sorgen zu machen.

5.2 Bearbeitung der Prüfungsaufgaben

- Nutzen Sie die Vorbereitungszeit tatsächlich zur Auswahl der Aufgaben.
- Lesen Sie die Aufgabenstellungen genau durch, bevor Sie eine Entscheidung treffen. Sie vermeiden dadurch, dass Sie im Verlauf der Prüfung zu einer anderen Aufgabe wechseln müssen. Sollten Sie dennoch die Aufgabe wechseln, dann vermerken Sie **eindeutig**, welche Aufgabe als Prüfungsleistung ge- und bewertet werden soll.
- Es hilft, wenn Sie bei der Analyse der Aufgabenstellungen wichtige Angaben oder Informationen (z. B. gegebene Größen, Lösungshinweise) **farbig markieren**.

- Um den Lösungsansatz zu einer Aufgabe zu finden oder die gegebene Problemstellung zu veranschaulichen, kann das **Anfertigen einer Skizze** nützlich sein.
- Beachten Sie, dass in manchen Teilaufgaben **„Zwischenlösungen“** angegeben sind, die Ihnen als Kontrolle dienen bzw. mit denen Sie weiterarbeiten können.
- Falls Sie mit einer Aufgabe gar nicht weiterkommen, so halten Sie sich nicht zu lange daran auf. Versuchen Sie mit der nächsten Teilaufgabe weiterzumachen oder mit einer Aufgabe aus einem anderen Schwerpunkt. Wenn Sie die anderen Aufgaben bearbeitet haben, kommen Sie nochmals auf die angefangene Aufgabe zurück und versuchen in Ruhe nochmals eine Lösung.
- Orientieren Sie sich an der angegebenen Punktezahl: Je mehr Punkte eine Aufgabe ergibt, desto mehr Zeit lohnt es sich für die Bearbeitung zu investieren.
- Achten Sie auf die **sprachliche Richtigkeit** und eine **saubere äußere Form** Ihrer Lösungen.
- Beachten Sie, dass Lösungen, die Sie mit dem GTR oder CAS erstellen, stets ausführlich kommentiert werden müssen. Die textliche Dokumentation der Problemlösung muss in Reinschrift so angelegt sein, dass der Gedankengang vollständig nachvollziehbar ist; die Dokumentation ist integraler Bestandteil der Problemlösung und geht in die Bewertung der Prüfungsleistung ein.
- Bei der Übertragung von Graphen von Rechnern in die Dokumentation sind die Skalierungen der Achsen geeignet zu dokumentieren; die Terme der dargestellten Funktionen sind anzugeben; die Zuordnung Term – Graph muss eindeutig und nachvollziehbar sein.

6 Hinweise und Tipps zum Lösen von Abituraufgaben mit CAS-Rechnern

Damit Sie die mit den Rechnertechnologien verbundenen Vorteile auch effektiv nutzen können, sind hier einige Hinweise für das Lösen von Abituraufgaben mit CAS-Rechnern[1] aufgelistet.

1. Das Kultusministerium verlangt wegen der Gleichwertigkeit der äußeren Bedingungen, dass bei der Prüfung verwendete Taschencomputer **vor dem Beginn des schriftlichen Mathematikabiturs** durch **ein RESET** in einen für alle Abiturienten einheitlichen Ausgangszustand mit leerem Arbeitsspeicher zurückgesetzt werden. Dieses RESET sollten Sie bereits spätestens am Vortag zu Hause vornehmen. So können Sie wichtige Dateien von Ihrem Taschencomputer auf einen PC übertragen und abspeichern, um sie später wieder zur Verfügung zu haben. Bei der Gelegenheit sollten Sie auch den technischen Zustand Ihres Taschencomputers überprüfen, eventuell neue Batterien einsetzen oder die Akkus aufladen. Schaden kann es auch nicht, wenn Sie Ersatzbatterien für den Prüfungstag bereithalten.

---

1 Diese Hinweise haben keinen Anspruch auf Vollständigkeit und können das Handbuch nicht ersetzen, sollen aber auf Sachverhalte hinweisen, die erfahrungsgemäß einigen Schülern Probleme bereiten.

2. Empfehlenswert ist auch, jede neue größere Aufgabe in einem **neuen Dokument** zu speichern, damit Sie die Übersicht behalten oder zu einem späteren Zeitpunkt wieder mit diesem Dokument arbeiten können. Sie können mithilfe von [doc▾] eigene Dateien erstellen und speichern. Mit [⌂on] [2] können Sie dann jederzeit auf gespeicherte Dateien zugreifen. Die Dateien lassen sich in Ordnern speichern. Jedes Dokument kann in Seiten und Probleme untergliedert werden.

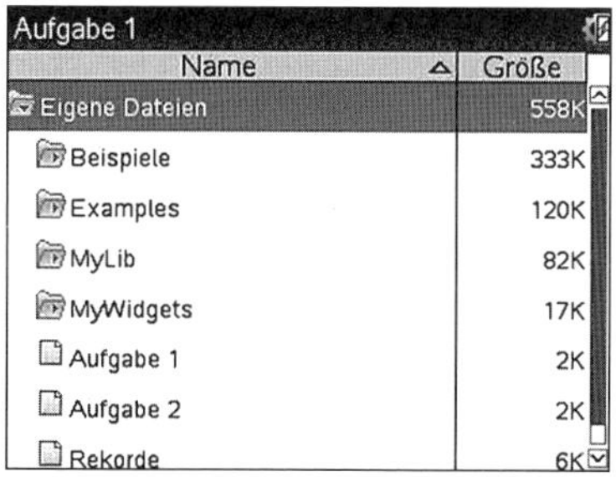

Sie können Zahlen, mathematischen Termen oder Funktionen Variablen zuordnen. Dies hat den Vorteil, dass Sie z. B. lange Ausdrücke nicht immer wieder neu eintippen müssen und mit den definierten Variablen arbeiten können.

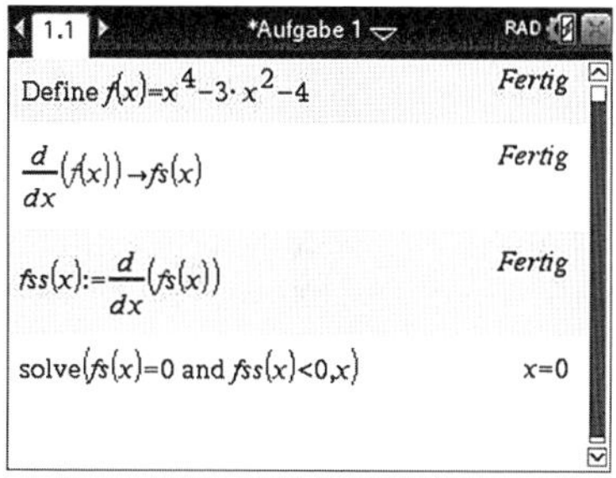

Zum Definieren von Variablen gibt es drei Möglichkeiten:

- Define (im Calculator unter [menu] 1: Aktionen)
- Zuweisungsoperator [sto→] (über [ctrl] [var])
- Zuweisungsoperator [:=] (über [ctrl] [⊞])

Durch Drücken von [var] kann man erkennen, welche Variablen definiert wurden. Mit DelVar (über [menu] 1: Aktionen; 3: Variable löschen) werden Variablen gelöscht. Definierte Variablen sind nur innerhalb eines Dokuments und dort immer nur in einem Problem gültig.

3. Beim Abspeichern z. B. von Ableitungsfunktionen mit Parametern muss man „**dynamische Definitionen vermeiden**“.

   Beispiel: Für $f(x) = k \cdot x^2$ ist bekanntlich die erste Ableitung $f'(x) = 2k \cdot x$. Damit gilt für die erste Ableitung von f an der Stelle k:

   $f'(k) = 2k^2$

   Der Taschencomputer gibt bei dem rechts gezeigten – **falschem!** – Vorgehen aber den Term $f'(k) = 3 \cdot k^2$ an. Woran liegt das? Speichert man wie im Beispiel nur die Vorschrift zum Bilden der ersten Ableitung unter dem Namen fs(x) ab, so rechnet der Taschencomputer zuerst den Wert von f(x) an der Stelle x = k aus und bildet davon die erste Ableitung nach k:

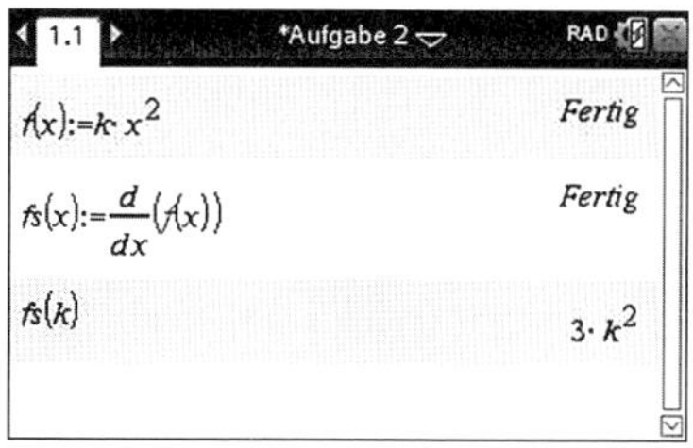

   $f(k) = k \cdot k^2 = k^3$

Sie vermeiden dynamische Definitionen, indem Sie immer zuerst den Term der Ableitungsfunktion ausgeben lassen und den Funktionsterm dann unter einem geeigneten Namen abspeichern, wie es für dieses Beispiel gezeigt wird.

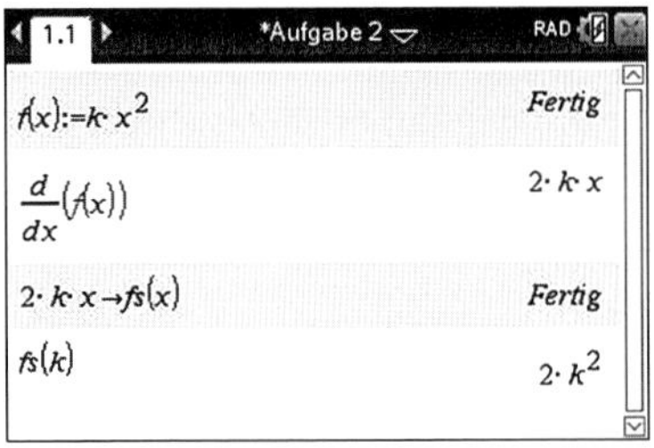

4. Es kommt nicht oft vor, aber man kann es nicht völlig ausschließen, dass der Taschencomputer an seine **technischen Grenzen** stößt. Deshalb sollte man **Warnhinweise** des Rechners **ernst nehmen** und versuchen, die **Lösung auf einem anderen Lösungsweg abzusichern**.

   Beispiel:

   Die Lösungen der Gleichung $\sin x = e^x$ werden mit dem Taschencomputer auf algebraischem Wege ermittelt.

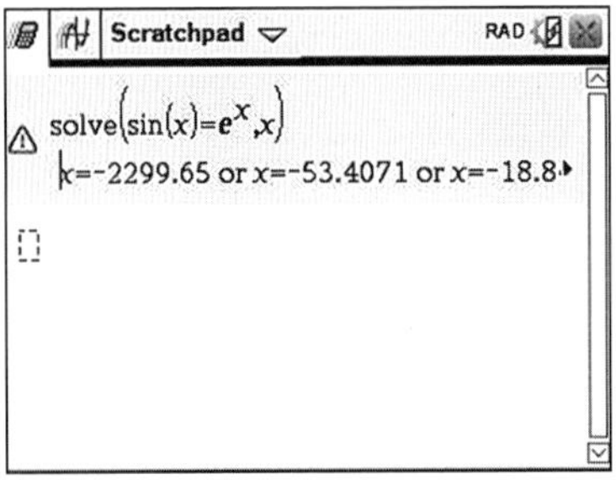

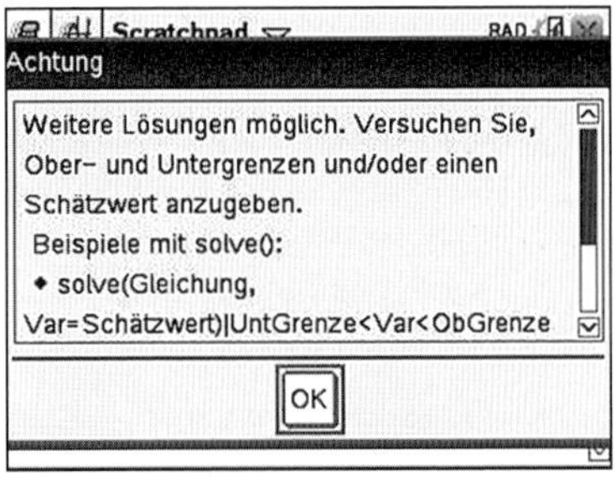

Algebraisch werden nur acht Näherungslösungen ermittelt, aber es wird eine Warnung angezeigt. In der grafischen Veranschaulichung erkennt man, dass es mehr als acht Lösungen geben muss. Durch inhaltliche Überlegungen (Periodizität der Sinusfunktion und asymptotisches Verhalten der e-Funktion bezüglich der negativen x-Achse) wird klar, dass es sogar unendlich viele Lösungen dieser Gleichung gibt.

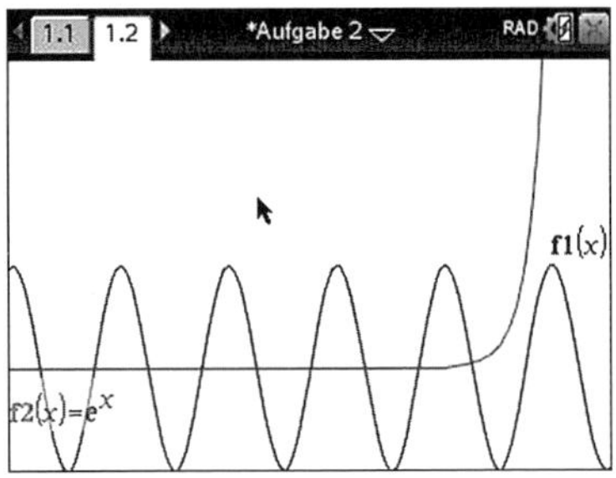

5. Auch wenn der Taschencomputer keinen Warnhinweis anzeigt, kann die **Kontrolle auf einem anderen Lösungsweg** helfen, Fehler zu vermeiden, die z. B. durch falsche inhaltliche Überlegungen oder Eingabefehler entstehen können.

Beispiele:

- Es soll die Gleichung der Tangente t an den Graphen von f_k mit $f_k(x) = k \cdot x^2$ in $P(1 \mid f_k(1))$ ermittelt werden.
  Durch inhaltliche Überlegungen kommt man zur Tangentengleichung
  $y = t_k(x) = 2k \cdot x - k.$
  Man sollte nicht versäumen, dieses algebraisch ermittelte Ergebnis anhand einiger Beispiele grafisch zu verifizieren.

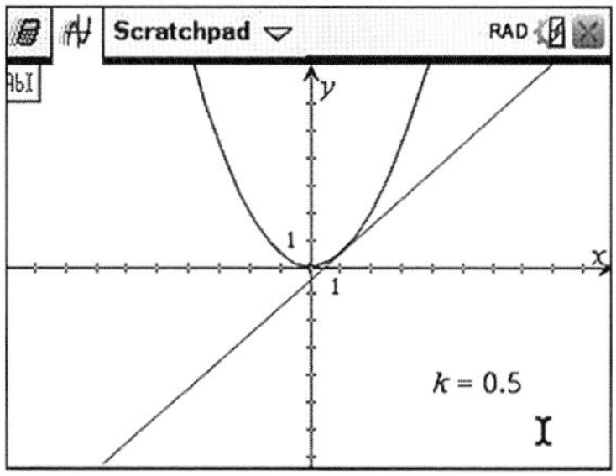

- Die Funktion mit der Gleichung
  $y = f(x) = \frac{(x-5) \cdot (x+3)}{x+4}$
  soll auf lokale Extrempunkte untersucht werden.
  Sie besitzt genau zwei lokale Extrempunkte. Die grafische Darstellung zeigt bei den gewählten Fensterparametern aber nur einen lokalen Tiefpunkt an, obwohl der Graph auch einen lokalen Hochpunkt besitzt. Der Nachweis über die Existenz und Anzahl aller lokalen Extrempunkte gelingt letztlich nur mithilfe algebraischer Methoden.

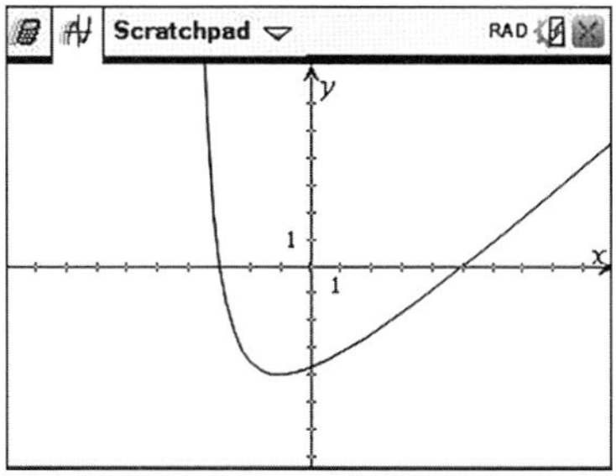

6. Rechnungen lassen sich weitgehend an den CAS-Rechner übertragen. Das spart Zeit und vermeidet Rechenfehler. Sie sollten stets sehr **sorgfältig die Eingabe** in den Rechner **kontrollieren**, um Eingabefehler zu vermeiden. Auch bei der Auswahl der Variablenbezeichnungen muss man aufpassen, dass keine rechnerinternen Überschneidungen entstehen.

   Beispiel:
   Es führt zu einem Fehler, innerhalb ein und derselben Aufgabe die Variable t gleichzeitig als Parameter für den Ortsvektor eines Punktes d(t) und außerdem als Bezeichnung eines anderen Objektes wie einer Geraden zu verwenden.

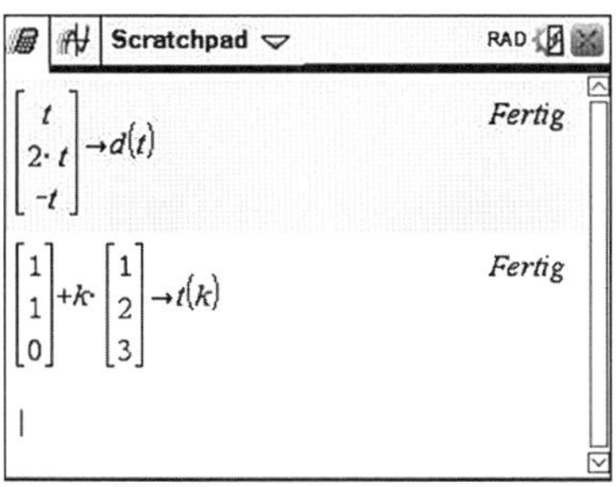

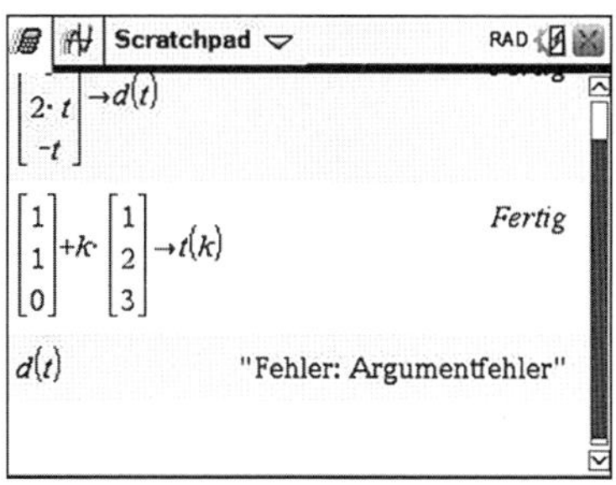

Die Fehlermeldung kommt dadurch zustande, dass der Rechner bei d(t) für t die Eingabe einer Variablen oder Zahl erwartet, aber t hier als ein Vektor abgespeichert ist.

7. Um Rundungsfehler zu vermeiden, sollte man die **Zwischenergebnisse** direkt **über Kopieren und Einfügen** im weiteren Rechengang **nutzen**.[2]

   Beispiel:
   Eine Stadt hatte 70 000 Einwohner im Jahr 2000, im Jahre 2006 sind es 85 000. Unter der Annahme, dass exponentielles Wachstum vorliegt, soll das Jahr berechnet werden, in dem sich die Bevölkerungszahl gegenüber 2000 verdoppelt hat.
   Aus dem Ansatz ergibt sich ein exakter Wachstumsfaktor oder ein als Dezimalbruch angegebener Faktor mit vielen Nachkommastellen. Von diesen werden 5 direkt angezeigt, versteckt sind es aber 13.

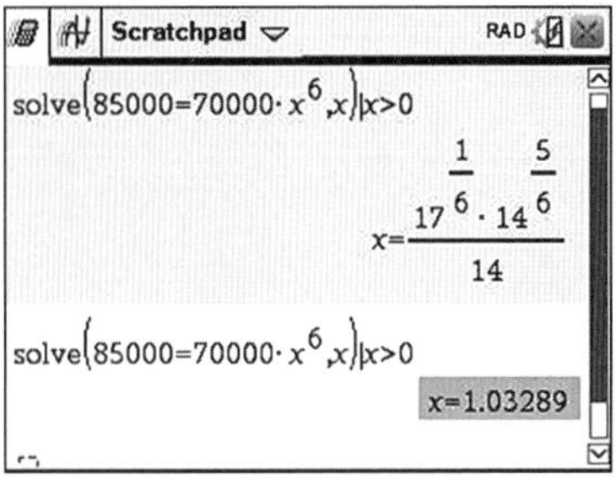

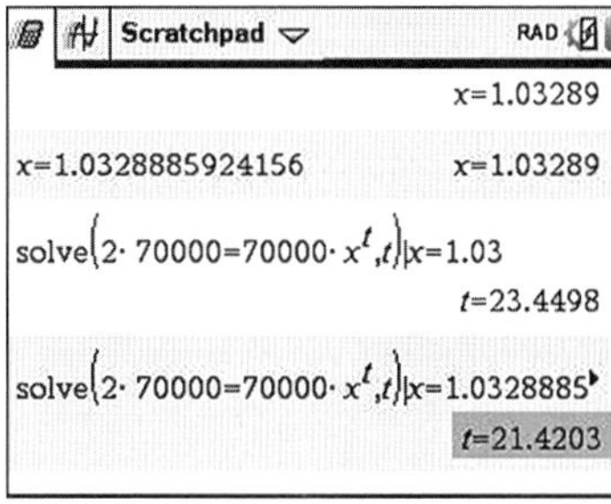

   Man ist versucht, mit einem gerundeten Wert weiterzurechnen, beispielsweise hier mit x = 1,03. Mit diesem gerundeten Zwischenergebnis erhält man eine Abweichung von fast zwei Jahren gegenüber dem Ergebnis, das aus dem genaueren Wert entsteht.

8. **Stochastik – Zufallszahlen erzeugen**

   rand() ergibt eine Zufallszahl zwischen 0 und 1.

   randInt(a, b) ergibt eine ganzzahlige Zufallszahl im Intervall [a; b]; randInt(a, b, m) gibt eine Liste mit m ganzzahligen Zufallszahlen aus dem Intervall [a; b] zurück.

   randBin(n, p) gibt eine Zufallszahl aus einer Binomialverteilung mit den Parametern n und p zurück; randBin(n, p, m) gibt eine Liste mit m Zufallszahlen aus einer Binomialverteilung mit den Parametern n und p zurück.

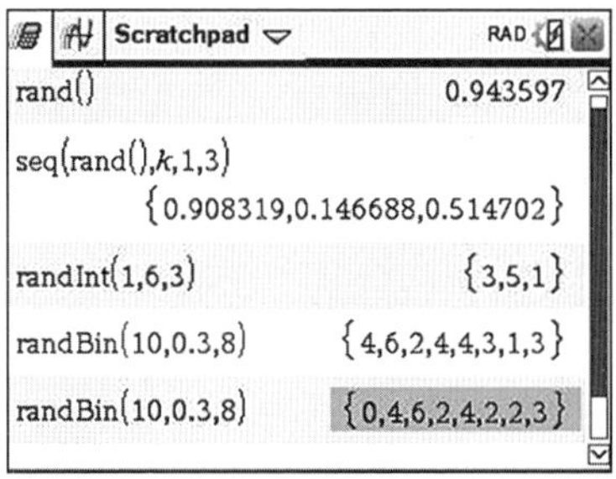

---

2 [ctrl] [menu] [3] bzw. [ctrl] [menu] [4]

Binomialverteilung – Wahrscheinlichkeiten berechnen

binomPdf(n, p) erzeugt die Liste der n + 1 Einzelwahrscheinlichkeiten einer Binomialverteilung mit den Parametern n und p.

binomPdf(n, p, k) erzeugt die (k + 1)-te Einzelwahrscheinlichkeit ($0 \leq k \leq n$) einer Binomialverteilung mit den Parametern n und p:

$$\binom{n}{k} \cdot p^k \cdot (1-p)^{n-k}$$

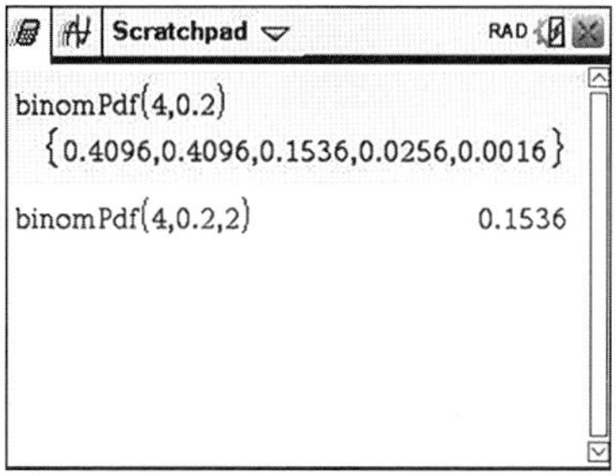

binomCdf(n, p) erzeugt die Liste der n + 1 Einzelwahrscheinlichkeiten der Summenfunktion einer Binomialverteilung mit den Parametern n und p.

binomCdf(n, p, a, b) erzeugt die Summe der Einzelwahrscheinlichkeiten von a bis b einer Binomialverteilung mit den Parametern n und p:

$$\sum_{k=a}^{b} \binom{n}{k} \cdot p^k \cdot (1-p)^{n-k}$$

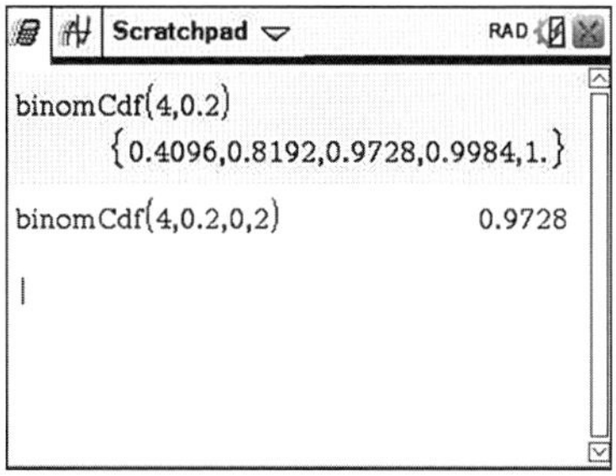

Inverse Binomialverteilung

Es wird eine Binomialverteilung sowie ein gegebener (Näherungs-)Wert $\hat{P}$ für $P(0 \leq X \leq a)$ betrachtet:

$$P(0 \leq X \leq a) = \sum_{k=0}^{a} \binom{n}{k} \cdot p^k \cdot (1-p)^{n-k} \leq \hat{P}$$

Bei gegebenen Werten für n und p wird mit dem Befehl invBinom($\hat{P}$, n, p) die **kleinste** ganze Zahl a + 1 zurückgegeben, für die gilt:

$$P(0 \leq X \leq a+1) > \hat{P}$$

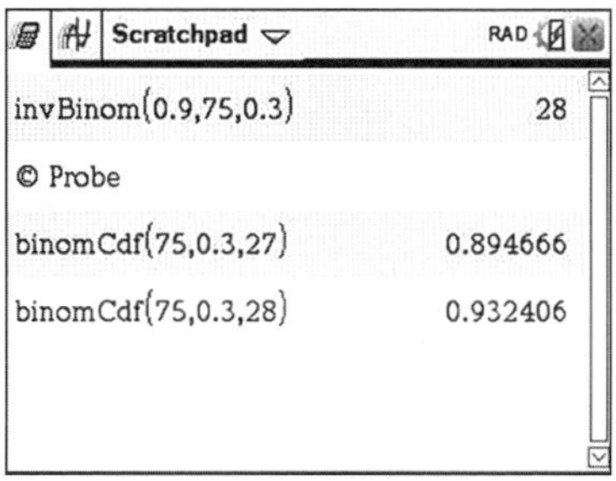

Bei gegebenen Werten für a und p wird mit dem Befehl invBinomN($\hat{P}$, p, a) die **kleinste** ganze Zahl n zurückgegeben, für die gilt:

$P(0 \leq X \leq a) \leq \hat{P}$

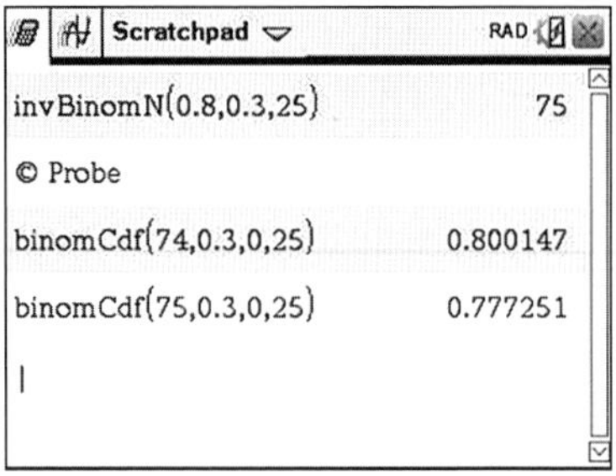

Die Befehle binomPdf(), binomCdf(), invBinom() und invBinomN() finden Sie unter [menu] 5: Wahrscheinlichkeit; 5: Verteilungen oder im Katalog [📖][1].

9. Weil der Taschencomputer Ihnen viel Arbeit abnimmt, kann es passieren, dass Ihre Lösungsdarstellung zu knapp ausfällt. Gewöhnen Sie sich beizeiten daran, den Lösungsweg immer so zu notieren, dass er von anderen gut nachvollzogen werden kann. **Kommentieren Sie Ihre Lösungsansätze, notieren Sie Zwischenschritte und nehmen Sie in der Antwort immer Bezug auf die gestellte Aufgabe**. So haben Sie eine nachträgliche Kontrolle, ob Sie wirklich alle gestellten Aufgabenteile bearbeitet haben. Eventuell ist es dann auch möglich, bei der Korrektur Folgefehler anzuerkennen. Selbstverständlich trägt eine saubere und übersichtliche Darstellung des Lösungsweges zu einem positiven Gesamteindruck Ihrer Abiturarbeit bei.

7 Weiterführende Informationen

Sie finden weitere Informationen zur zentralen schriftlichen Abiturprüfung sowie Beispiel- und Musteraufgaben im Internet unter der Adresse **www.nibis.de**. Außerdem sollten Sie bei konkreten Fragen Ihre Kurslehrkraft kontaktieren.

Sollten nach Erscheinen dieses Bandes noch wichtige Änderungen in der Abiturprüfung 2024 vom niedersächsischen Kultusministerium bekannt gegeben werden, finden Sie aktuelle Informationen dazu bei MyStark.

ÜBUNGSAUFGABEN

Niedersachsen Mathematik
Übungsaufgaben zum Prüfungsteil A

Analysis

1. Gegeben ist die Funktion f mit $f(x)=\frac{1}{5}x^3$ mit $x \in \mathbb{R}$.

a) Berechnen Sie die Maßzahl der Fläche, die die Kurve, die Geraden zu $x=-3$ und $x=2$ und die x-Achse einschließen.

b) Begründen Sie geometrisch, dass $\int_{-3}^{2} \frac{1}{5}x^3\,dx = \int_{-3}^{-2} \frac{1}{5}x^3\,dx$ ist.

2. a) Gegeben ist die Funktion f mit $f(x)=x \cdot e^x$ mit $x \in \mathbb{R}$.
Zeigen Sie, dass –1 absolute Minimumstelle der Funktion f ist.

b) Gegeben sind die Funktionen g_2 mit $g_2(x)=x^2 \cdot e^x$ und g_3 mit $g_3(x)=x^3 \cdot e^x$ mit $x \in \mathbb{R}$.
Bestimmen Sie die Wertemengen der Funktionen g_2 und g_3.

3. a) Lösen Sie die Exponentialgleichung $5 \cdot e^{-2x}=20$.

b) Ein exponentieller Wachstumsprozess wird durch die Funktion f mit $f(t)=f(0) \cdot e^{0,5t}$ beschrieben.
Nach welcher Zeit hat sich der Bestand verdreifacht? Leiten Sie einen Term für diese Zeit her.

4. Gegeben ist die Funktion f mit $f(x)=e^{2 \cdot x}$, $x \in \mathbb{R}$.

a) Bestimmen Sie die Gleichung der Tangente im Punkt $A(0\,|\,1)$ des Graphen von f.

b) Bestimmen Sie die Gleichung der Normalen im Punkt $B\left(-\frac{1}{2}\,\middle|\,\frac{1}{e}\right)$ des Graphen von f.

c) Der Punkt $C(a\,|\,e^{2 \cdot a})$ mit $a>0$ liegt auf dem Graphen von f. Die Tangente im Punkt C verläuft durch den Ursprung.
Berechnen Sie den Wert von a.

5. Die Abbildung zeigt den Graphen der Funktion f mit $f(x)=\sqrt{2x+4}$.

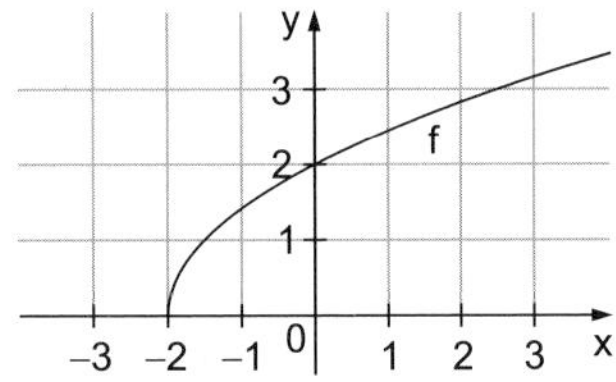

a) Zeigen Sie, dass durch $f'(x)=\frac{1}{\sqrt{2x+4}}$ die Ableitung und durch $F(x)=\frac{1}{3}(2x+4)^{\frac{3}{2}}$ eine Stammfunktion von f gegeben ist.

b) Bestimmen Sie die Gleichung der Tangente und die Gleichung der Normalen im Punkt $P(0\,|\,2)$ des Graphen von f.

c) Auf dem Graphen von f liegt der Punkt $Q(a\,|\,\sqrt{2a+4})$ mit $a>-2$. Die Normale im Punkt Q verläuft durch den Ursprung des Koordinatensystems. Bestimmen Sie den Wert von a.

Stochastik

6. a) Gegeben ist die Datenreihe 2, 6, 2, 10, 2, 3, 4, 4, 3.
Bestimmen Sie den Modalwert, den Median und das arithmetische Mittel für diese Datenreihe.

b) Der erste Wert der Datenreihe aus Teilaufgabe a wird von 2 auf 3 erhöht. Beschreiben Sie, wie dann der letzte Wert verändert werden muss, wenn gleichzeitig
(1) der unter Teilaufgabe a bestimmte Median
(2) das unter Teilaufgabe a bestimmte arithmetische Mittel
der Datenreihe seinen Wert nicht verändern soll.

c) Gegeben ist die Datenreihe $x_1, x_2, \ldots, x_n$.
Die Gleichung $S(x)=(x_1-x)^2+\ldots+(x_n-x)^2$ gibt dann die Summe der quadratischen Abweichungen der Zahlen $x_1, x_2, \ldots, x_n$ von einer beliebigen Zahl $x \in \mathbb{R}$ an.
Zeigen Sie für das Beispiel $x_1=2$, $x_2=6$ und $x_3=1$, dass der Wert des Funktionsterms S(x) an der Stelle $x=\overline{x}$ minimal wird. Dabei ist $\overline{x}$ das arithmetische Mittel der Zahlen 2, 6 und 1.

7. a) Gegeben ist eine Zufallsgröße X mit der folgenden Wahrscheinlichkeitsverteilung:

k	−3	−1	0	2	z
P(X = k)	0,2	0,1	0,4	0,2	0,1

Bestimmen Sie z so, dass der Erwartungswert $\mu=0$ ist, und berechnen Sie damit die Standardabweichung σ.

b) Geben Sie eine beliebig andere Verteilung mit $\mu=2$ und $\sigma=1$ an.

8. Gegeben sei ein Glücksrad mit zwei Feldern. Das Gewinnfeld hat einen Mittelpunktswinkel der Größe α. Das Rad wird genau dreimal gedreht.

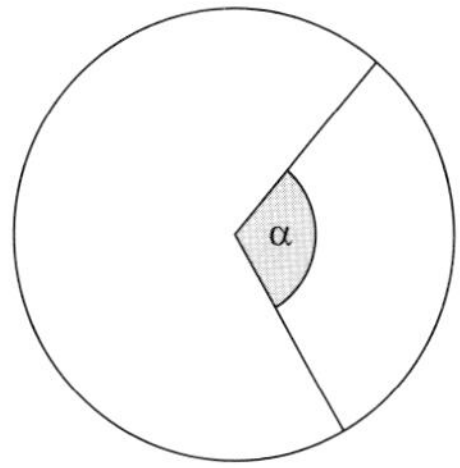

a) Begründen Sie, dass für die Erfolgswahrscheinlichkeit p gilt: $p = \frac{\alpha}{360°}$
Geben Sie die Wahrscheinlichkeitsverteilung der Zufallsgröße X: „Anzahl der Gewinne" in Abhängigkeit von p an.

b) Bestimmen Sie p so, dass die Wahrscheinlichkeit für genau zwei Gewinne maximal ist, und geben Sie den zugehörigen Winkel α an.

9. An einer technischen Universität sind 20 % der eingeschriebenen Studenten weiblich. Von diesen Studentinnen studieren 80 % das Fach Mathematik. Von den männlichen Studenten studieren nur 30 % das Fach Mathematik.

a) Bestimmen Sie die Wahrscheinlichkeiten, dass ein Student dieser Universität weiblich ist und Mathematik studiert und dass ein Student männlich ist und nicht Mathematik studiert.

b) Bestimmen Sie die Wahrscheinlichkeit dafür, dass ein Studierender der Mathematik weiblich ist.

10. Bei der 13er-Wette im Fußball-Toto muss der Spielausgang von 13 Fußballspielen vorausgesagt werden. Man hat bei jedem Spiel 3 Möglichkeiten zu tippen:
0: unentschieden
1: Sieg der Heimmannschaft
2: Sieg der Gastmannschaft

a) Begründen Sie, dass 3^{13} unterschiedliche Tippreihen möglich sind.

Im Folgenden sollen die Spielausgänge 0, 1, 2 als gleich wahrscheinlich betrachtet werden.

b) Geben Sie einen Term an, der die Wahrscheinlichkeit dafür beschreibt, dass der Tippzettel
(1) vollkommen falsch ausgefüllt wird.
(2) nur genau einen Fehler enthält (Gewinn im 2. Rang).

Erläutern Sie Ihre Ergebnisse.

Analytische Geometrie

11. Gegeben sind die Gerade g: $\vec{x} = \begin{pmatrix} 2 \\ 4 \\ 0 \end{pmatrix} + s \cdot \begin{pmatrix} 3 \\ 1 \\ 4 \end{pmatrix}$ mit $s \in \mathbb{R}$ und die Punkte $P(1\,|\,1\,|\,1)$ und $Q(3\,|\,7\,|\,-1)$.

a) Zeigen Sie, dass P nicht auf g liegt.

b) Ermitteln Sie eine Gleichung der Ebene E, die P und g enthält.

c) Untersuchen Sie, ob der Punkt Q in der Ebene E liegt.

12. Gegeben sind die Geraden g: $\vec{x} = \begin{pmatrix} 2 \\ 1 \\ 0 \end{pmatrix} + s \cdot \begin{pmatrix} 2 \\ 1 \\ 1 \end{pmatrix}$ mit $s \in \mathbb{R}$ und h: $\vec{x} = \begin{pmatrix} 7 \\ 5 \\ 4 \end{pmatrix} + t \cdot \begin{pmatrix} 1 \\ -1 \\ -1 \end{pmatrix}$ mit $t \in \mathbb{R}$.

a) Zeigen Sie, dass sich g und h in $S(8\,|\,4\,|\,3)$ schneiden.

b) Ermitteln Sie die Größe des Schnittwinkels der beiden Geraden.

c) Bestimmen Sie die Koordinaten der Punkte P_1 und P_2, die auf h liegen und von S den Abstand $2\sqrt{3}$ LE aufweisen.

13. Gegeben sind die Geraden g: $\vec{x} = \begin{pmatrix} -1 \\ 0 \\ 0 \end{pmatrix} + s \cdot \begin{pmatrix} 2 \\ 0 \\ 4 \end{pmatrix}$ mit $s \in \mathbb{R}$ und h: $\vec{x} = \begin{pmatrix} 0 \\ 1 \\ 0 \end{pmatrix} + t \cdot \begin{pmatrix} -1 \\ 0 \\ -2 \end{pmatrix}$ mit $t \in \mathbb{R}$.

a) Zeigen Sie, dass g und h parallel und verschieden sind.
Geben Sie für die Ebene E, in der die beiden Geraden liegen, eine Gleichung in Parameterform an.

b) Bestimmen Sie den Abstand d(t) des Punktes $A(-1\,|\,0\,|\,0)$ der Geraden g vom allgemeinen Punkt $P_t(-t\,|\,1\,|\,-2t)$ der Geraden h.

c) Zeigen Sie, dass sich der Abstand d(t) auch in der Form $d(t) = \sqrt{5\left(t - \frac{1}{5}\right)^2 + \frac{9}{5}}$ schreiben lässt.
Für welchen Parameterwert t wird d(t) minimal? Bestimmen Sie denjenigen Punkt auf der Geraden h, der vom Punkt $A(-1\,|\,0\,|\,0)$ den geringsten Abstand hat.

Lösungsvorschlag zum Pflichtteil

1. a) Die beschriebene Fläche setzt sich aus zwei Flächenstücken zusammen, von denen eines unterhalb und eines oberhalb der x-Achse liegt.
Es gilt:

$$A = -\int_{-3}^{0} \frac{1}{5}x^3\,dx + \int_{0}^{2} \frac{1}{5}x^3\,dx$$

$$= \left[-\frac{1}{20}x^4\right]_{-3}^{0} + \left[\frac{1}{20}x^4\right]_{0}^{2}$$

$$= \frac{81}{20} + \frac{16}{20} = \frac{97}{20} = 4\frac{17}{20}$$

Skizze:

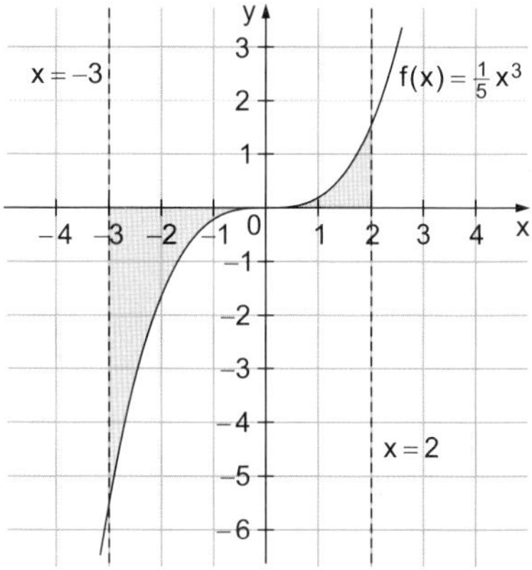

b) Die Funktion ist ungerade, d. h., ihr Graph ist zum Ursprung punktsymmetrisch. Damit ist die Fläche im 1. Quadranten, die der Graph, die x-Achse und die Gerade zu x = 2 begrenzen, genauso groß wie die Fläche im 3. Quadranten, die der Graph, die x-Achse und die Gerade zu x = −2 begrenzen. Die orientierten Flächeninhalte weisen aber entgegengesetzte Vorzeichen auf.
Damit gilt:

$$\int_{-2}^{2} \frac{1}{5}x^3\,dx = 0$$

Es folgt:

$$\int_{-3}^{2} \frac{1}{5}x^3\,dx = \int_{-3}^{-2} \frac{1}{5}x^3\,dx + \int_{-2}^{2} \frac{1}{5}x^3\,dx = \int_{-3}^{-2} \frac{1}{5}x^3\,dx + 0 = \int_{-3}^{-2} \frac{1}{5}x^3\,dx$$

2. a) Notwendige Bedingung für relative Extrema:

$$f'(x) = 0 \quad \Leftrightarrow \quad 1\cdot e^x + x\cdot e^x = 0$$
$$\Leftrightarrow \quad (1+x)\cdot e^x = 0 \qquad \text{da } e^x \neq 0$$
$$\Leftrightarrow \quad x = -1$$

Wegen $\lim\limits_{x\to-\infty} f(x) = 0$, $f(-1) = -\frac{1}{e}$ und $\lim\limits_{x\to\infty} f(x) = \infty$ ist −1 die absolute Minimumstelle der Funktion f.

b) Für beide Funktionen gilt:

$$\lim_{x\to-\infty} g_2(x) = \lim_{x\to-\infty} g_3(x) = 0 \quad \text{und}$$

$$\lim_{x\to\infty} g_2(x) = \lim_{x\to\infty} g_3(x) = \infty$$

Daher müssen $g_2(x)$ und $g_3(x)$ auf Extremwerte untersucht werden, um die Wertemenge angeben zu können.

Notwendige Bedingung für relative Extrema:

$$g'_2(x)=0 \Leftrightarrow 2\cdot x\cdot e^x + x^2\cdot e^x = 0$$
$$\Leftrightarrow (2+x)\cdot x\cdot e^x = 0 \qquad \text{da } e^x \neq 0$$
$$\Leftrightarrow x=-2 \vee x=0$$

$$g'_3(x)=0 \Leftrightarrow 3\cdot x^2\cdot e^x + x^3\cdot e^x = 0$$
$$\Leftrightarrow (3+x)\cdot x^2\cdot e^x = 0 \qquad \text{da } e^x \neq 0$$
$$\Leftrightarrow x=-3 \vee x=0$$

Es ist nun:

$g_2(0)=g_3(0)=0$

$g_2(-2)=(-2)^2\cdot e^{-2}=\dfrac{4}{e^2}$

$g_3(-3)=(-3)^3\cdot e^{-3}=\dfrac{-27}{e^3}$

Damit gilt für die Wertemengen der Funktionen g_2 und g_3:

- $\mathbb{W}_2=[0;\infty[$
- $\mathbb{W}_3=\left[-\dfrac{27}{e^3};\infty\right[$

Alternative zur Herleitung der Wertemenge von g_2:
Aus $x^2\geq 0$ und $e^x>0$ für alle $x\in\mathbb{R}$ folgt auch $g_2(x)\geq 0$ für alle $x\in\mathbb{R}$. Zusammen mit dem oben beschriebenen Grenzverhalten von $g_2(x)$ für $x\to-\infty$ und $x\to\infty$ ergibt sich ebenfalls $\mathbb{W}_2=[0;\infty[$.

3. a) $5\cdot e^{-2x}=20 \Leftrightarrow e^{-2x}=4$
$$\Leftrightarrow -2x=\ln(4)$$
$$\Leftrightarrow x=-0{,}5\cdot\ln(4)$$

b) Aus $f(t)=3\cdot f(0)$ folgt:
$$f(0)\cdot e^{0{,}5t}=3\cdot f(0) \Leftrightarrow e^{0{,}5t}=3$$
$$\Leftrightarrow 0{,}5t=\ln(3)$$
$$\Leftrightarrow t=2\cdot\ln(3)$$

4. a) Für die Ableitung f' folgt nach der Kettenregel:
$f'(x)=2\cdot e^{2\cdot x}$

Als Tangentensteigung m_t an der Stelle $x=0$ erhält man:
$m_t=f'(0)=2$

Da der Punkt $A(0|1)$ auf der Tangente liegt, hat der y-Achsenabschnitt der Tangentengleichung den Wert $b = 1$. Somit ist die Tangentengleichung gegeben durch:

$y = 2 \cdot x + 1$

b) Als Tangentensteigung an der Stelle $x = -\frac{1}{2}$ erhält man:

$m_t = f'\left(-\frac{1}{2}\right) = \frac{2}{e}$

Für die Steigung m_n der Normalen im Punkt $B\left(-\frac{1}{2} \,\middle|\, \frac{1}{e}\right)$ gilt:

$m_n \cdot m_t = -1$

Mit $m_t = \frac{2}{e}$ folgt daher:

$m_n = -\frac{1}{\frac{2}{e}} = -\frac{1}{2}e$

Der Ansatz für die Gleichung der Normalen im Punkt B lautet somit:

$y = -\frac{1}{2}e \cdot x + b$

Der y-Achsenabschnitt b ist noch zu bestimmen. $B\left(-\frac{1}{2} \,\middle|\, \frac{1}{e}\right)$ liegt auf der Normalen, d. h.:

$\frac{1}{e} = -\frac{1}{2}e \cdot \left(-\frac{1}{2}\right) + b \quad \Leftrightarrow \quad \frac{1}{e} = \frac{1}{4}e + b \quad \Leftrightarrow \quad b = \frac{1}{e} - \frac{1}{4}e$

Daher ist die Normalengleichung gegeben durch:

$y = -\frac{1}{2}e \cdot x + \frac{1}{e} - \frac{1}{4}e$

c) Da die Tangente im Punkt C durch den Ursprung verläuft, ist ihre Gleichung gegeben durch:

$y = f'(a) \cdot x = 2 \cdot e^{2 \cdot a} \cdot x$

Der Punkt $C(a|e^{2 \cdot a})$ liegt auf der Tangente, seine Koordinaten müssen daher die Tangentengleichung erfüllen:

$e^{2 \cdot a} = 2 \cdot e^{2 \cdot a} \cdot a \quad \Leftrightarrow \quad 1 = 2a \quad \Leftrightarrow \quad a = \frac{1}{2}$

Alternative:

Die Abbildung zeigt, dass sich die Steigung m_t der Tangente im Punkt $C(a|e^{2 \cdot a})$ auch folgendermaßen beschreiben lässt:

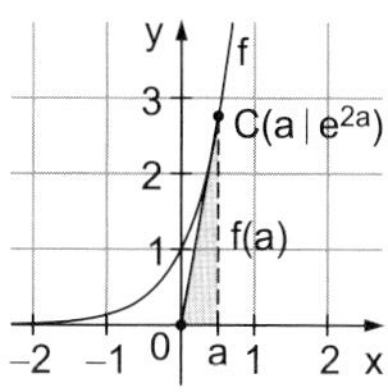

$m_t = \frac{f(a)}{a} = \frac{e^{2 \cdot a}}{a}$

Mit der oben ermittelten Steigung $m_t = 2 \cdot e^{2 \cdot a}$ erhält man folgende Gleichung:

$2 \cdot e^{2 \cdot a} = \frac{e^{2 \cdot a}}{a} \quad \Leftrightarrow \quad a = \frac{1}{2}$

5. a) Mit $f(x)=(2x+4)^{\frac{1}{2}}$ folgt mithilfe der Potenzregel und der Kettenregel:

$$f'(x)=\frac{1}{2}\cdot(2x+4)^{-\frac{1}{2}}\cdot 2=\frac{1}{\sqrt{2x+4}}$$

F ist genau dann Stammfunktion von f, wenn gilt: $F'(x)=f(x)$
Durch Anwendung der Faktorregel, der Potenzregel und der Kettenregel erhält man:

$$F'(x)=\frac{3}{2}\cdot\frac{1}{3}\cdot(2x+4)^{\frac{1}{2}}\cdot 2=(2x+4)^{\frac{1}{2}}=\sqrt{2x+4}$$

b) Für die Steigung der Tangente im Punkt $P(0\,|\,2)$ gilt:

$$m_t=f'(0)=\frac{1}{2}$$

Da der Punkt $P(0\,|\,2)$ auf der Tangente liegt, hat der y-Achsenabschnitt der Tangentengleichung den Wert $b=2$. Die Gleichung der Tangente lautet daher:

$$y=\frac{1}{2}x+2$$

Mit $m_n\cdot m_t=-1$ folgt für die Normalensteigung:

$$m_n=-\frac{1}{m_t}=-2$$

Somit gilt für die gesuchte Normalengleichung im Punkt $P(0\,|\,2)$:
$y=-2x+2$

c) Als Tangentensteigung an der Stelle $x=a$ erhält man:

$$m_t=f'(a)=\frac{1}{\sqrt{2a+4}}$$

Aus $m_n\cdot m_t=-1$ folgt für die Normalensteigung:
$m_n=-\sqrt{2a+4}$
Die Normale verläuft laut Aufgabenstellung durch den Ursprung, ihre Gleichung lautet also:

$$y=-\sqrt{2a+4}\cdot x$$

Da $Q(a\,|\,\sqrt{2a+4})$ auf der Normalen liegt, gilt:
$\sqrt{2a+4}=-\sqrt{2a+4}\cdot a$
Man erhält somit den Wert $a=-1$.

Alternative:
Die Abbildung verdeutlicht, dass eine Normale im Punkt $Q(a\,|\,f(a))$ nur dann durch den Ursprung verlaufen kann, wenn Q im 2. Quadranten des Koordinatensystems liegt.

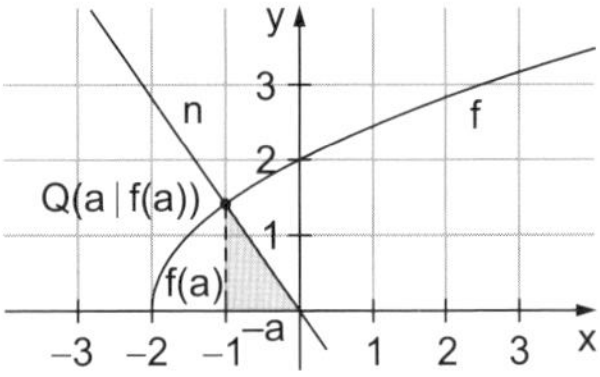

Die Steigung der Normalen lässt sich dann beschreiben durch:

$$m_n = -\frac{f(a)}{-a} = \frac{f(a)}{a} = \frac{\sqrt{2a+4}}{a}$$

Mit $m_n = -\sqrt{2a+4}$ folgt:

$$\frac{\sqrt{2a+4}}{a} = -\sqrt{2a+4}$$

Es folgt also $a = -1$.

6. a) Der Modalwert einer Datenreihe ist der Wert mit der höchsten absoluten Häufigkeit. Der Modalwert der vorliegenden Datenreihe ist 2, denn diese Zahl ist die einzige, die mindestens dreimal auftritt.

Zur Bestimmung des Medians wird die Datenreihe der Größe nach geordnet:
2, 2, 2, 3, **3**, 4, 4, 6, 10
Der Median $\tilde{x}$ liegt in der Mitte der geordneten Datenreihe und hat den Wert 3. Es gibt ebenso viele Werte, die größer oder gleich 3 sind, wie solche, die kleiner oder gleich 3 sind.

Das arithmetische Mittel $\overline{x}$ ist der Quotient aus der Summe aller Einzelwerte und ihrer Anzahl:

$$\overline{x} = \frac{1}{9}(2+2+2+3+3+4+4+6+10) = \frac{36}{9} = 4$$

b) (1) Nach der Erhöhung des ersten Wertes von 2 auf 3 lautet die Datenreihe:
3, 6, 2, 10, 2, 3, 4, 4, x
x ist so zu wählen, dass der Median dieser Datenreihe weiterhin den Wert 3 behält.
Für $x \geq 4$ hätte man bereits fünf Einzelwerte von insgesamt neun, die größer als 3 sind. Der Median wäre dann 4. Daher muss x kleiner oder gleich 3 sein. Für $x = 3$ hätte man beispielsweise die geordnete Datenreihe 2, 2, 3, 3, **3**, 4, 4, 6, 10.

(2) Der Wert des arithmetischen Mittels bleibt unverändert, wenn die Summe der Einzelwerte konstant bleibt. Da der erste Wert um 1 erhöht wurde, muss der letzte Wert um 1 verkleinert werden. Man muss also $x = 2$ wählen.

c) Zu untersuchen ist die Funktionsgleichung:
$S(x) = (2-x)^2 + (6-x)^2 + (1-x)^2$

Durch Ausmultiplizieren erhält man:
$S(x) = 4 - 4x + x^2 + 36 - 12x + x^2 + 1 - 2x + x^2 = 3x^2 - 18x + 41$

S(x) stellt den Funktionsterm einer quadratischen Funktion dar. Der dazugehörige Graph ist eine nach oben geöffnete Parabel. Die x-Koordinate des Scheitelpunktes liefert die Stelle, an der S(x) minimal wird.

Bestimmung der Scheitelpunktform der Parabelgleichung:

$$\begin{aligned} S(x) &= 3(x^2 - 6x) + 41 \\ &= 3(x^2 - 6x + 3^2 - 3^2) + 41 \\ &= 3(x-3)^2 - 27 + 41 \\ &= 3(x-3)^2 + 14 \end{aligned}$$

Der Scheitelpunkt der Parabel lautet daher $(3\,|\,14)$. Der minimale Wert von $S(x)$ ist also 14 und wird an der Stelle $x = 3$ angenommen. Dieser Wert ist aber gerade das arithmetische Mittel der Zahlen 2, 6 und 1:

$$\overline{x} = \frac{1}{3}(2+6+1) = \frac{9}{3} = 3$$

Alternative:
Im Scheitelpunkt der Parabel muss $S'(x) = 0$ gelten. Als Ableitung folgt:

$$\begin{aligned} S'(x) &= -2(2-x) - 2(6-x) - 2(1-x) \\ &= -4 + 2x - 12 + 2x - 2 + 2x \\ &= 6x - 18 \end{aligned}$$

$$S'(x) = 0 \quad \Leftrightarrow \quad x = 3$$

7. a) $\mu = -3 \cdot 0{,}2 - 1 \cdot 0{,}1 + 0 \cdot 0{,}4 + 2 \cdot 0{,}2 + z \cdot 0{,}1 = -0{,}3 + 0{,}1 \cdot z$

Der Erwartungswert μ ist genau dann 0, wenn $z = 3$ ist.

Für die Standardabweichung σ folgt dann (mit $z = 3$ und $\mu = 0$):

$$\begin{aligned} \sigma &= \sqrt{(-3-\mu)^2 \cdot 0{,}2 + (-1-\mu)^2 \cdot 0{,}1 + (0-\mu)^2 \cdot 0{,}4 + (2-\mu)^2 \cdot 0{,}2 + (z-\mu)^2 \cdot 0{,}1} \\ &= \sqrt{9 \cdot 0{,}2 + 1 \cdot 0{,}1 + 0 \cdot 0{,}4 + 4 \cdot 0{,}2 + 9 \cdot 0{,}1} \\ &= \sqrt{1{,}8 + 0{,}1 + 0 + 0{,}8 + 0{,}9} \\ &= \sqrt{3{,}6} \end{aligned}$$

b) Für die angegebene Verteilung gilt $\mu = 2$ und $\sigma = 1$.

k	1	3
$P(X = k)$	0,5	0,5

8. a) Der Mittelpunktswinkel im Vollkreis ist 360° groß. Somit beträgt die Erfolgswahrscheinlichkeit bei einer Drehung $p = \frac{\alpha}{360°}$, die Misserfolgswahrscheinlichkeit $1 - p$.
Damit ergibt sich die folgende Wahrscheinlichkeitsverteilung für die Zufallsgröße X:

k	0	1	2	3
$P(X = k)$	$(1-p)^3$	$3 \cdot (1-p)^2 \cdot p$	$3 \cdot (1-p) \cdot p^2$	p^3

b) Es ist:

$P(X=2)=3\cdot(1-p)\cdot p^2$

$P(X=2)$ wird genau dann maximal, wenn die Funktion f mit

$f(p)=3\cdot(1-p)\cdot p^2=3p^2-3p^3$ mit $0\le p\le 1$ maximal wird.

Untersuchung von f(p) auf absolute Maxima:
Notwendige Bedingung für relative Extrema:

$$f'(p)=0 \Leftrightarrow 6p-9p^2=0$$
$$\Leftrightarrow 3p\cdot(2-3p)=0$$
$$\Leftrightarrow p=0 \vee p=\frac{2}{3}$$

Wegen $f(0)=0$, $f\left(\frac{2}{3}\right)=\frac{4}{9}>0$ und $f(1)=0$ ist $p=\frac{2}{3}$ absolute Maximumstelle. Somit wird die Wahrscheinlichkeit für genau zwei Gewinne für $p=\frac{2}{3}$ mit $P(X=2)=\frac{4}{9}$ maximal. Der Mittelpunktswinkel α muss dazu 240° groß sein.

9. a) Für die zugrunde liegenden Ereignisse werden folgende Abkürzungen eingeführt:

A: Studienfach ist Mathematik
B: Studierender ist männlich

Gesucht sind die Wahrscheinlichkeiten $P(A\cap\overline{B})$ und $P(\overline{A}\cap B)$.

Gegeben:

$P(\overline{B})=0{,}2$

$P_{\overline{B}}(A)=0{,}8$

$P_B(A)=0{,}3$

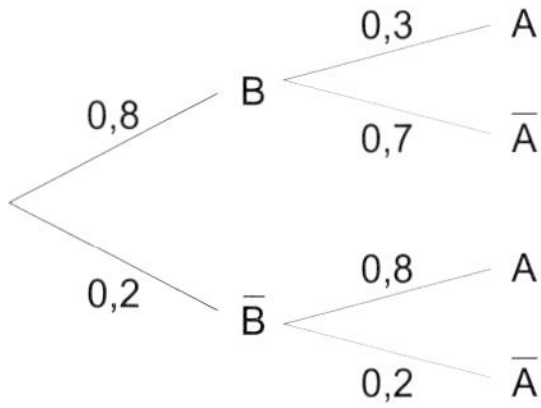

Nach der ersten Pfadregel folgt:

$P(A\cap\overline{B})=0{,}8\cdot 0{,}2=0{,}16$

$P(\overline{A}\cap B)=0{,}7\cdot 0{,}8=0{,}56$

Die Wahrscheinlichkeit, dass ein Studierender weiblich ist und Mathematik studiert, ist 16 %. Die Wahrscheinlichkeit, dass der Studierende männlich ist und nicht Mathematik studiert, ist 56 %.

b) Gesucht ist die bedingte Wahrscheinlichkeit $P_A(\overline{B})$. Es gilt:

$$P_A(\overline{B})=\frac{P(A\cap\overline{B})}{P(A)}=\frac{0{,}16}{0{,}24+0{,}16}=\frac{0{,}16}{0{,}40}=\frac{1{,}6}{4}=0{,}4$$

Der Nenner folgt dabei aus der zweiten Pfadregel (Summenregel). Die Wahrscheinlichkeit, dass ein Studierender der Mathematik weiblich ist, beträgt also 40 %.

10. a) Beim ersten Fußballspiel gibt es 3 Möglichkeiten des Ankreuzens, beim zweiten Spiel wiederum 3 Möglichkeiten. Das Ankreuzen wird insgesamt 13-mal durchgeführt. Nach der Produktregel gibt es daher $3 \cdot 3 \cdot \ldots \cdot 3 = 3^{13}$ Möglichkeiten des Ankreuzens.

b) (1) Pro Spiel gibt es 2 Möglichkeiten, ein falsches Kreuz zu setzen. Es gibt also insgesamt 2^{13} Möglichkeiten für einen völlig falschen Tipp.
Es handelt sich hier um einen Laplace-Versuch. Für die gesuchte Wahrscheinlichkeit folgt daher:

$$P(\text{alles falsch angekreuzt}) = \frac{2^{13}}{3^{13}}$$

Alternative:
Pro Spiel gibt es 2 falsche Möglichkeiten zum Ankreuzen. Die Wahrscheinlichkeit, bei einem Spiel ein falsches Kreuz zu setzen, ist also $\frac{2}{3}$.
Die Wahrscheinlichkeit, dass ein Tippzettel vollkommen falsch ausgefüllt wird, lautet somit:

$$P(\text{alles falsch angekreuzt}) = \left(\frac{2}{3}\right)^{13} = \frac{2^{13}}{3^{13}}$$

(2) Es gibt 13 Möglichkeiten, genau 1 Spiel falsch anzukreuzen. Da dieses eine Spiel auf zwei Arten falsch angekreuzt werden kann, gibt es unter den 3^{13} möglichen Fällen $13 \cdot 2 = 26$ „günstige", in denen genau 1 Spiel falsch angekreuzt ist.
Als Wahrscheinlichkeit für dieses Ereignis erhält man:

$$P(\text{genau ein Fehler}) = \frac{26}{3^{13}}$$

11. a) P liegt genau dann auf g, wenn die folgende Gleichung eine Lösung s besitzt:

$$\begin{pmatrix} 2 \\ 4 \\ 0 \end{pmatrix} + s \cdot \begin{pmatrix} 3 \\ 1 \\ 4 \end{pmatrix} = \begin{pmatrix} 1 \\ 1 \\ 1 \end{pmatrix} \quad \Leftrightarrow \quad \begin{aligned} & 2 + 3s = 1 \\ \wedge \quad & 4 + s = 1 \\ \wedge \quad & 4s = 1 \end{aligned}$$

$$\Leftrightarrow \quad \begin{aligned} & s = -\frac{1}{3} \\ \wedge \quad & s = -3 \\ \wedge \quad & s = \frac{1}{4} \end{aligned}$$

Da das Gleichungssystem unlösbar ist, liegt P nicht auf g.

b) Als Stützvektor der Ebene E eignet sich der Stützvektor der Geraden g. Ebenso ist ein Richtungsvektor der Ebene durch den Richtungsvektor der Geraden gegeben. Der Vektor, den P und ein beliebiger Punkt der Geraden bilden, ist ein weiterer Richtungsvektor der Ebene E. (Da P nicht auf g liegt, ist dieser vom Richtungsvektor der Geraden linear unabhängig.)

Somit lautet eine Parameterdarstellung der Ebene E:

$$E:\ \vec{x} = \begin{pmatrix} 2 \\ 4 \\ 0 \end{pmatrix} + s \cdot \begin{pmatrix} 3 \\ 1 \\ 4 \end{pmatrix} + t \cdot \left(\begin{pmatrix} 2 \\ 4 \\ 0 \end{pmatrix} - \begin{pmatrix} 1 \\ 1 \\ 1 \end{pmatrix} \right) = \begin{pmatrix} 2 \\ 4 \\ 0 \end{pmatrix} + s \cdot \begin{pmatrix} 3 \\ 1 \\ 4 \end{pmatrix} + t \cdot \begin{pmatrix} 1 \\ 3 \\ -1 \end{pmatrix};\ s, t \in \mathbb{R}$$

c) Q liegt genau dann in E, wenn die folgende Gleichung eindeutige Lösungen für s und t besitzt:

$$\begin{pmatrix} 2 \\ 4 \\ 0 \end{pmatrix} + s \cdot \begin{pmatrix} 3 \\ 1 \\ 4 \end{pmatrix} + t \cdot \begin{pmatrix} 1 \\ 3 \\ -1 \end{pmatrix} = \begin{pmatrix} 3 \\ 7 \\ -1 \end{pmatrix} \quad \Leftrightarrow \quad \begin{aligned} 3s + t &= 1 \\ \wedge\ s + 3t &= 3 \\ \wedge\ 4s - t &= -1 \end{aligned}$$

$$\Leftrightarrow \quad \begin{aligned} 7s &= 0 \\ \wedge\ s + 3t &= 3 \\ \wedge\ 3s + t &= 1 \end{aligned}$$

$$\Leftrightarrow \quad \begin{aligned} s &= 0 \\ \wedge\ t &= 1 \\ \wedge\ 1 &= 1 \end{aligned}$$

$$\Leftrightarrow \quad s = 0 \ \wedge\ t = 1$$

Da das Gleichungssystem lösbar ist, liegt Q in der Ebene E.

12. a) Mit dem Parameter $s = 3$ ergibt sich der Ortsvektor von S. Somit liegt S auf g. Mit dem Parameter $t = 1$ ergibt sich ebenso der Ortsvektor von S. Also liegt S auch auf h.
Da die beiden Geraden offensichtlich linear unabhängige Richtungsvektoren aufweisen, schneiden sie sich im Punkt S.

Alternative:

$$g \cap h:\ \begin{pmatrix} 2 \\ 1 \\ 0 \end{pmatrix} + s \cdot \begin{pmatrix} 2 \\ 1 \\ 1 \end{pmatrix} = \begin{pmatrix} 7 \\ 5 \\ 4 \end{pmatrix} + t \cdot \begin{pmatrix} 1 \\ -1 \\ -1 \end{pmatrix} \quad \Leftrightarrow \quad \begin{aligned} 2s - t &= 5 \\ \wedge\ s + t &= 4 \\ \wedge\ s + t &= 4 \end{aligned}$$

$$\Leftrightarrow \quad \begin{aligned} t &= 4 - s \\ \wedge\ 2s - (4 - s) &= 5 \end{aligned}$$

$$\Leftrightarrow \quad \begin{aligned} t &= 4 - s \\ \wedge\ 3s &= 9 \end{aligned}$$

$$\Leftrightarrow \quad s = 3 \ \wedge\ t = 1$$

Also: $S(8\,|\,4\,|\,3)$

b) Die beiden Richtungsvektoren der Geraden bestimmen die Größe des Schnittwinkels.

$$\cos\alpha = \frac{\left|\begin{pmatrix}2\\1\\1\end{pmatrix}\circ\begin{pmatrix}1\\-1\\-1\end{pmatrix}\right|}{\left|\begin{pmatrix}2\\1\\1\end{pmatrix}\right|\cdot\left|\begin{pmatrix}1\\-1\\-1\end{pmatrix}\right|} = \frac{|2\cdot 1+1\cdot(-1)+1\cdot(-1)|}{\sqrt{2^2+1^2+1^2}\cdot\sqrt{1^2+(-1)^2+(-1)^2}} = \frac{0}{\sqrt{6}\cdot\sqrt{3}} = 0$$

Damit ist der Schnittwinkel 90° groß.

c) Der Vektor $\vec{m} = \begin{pmatrix}1\\-1\\-1\end{pmatrix}$ ist ein Richtungsvektor der Geraden h mit Länge bzw. Betrag $\sqrt{3}$.
Damit ist der Vektor $\vec{m}_e = \frac{1}{\sqrt{3}}\begin{pmatrix}1\\-1\\-1\end{pmatrix}$ ein Richtungsvektor der Geraden h mit Länge 1.

Für die Ortsvektoren der Punkte P_1 und P_2 gilt dann:

$$\vec{x}_1 = \begin{pmatrix}8\\4\\3\end{pmatrix} + 2\sqrt{3}\cdot\vec{m}_e = \begin{pmatrix}8\\4\\3\end{pmatrix} + 2\sqrt{3}\cdot\frac{1}{\sqrt{3}}\begin{pmatrix}1\\-1\\-1\end{pmatrix} = \begin{pmatrix}10\\2\\1\end{pmatrix}$$

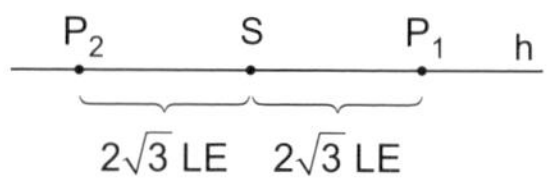

$\Rightarrow\ P_1(10\,|\,2\,|\,1)$

$$\vec{x}_2 = \begin{pmatrix}8\\4\\3\end{pmatrix} - 2\sqrt{3}\cdot\vec{m}_e = \begin{pmatrix}8\\4\\3\end{pmatrix} - 2\sqrt{3}\cdot\frac{1}{\sqrt{3}}\begin{pmatrix}1\\-1\\-1\end{pmatrix} = \begin{pmatrix}6\\6\\5\end{pmatrix}$$

$\Rightarrow\ P_2(6\,|\,6\,|\,5)$

13. a) Die Geraden g und h sind genau dann parallel, wenn ihre beiden Richtungsvektoren $\vec{u} = \begin{pmatrix}2\\0\\4\end{pmatrix}$ und $\vec{v} = \begin{pmatrix}-1\\0\\-2\end{pmatrix}$ kollinear sind. Dies ist der Fall, denn es gilt:

$\vec{u} = (-2)\cdot\vec{v}$

Da alle Punkte auf h als y-Koordinate den Wert 1 haben, liegt der Stützpunkt $A(-1\,|\,0\,|\,0)$ von g nicht auf h. Die beiden Geraden sind also parallel und verschieden.
Die Stützpunkte $A(-1\,|\,0\,|\,0)$ und $B(0\,|\,1\,|\,0)$ der beiden Geraden liegen in der Ebene E.
Für s = 1 erhält man mit $C(1\,|\,0\,|\,4)$ einen dritten Punkt auf E. Die Vektoren

$$\overrightarrow{AB} = \overrightarrow{OB} - \overrightarrow{OA} = \begin{pmatrix}1\\1\\0\end{pmatrix} \text{ und } \overrightarrow{AC} = \overrightarrow{OC} - \overrightarrow{OA} = \begin{pmatrix}2\\0\\4\end{pmatrix}$$

spannen die Ebene E auf. Eine Parametergleichung von E lautet daher:

$$\vec{x} = \begin{pmatrix}-1\\0\\0\end{pmatrix} + r\cdot\begin{pmatrix}1\\1\\0\end{pmatrix} + k\cdot\begin{pmatrix}2\\0\\4\end{pmatrix} \text{ mit } r, k \in \mathbb{R}$$

b) $\overrightarrow{AP_t} = \overrightarrow{OP_t} - \overrightarrow{OA} = \begin{pmatrix} -t \\ 1 \\ -2t \end{pmatrix} - \begin{pmatrix} -1 \\ 0 \\ 0 \end{pmatrix} = \begin{pmatrix} 1-t \\ 1 \\ -2t \end{pmatrix}$

Daraus folgt für den Abstand:

$d(t) = |\overrightarrow{AP_t}| = \sqrt{(1-t)^2 + 1^2 + (-2t)^2} = \sqrt{1 - 2t + t^2 + 1 + 4t^2} = \sqrt{5t^2 - 2t + 2}$

c) Durch Umformung des angegebenen Terms lässt sich zeigen, dass dieser mit dem Abstand d(t) aus Teilaufgabe b übereinstimmt:

$5\left(t - \frac{1}{5}\right)^2 + \frac{9}{5} = 5\left(t^2 - \frac{2}{5}t + \frac{1}{25}\right) + \frac{9}{5} = 5t^2 - 2t + 2$

Für alle $t \in \mathbb{R}$ gilt $5\left(t - \frac{1}{5}\right)^2 \geq 0$. Der kleinste Wert von d(t) ist somit $\sqrt{\frac{9}{5}}$. Er wird für den Parameterwert $t = \frac{1}{5}$ angenommen. Der dazugehörige Punkt $P_{\frac{1}{5}}$ lautet $P_{\frac{1}{5}}\left(-\frac{1}{5} \mid 1 \mid -\frac{2}{5}\right)$ und hat von $A(-1 \mid 0 \mid 0)$ den kleinsten Abstand.

Übungsaufgabe 1 (80 Min., GTR)

Rutschbahn

a) Eine Rutschbahn soll wie ein Stück des Graphen einer Polynomfunktion dritten Grades verlaufen. Sie soll in $A(0\,|\,4)$ beginnen und in $B(6\,|\,0)$ enden, jeweils mit der Steigung null.
Bestimmen Sie die Funktionsgleichung des Polynoms.
Aus Sicherheitsgründen soll an keiner Stelle der Rutschbahn die Steigung betragsmäßig größer als 1 sein.
Untersuchen Sie, ob dies der Fall ist.

b) f ist gegeben durch $f(x) = \frac{1}{27}(x-3)^2(x+6)$.

g_1 ist die Tangente im Wendepunkt des Graphen von f, g_2 ist die Tangente in der linken Nullstelle.
Bestimmen Sie den Schnittpunkt und den Schnittwinkel von g_1 und g_2.
Es wird behauptet, der Flächeninhalt von A_2 sei genau das Fünffache des Flächeninhaltes von A_1 (siehe Abbildung).
Überprüfen Sie die Behauptung.

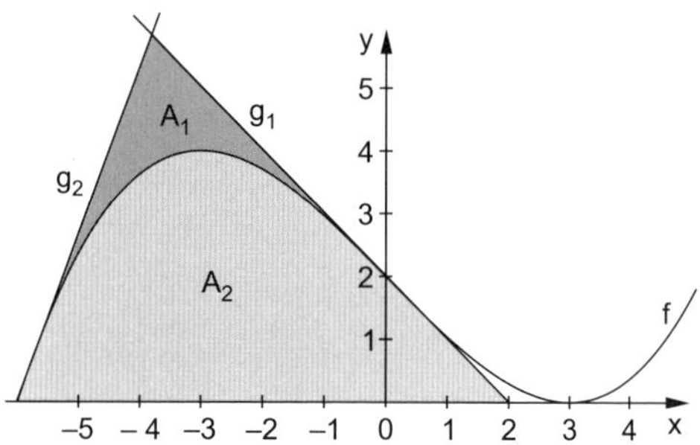

TIPP Lösungshinweise – Übungsaufgabe 1

Teilaufgabe a

Rutschbahnkurve

Hier liegt eine sogenannte „Steckbriefaufgabe“ vor. Gesucht ist die Funktionsgleichung einer Polynomfunktion 3. Grades.

Ein Polynom 3. Grades hat die Form: $f(x) = ax^3 + bx^2 + cx + d$

Die Eigenschaften der Funktion entnimmt man dem Text. Es müssen vier Bedingungen erfüllt sein, weil ein Polynom 3. Grades vier Parameter a, b, c und d hat.

Beachten Sie, dass in dem Text „Sie beginnt in A(0 | 4) mit der Steigung null“ zwei Bedingungen stecken: „A(0 | 4) liegt auf dem Graphen“ und „In A(0 | 4) ist die Steigung null“. Die Steigung entspricht der ersten Ableitung.

Stellen Sie ein Gleichungssystem auf und lösen Sie dieses nach den Parametern a, b, c und d auf.

Steigung

Steigungen berechnet man immer mit der Ableitung.

Fertigen Sie eine kleine Skizze an. Diese macht klar, dass die Steigung in den Randpunkten null ist und dazwischen ein Maximum oder ein Minimum liegen muss.

Polynomfunktionen 3. Grades sind immer symmetrisch zu ihrem Wendepunkt. Der Wendepunkt liegt also in der Mitte zwischen A (Hochpunkt) und B (Tiefpunkt). Dort ist die Steigung betragsmäßig am größten.

Teilaufgabe b

Schnittpunkt und Schnittwinkel

Da hier eine maßstabsgetreue Zeichnung vorliegt, können Sie alle rechnerisch gewonnenen Ergebnisse damit kontrollieren.

Bestimmen Sie die Geradengleichungen der Geraden g_1 und g_2.

Für die Bestimmung des Wendepunktes und der Tangenten braucht man die Ableitungen der Funktion f. Falls Sie im Umgang mit der Produkt- und Kettenregel unsicher sind, so multiplizieren Sie den Funktionsterm aus.

Die Gleichungen der Tangenten erhält man am einfachsten mit der Punkt-Steigungsform.

Die Abbildung unter Teilaufgabe b zeigt, dass der Graph von f einen Wendepunkt besitzt. Im Wendepunkt muss $f''(x) = 0$ gelten. An diesem Punkt berechnen Sie dann die Steigung.

Die Nullstellen sind einfach zu finden: Da die Funktionsgleichung faktorisiert gegeben ist, können Sie „die Klammern gleich null setzen“.

Den Schnittpunkt erhalten Sie, indem Sie die rechten Seiten der Geradengleichungen gleichsetzen und die entstehende Gleichung lösen.

Den Schnittwinkel können Sie mithilfe der Winkelsumme im Dreieck berechnen.

Vergleich der Flächeninhalte

Um die Flächeninhalte A_1 und A_2 berechnen zu können, gibt es grundsätzlich zwei Möglichkeiten: Entweder man zerlegt die Flächen in Teilflächen oder man betrachtet größere Flächen und berechnet die Differenz.

Die Summe $A_1 + A_2$ stellt den Flächeninhalt eines Dreiecks dar, dessen Grundseite und Höhe bekannt sind.

A_2 können Sie als zusammengesetzte Figur berechnen.

Wenn Sie A_2 als Integral von -6 bis 2 berechnen, erhalten Sie einen zu großen Wert, denn $f(2) = \frac{8}{27} \neq 0$. Daher setzt man A_2 zusammen aus dem Integral von -6 bis 0 und dem Flächeninhalt des Dreiecks mit den Koordinatenachsen und der Tangente g_1.

Lösungsvorschlag – Übungsaufgabe 1

a) Ansatz: $f(x) = ax^3 + bx^2 + cx + d$

$f'(x) = 3ax^2 + 2bx + c$

A(0 | 4) liegt auf dem Graphen:	$f(0) = 4$	$d = 4$
B(6 | 0) liegt auf dem Graphen:	$f(6) = 0$	$216a + 36b + 6c + d = 0$
Die Steigung in A ist null:	$f'(0) = 0$	$c = 0$
Die Steigung in B ist null:	$f'(6) = 0$	$108a + 12b + c = 0$

Zu lösen ist das lineare Gleichungssystem:

$$216a + 36b + 4 = 0$$

$$\wedge \quad 108a + 12b = 0$$

$$\Leftrightarrow \quad b = -9a \quad \wedge \quad 216a - 324a = -4$$

$$\Leftrightarrow \quad b = -9a \quad \wedge \quad a = \frac{1}{27}$$

$$\Leftrightarrow \quad b = -\frac{1}{3} \quad \wedge \quad a = \frac{1}{27}$$

$$\text{linSolve}\left(\begin{cases} 216\cdot a+36\cdot b+4=0 \\ 108\cdot a+12\cdot b=0 \end{cases}, \{a,b\}\right) \qquad \left\{\frac{1}{27}, \frac{-1}{3}\right\}$$

Die gesuchte Funktion hat die Gleichung:

$$f(x) = \frac{1}{27}x^3 - \frac{1}{3}x^2 + 4$$

Das Graphenstück für die Rutschbahn liegt zwischen $x = 0$ und $x = 6$.
Aus Symmetriegründen liegt der Wendepunkt in der Mitte zwischen A und B, also W(3 | 2). Die Steigung im Wendepunkt beträgt:
$f'(3) = 1 - 2 = -1$
Der Graph ist im Wendepunkt zwischen A und B am steilsten, also ist die Steigung betragsmäßig nirgends größer als 1.

b) $f(x) = \frac{1}{27}(x-3)^2(x+6) = \frac{1}{27}(x^2 - 6x + 9)(x+6) = \frac{1}{27}(x^3 - 27x + 54)$

$= \frac{1}{27}x^3 - x + 2$

$f'(x) = \frac{1}{9}x^2 - 1$

$f''(x) = \frac{2}{9}x$

Der Wendepunkt liegt bei W(0 | 2).
Die Wendetangente hat die Steigung $f'(0) = -1$.
g_1 hat also folgende Gleichung:
$g_1(x) = -x + 2$

Die linke Nullstelle liegt bei $x=-6$.
Die Tangente in dieser Nullstelle hat die Steigung $f'(-6)=3$.
g_2 hat also folgende Gleichung:
$g_2(x)=3x+18$

Schnittpunkt S von g_1 und g_2:

$$-x+2=3x+18$$
$$-4x=16$$
$$x=-4$$
$$\Rightarrow\ y=6$$
$$\Rightarrow\ S(-4\,|\,6)$$

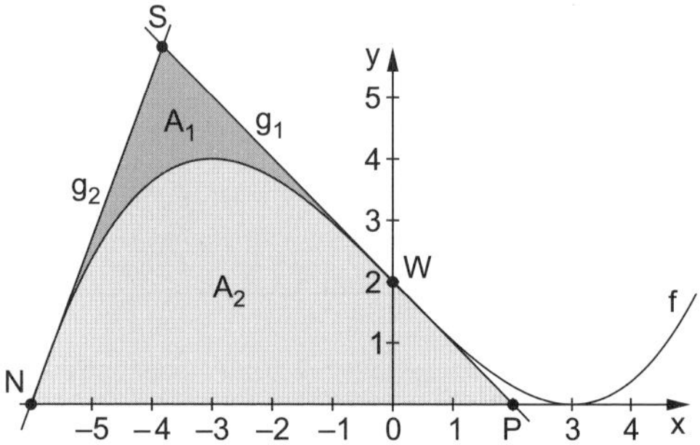

Schnittwinkel α:

$$\alpha=180°-\tan^{-1}(3)+\tan^{-1}(-1)$$
$$\approx 63{,}43°$$

Die Gerade g_1 schneidet die x-Achse im Punkt $P(2\,|\,0)$.
Der Flächeninhalt A_1+A_2 ist der Flächeninhalt des Dreiecks NPS:

$$A_1+A_2=\frac{1}{2}\cdot 8\cdot 6=24$$

Der Flächeninhalt A_2 setzt sich zusammen aus dem Integral $\int_{-6}^{0} f(x)\,dx$ und dem Flächeninhalt des Dreiecks OPW:

$$\int_{-6}^{0} f(x)\,dx=\int_{-6}^{0}\left(\frac{1}{27}x^3-x+2\right)dx$$
$$=\left[\frac{1}{108}x^4-\frac{1}{2}x^2+2x\right]_{-6}^{0}$$
$$=-12+18+12=18$$

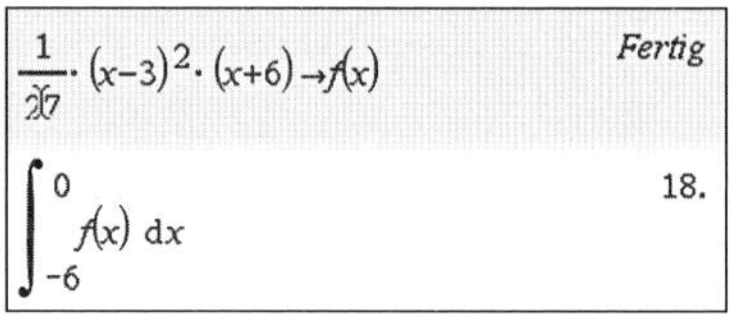

$A_2=18+2=20$
$A_1=4$
Damit ist die Behauptung richtig, dass A_2 das Fünffache von A_1 ist.

Übungsaufgabe 2 (80 Min., GTR)

Bakterien

Die Entwicklung einer bestimmten Bakterienart in einer Nährlösung wird modellhaft mithilfe der Funktion f mit $f(x) = 350 - 250 \cdot e^{-0,1 \cdot x}$, $x \in \mathbb{R}$, $x \geq 0$ beschrieben. Dabei ist x die Zeit in Stunden ab dem Zeitpunkt $x = 0$ und f(x) die Bakterienanzahl in Mengeneinheiten (ME).

a) Skizzieren Sie den Graphen von f. Geben Sie an, welche Bakterienanzahl zu Beginn vorhanden ist und welche Grenze es gibt.
Beschreiben Sie, wie sich die momentane Wachstumsgeschwindigkeit im Lauf der Zeit verändert, und berechnen Sie die momentane Wachstumsgeschwindigkeit zum Zeitpunkt $x = 0$.
Berechnen Sie die momentane Wachstumsgeschwindigkeit zu dem Zeitpunkt, zu dem 300 ME Bakterien vorhanden sind.

b) Bestimmen Sie den Zeitpunkt, an dem die momentane Wachstumsgeschwindigkeit mit der durchschnittlichen Wachstumsgeschwindigkeit in den ersten 15 Stunden übereinstimmt.
Zeigen Sie, dass die momentane Wachstumsgeschwindigkeit proportional zur Differenz aus der Grenze und dem aktuellen Bestand ist.

c) Die Funktion f wird nun unabhängig vom Sachzusammenhang betrachtet.
Für jeden Punkt $P(a \mid f(a))$, $a \geq 0$, gibt es eine Tangente an den Graphen von f.
Zeigen Sie, dass durch

$$y = 25 \cdot e^{-0,1 \cdot a} \cdot x + 350 - 25 \cdot e^{-0,1 \cdot a} \cdot (10 + a)$$

die Gleichung dieser Tangente beschrieben wird.
Jede Tangente bildet zusammen mit der y-Achse und der Geraden zu $y = 350$ ein Dreieck.
Bestimmen Sie denjenigen Punkt $P(a \mid f(a))$, bei dem die zugehörige Tangente zu einem Dreieck mit dem größten Flächeninhalt führt. Geben Sie den größten Flächeninhalt an.

TIPP Lösungshinweise – Übungsaufgabe 2

Teilaufgabe a

Skizze und Beschreibung des Graphen von f

Skizzieren Sie den Graphen und beschreiben Sie den Verlauf der Bakterienentwicklung.

Geben Sie die Grenze für die Bakterienanzahl an.

Der Funktionswert f(0) gibt die Bakterienanzahl zu Beginn der Messung an.

Beschreibung der Wachstumsgeschwindigkeit und ihre Berechnung zum Zeitpunkt x = 0

Die Ableitung f'(x) stellt die momentane Wachstumsgeschwindigkeit zum Zeitpunkt x dar.

Beschreiben Sie den zeitlichen Verlauf von f'(x).

Bestimmen Sie mithilfe der Kettenregel f'(x) und berechnen Sie f'(0).

Berechnung der momentanen Wachstumsgeschwindigkeit beim Bestand von 300 ME

Bestimmen Sie zunächst den Zeitpunkt, zu dem die Bakterienanzahl 300 ME beträgt.

Sie können die Berechnung mit dem Rechner oder auch per Hand durchführen.

Berechnen Sie anschließend die momentane Wachstumsgeschwindigkeit zu dem ermittelten Zeitpunkt.

Teilaufgabe b

Bestimmung des Zeitpunktes

Berechnen Sie zunächst die durchschnittliche Wachstumsgeschwindigkeit während der ersten 15 Stunden.

Die Differenz $f(15) - f(0)$ gibt den Zuwachs der Bakterienanzahl in ME während der ersten 15 Stunden an.

Der Quotient $\frac{f(15) - f(0)}{15 - 0}$ beschreibt die durchschnittliche Wachstumsgeschwindigkeit in $\frac{\text{ME}}{\text{h}}$ während der ersten 15 Stunden. Berechnen Sie diesen Quotienten.

Gesucht ist nun der Zeitpunkt x, zu dem die momentane Wachstumsgeschwindigkeit f'(x) mit dem berechneten Quotienten übereinstimmt. Nutzen Sie dabei die Rechnerfunktionen.

Nachweis der Proportionalität

Beachten Sie, dass f(x) der Bestand und f'(x) die momentane Wachstumsgeschwindigkeit zum Zeitpunkt x ist.

Die Größe $G - f(x)$ stellt die Differenz aus der Grenze und dem aktuellen Bestand dar.

Eine Größe A ist genau dann proportional zu einer Größe B, wenn der Quotient $\frac{A}{B}$ konstant ist. Sie müssen also zeigen, dass f'(x) proportional zu $G - f(x)$ ist.

Teilaufgabe c

Nachweis für die Tangentengleichung

Beachten Sie, dass die Tangentengleichung die Form $y = m \cdot x + b$ hat. Dabei ist m die Steigung der Tangente und b ihr y-Achsenabschnitt.

Die Steigung der Tangente an der Stelle a ist durch f'(a) gegeben, Sie müssen nachweisen, dass diese Steigung mit dem Vorfaktor von x in der angegebenen Gleichung übereinstimmt.

Sie müssen außerdem nachweisen, dass die Tangente im Punkt $P(a \mid f(a))$ tatsächlich den in der Gleichung angegebenen y-Achsenabschnitt hat. Beachten Sie dabei, dass $P(a \mid f(a))$ auf der Tangente liegt.

Bestimmung der größten Dreiecksfläche

Veranschaulichen Sie sich die geometrische Situation durch eine Skizze und kennzeichnen Sie das beschriebene Dreieck.

Sie werden erkennen, dass die Tangente im Punkt $P(a \mid f(a))$ mit der y-Achse und der Geraden zu $y = 350$ ein rechtwinkliges Dreieck bildet.

Berechnen Sie die Längen der Katheten dieses Dreiecks. Hierfür müssen Sie auch die Schnittstelle der Tangente im Punkt $P(a \mid f(a))$ mit der Geraden zu $y = 350$ bestimmen.

Der Flächeninhalt A des rechtwinkligen Dreiecks ergibt sich aus dem halben Produkt der beiden Kathetenlängen und ist eine Funktion von a. Geben Sie den Term A(a) dieser Flächeninhaltsfunktion an.

Bestimmen Sie das Maximum der Flächeninhaltsfunktion. Nutzen Sie dabei die Rechnerfunktionen und geben Sie den gesuchten Punkt P an.

Lösungsvorschlag – Übungsaufgabe 2

a) Skizze und Beschreibung des Graphen von f:
Der Verlauf des Graphen von f zeigt, dass die Bakterienanzahl ständig zunimmt, sich dabei aber von unten her der Grenze 350 ME nähert. Es handelt sich um ein begrenztes Wachstum mit dem Anfangswert f(0) = 100.

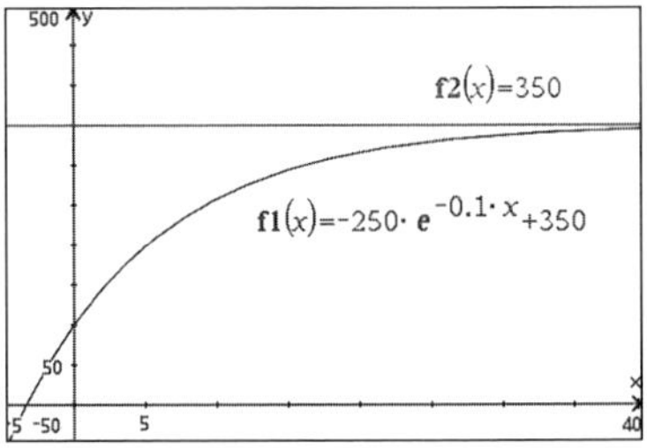

Beschreibung der Wachstumsgeschwindigkeit und ihre Berechnung zum Zeitpunkt x = 0:
Die erste Ableitung f'(x) stellt die momentane Wachstumsgeschwindigkeit zum Zeitpunkt x dar. Der Abbildung ist zu entnehmen, dass f'(x) mit fortschreitender Zeit immer weiter abnimmt und gegen null strebt. Mithilfe der Kettenregel erhält man:

$f'(x) = 25 \cdot e^{-0,1 \cdot x}$

Hieraus folgt f'(0) = 25. Die momentane Wachstumsgeschwindigkeit zum Zeitpunkt x = 0 beträgt also $25 \frac{\text{ME}}{\text{h}}$.

Berechnung der momentanen Wachstumsgeschwindigkeit beim Bestand 300 ME:
Zunächst wird der Zeitpunkt bestimmt, zu dem die Bakterienanzahl 300 ME beträgt.
Für die Gleichung f(x) = 300 liefert der Rechner die Lösung x ≈ 16,1.
Nach etwa 16 Stunden ist die Bakterienanzahl auf 300 ME angewachsen.
Zu diesem Zeitpunkt beträgt die momentane Wachstumsgeschwindigkeit $5 \frac{\text{ME}}{\text{h}}$.

$350-250\cdot e^{-0.1\cdot x} \to f(x)$	*Fertig*
$25\cdot e^{-0.1\cdot x} \to df(x)$	*Fertig*
nSolve(f(x)=300,x)	16.0944
df(x)|x=16.09437912434	5.

Alternative:
Die Gleichung f(x) = 300 lässt sich auch per Hand lösen:

$$f(x) = 300 \quad \Leftrightarrow \quad -250 \cdot e^{-0,1 \cdot x} = -50 \quad \Leftrightarrow \quad e^{-0,1 \cdot x} = \frac{1}{5}$$

Aus der letzten Gleichung folgt:
$x = 10 \cdot \ln 5 \approx 16,1$

Für die momentane Wachstumsgeschwindigkeit erhält man schließlich:
$f'(10 \cdot \ln 5) = 25 \cdot e^{-0,1 \cdot 10 \cdot \ln 5} = 25 \cdot e^{-\ln 5} = 5$

b) Bestimmung des Zeitpunktes:

Der Quotient $\frac{f(15)-f(0)}{15-0}$ stellt die durchschnittliche Wachstumsgeschwindigkeit in den ersten 15 Stunden dar.

Der Rechner liefert:

$\frac{f(15)-f(0)}{15-0}$	12.9478
nSolve(df(x)=12.9478,x)	6.5795

$$\frac{f(15)-f(0)}{15-0} \approx 12{,}9$$

Die durchschnittliche Wachstumsgeschwindigkeit in den ersten 15 Stunden beträgt etwa $12{,}9\,\frac{\text{ME}}{\text{h}}$.

Für die Gleichung $f'(x) = \frac{f(15)-f(0)}{15-0}$ gibt der Rechner die Lösung $x \approx 6{,}6$.

Nach etwa 6,6 Stunden stimmt daher die momentane Wachstumsgeschwindigkeit mit der durchschnittlichen Wachstumsgeschwindigkeit in den ersten 15 Stunden überein.

Nachweis der Proportionalität:

Die Grenze G für die Bakterienanzahl beträgt 350 ME. Daher ist die Differenz aus der Grenze und dem aktuellen Bestand durch $G - f(x) = 250 \cdot e^{-0{,}1 \cdot x}$ gegeben.

Die momentane Wachstumsgeschwindigkeit ist genau dann proportional zu $G - f(x)$, wenn der Quotient $\frac{f'(x)}{G-f(x)}$ konstant ist. Dies ist der Fall, denn es gilt:

$$\frac{f'(x)}{G-f(x)} = \frac{25 \cdot e^{-0{,}1 \cdot x}}{250 \cdot e^{-0{,}1 \cdot x}} = 0{,}1$$

c) Nachweis für die Tangentengleichung:

In der angegebenen Geradengleichung stellt der Vorfaktor von x die Steigung und der Term $350 - 25 \cdot e^{-0{,}1 \cdot a} \cdot (10 + a)$ den y-Achsenabschnitt dar.

Zu zeigen ist, dass die Tangente im Punkt $P(a \mid f(a))$ tatsächlich diese Steigung und diesen y-Achsenabschnitt besitzt.

Aus der ersten Ableitung folgt für die Stelle $x = a$ die Tangentensteigung:

$m = f'(a) = 25 \cdot e^{-0{,}1 \cdot a}$

Die Steigung in der angegebenen Gleichung stimmt also mit der Tangentensteigung überein. Die Tangentengleichung hat daher die Form:

$y = 25 \cdot e^{-0{,}1 \cdot a} \cdot x + b$

Der Punkt $P(a \mid f(a))$ liegt auf dieser Tangente und erfüllt die Tangentengleichung:

$350 - 250 \cdot e^{-0{,}1 \cdot a} = 25 \cdot e^{-0{,}1 \cdot a} \cdot a + b \quad \Leftrightarrow \quad b = 350 - 25 \cdot e^{-0{,}1 \cdot a} \cdot (10 + a)$

Dies stimmt mit dem y-Achsenabschnitt in der Aufgabenstellung überein. Die Gleichung in Teilaufgabe c ist also tatsächlich die Tangentengleichung.

Bestimmung der größten Dreiecksfläche:
Die nebenstehende Abbildung zeigt am Beispiel $a = 5$ das in der Aufgabenstellung beschriebene Dreieck. Es ist rechtwinklig und hat die Kathetenlängen p und q.

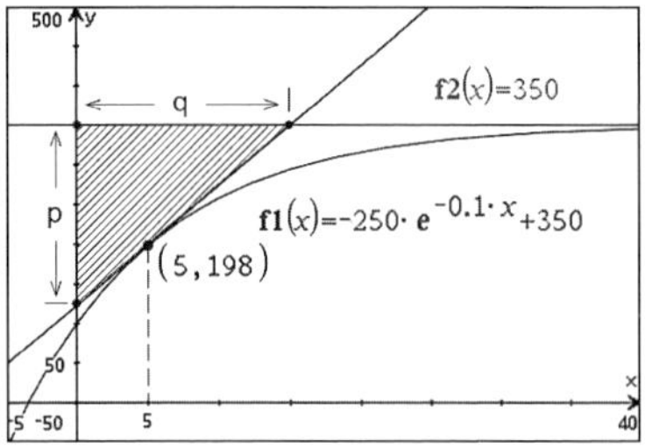

Die Länge p ergibt sich aus der Differenz von 350 und dem y-Achsenabschnitt der Tangente:

$p = 350 - (350 - 25 \cdot e^{-0,1 \cdot a} \cdot (10 + a)) = 25 \cdot e^{-0,1 \cdot a} \cdot (10 + a)$

Die Länge q entspricht dem Wert der x-Koordinate des Schnittpunktes der Tangente mit der Geraden zu $y = 350$:

$25 \cdot e^{-0,1 \cdot a} \cdot x + 350 - 25 \cdot e^{-0,1 \cdot a} \cdot (10 + a) = 350 \quad \Leftrightarrow \quad x = 10 + a$

Für den Flächeninhalt des Dreiecks gilt also:

$$A(a) = \frac{1}{2} \cdot p \cdot q = \frac{25}{2} \cdot e^{-0,1 \cdot a} \cdot (10 + a)^2$$

Die nebenstehende Abbildung zeigt den Graphen dieser Flächeninhaltsfunktion. Der Rechner liefert den Hochpunkt H(10 | 1 839,4).
Die Tangente an der Stelle $a = 10$ am Graphen von f führt also zum flächengrößten Dreieck mit dem Inhalt von ca. 1 839 FE. Der gesuchte Punkt auf dem Graphen von f ist P(10 | 258).

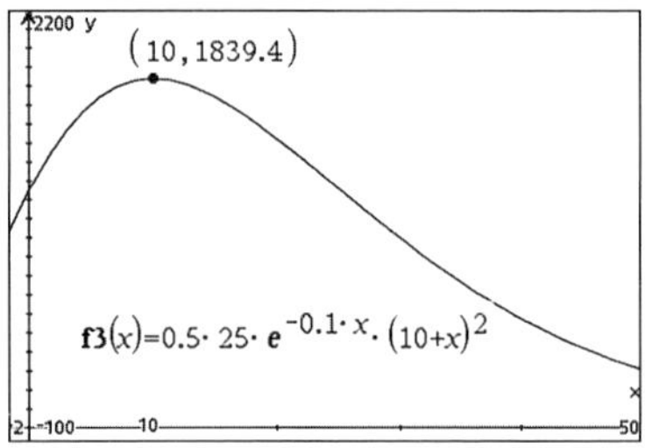

Alternative:
Im Hochpunkt des Graphen der Flächeninhaltsfunktion muss $A'(a) = 0$ gelten.
Als Ableitung erhält man nach der Produkt- und Kettenregel:

$$A'(a) = 25 \cdot e^{-0,1 \cdot a} \cdot (10 + a) + (10 + a)^2 \cdot \left(-\frac{25}{20}\right) \cdot e^{-0,1 \cdot a}$$

$$= \frac{25}{20} \cdot e^{-0,1 \cdot a} \cdot (10 + a) \cdot [20 - (10 + a)]$$

$$= \frac{25}{20} \cdot e^{-0,1 \cdot a} \cdot (10 + a) \cdot (10 - a)$$

Da $e^{-0,1a} > 0$ für alle $a \in \mathbb{R}$, folgt:
$A'(a) = 0 \quad \Leftrightarrow \quad (10 + a) \cdot (10 - a) = 0 \quad \Leftrightarrow \quad a = -10 \vee a = 10$

Nach Voraussetzung ist $a \geq 0$, d. h., bei $a = 10$ gibt es einen Hochpunkt.

Übungsaufgabe 3 (80 Min., CAS)

Das approximierte Dreieck

Die Arbeitsgruppe „Mathematische Modellierung“ soll im Rahmen eines größeren Projektes ein Dreieck durch ein Parabelsegment approximieren, also bestmöglich ersetzen.
Die Gruppe beschließt, das Koordinatensystem so zu wählen, dass Symmetrien ausgenutzt werden können. Das Dreieck hat dann die Eckpunkte $A(-1\,|\,0)$, $B(1\,|\,0)$ und $C(0\,|\,1)$, die Parabel hat die Gleichung $f(x) = a(1 - x^2)$ mit $-1 \leq x \leq 1$. Gesucht ist der Parameter a.

a) Anuschka schlägt vor, dass die Parabel das Dreieck auf den Seitenmitten schneidet.

b) Benedikt denkt, dass die Flächeninhalte des Parabelsegments und des Dreiecks gleich groß sein sollen.
Cora macht eine Skizze und schlägt vor, dass die schraffierten Flächeninhalte außerhalb und innerhalb des Dreiecks gleich groß sein sollen.

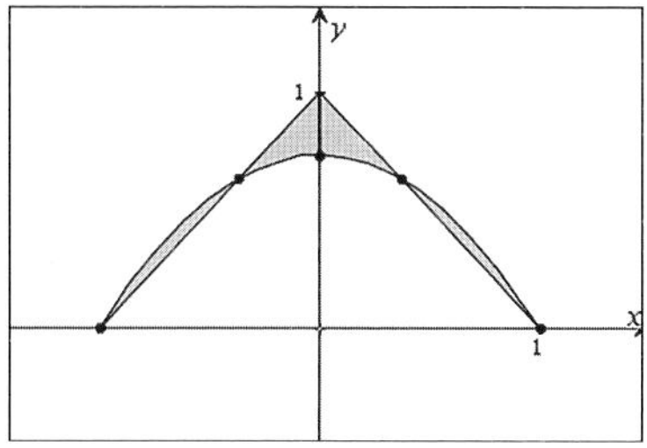

c) Dimitri meint, der gesamte von Cora schraffierte Flächeninhalt sollte minimal werden. Fatih hat die Idee, dass insgesamt die Summe der Abstände (Koordinatendifferenzen) minimal werden soll.

Schätzen Sie zunächst ab, welcher Größenbereich für a sinnvoll ist.
Bearbeiten Sie die verschiedenen Vorschläge der Gruppe und beurteilen Sie die Ergebnisse.
Kommentieren Sie die Zusammenhänge der verschiedenen Ansätze.

TIPP Lösungshinweise – Übungsaufgabe 3

Teilaufgabe a

Funktionale Beschreibung des Dreiecks

Da das Dreieck symmetrisch zur y-Achse ist, genügt eine Betrachtung im positiven Bereich.

Es müssen Abstände und Flächeninhalte berechnet werden. Dazu braucht man die Dreiecksseite CB als Funktion.

Die Dreiecksseite CB ist Teil einer Geraden, deren Gleichung Sie am einfachsten mit der Punkt-Steigungsform bekommen. Lassen Sie den Rechner CB darstellen. Es ist also die Strecke mit $y = -x + 1$, $0 \le x \le 1$.

Zur Abschätzung des sinnvollen Bereiches von a lassen Sie den Rechner einige Parabeln zeichnen. Sie sehen dann am Graphen, welche Werte für das Problem infrage kommen.

Anuschkas Ansatz

Bestimmen Sie die Mitte der Seite CB und setzen Sie diesen Punkt in die Gleichung der Parabel ein. Lösen Sie dann nach a auf.

Lassen Sie den Rechner die ermittelte Parabel zeichnen und beurteilen Sie, wie gut die Dreiecksseite angenähert wird. Erläutern Sie Ihre Beurteilung mit einer Skizze.

Teilaufgabe b

Benedikts Gedanke

Errechnen Sie den Flächeninhalt des (halben) Dreiecks.

Bestimmen Sie den Flächeninhalt unter der (halben) Parabel in Abhängigkeit vom Parameter a.

Den Flächeninhalt unter der halben Parabel erhalten Sie mit dem Integral von 0 bis 1.

Setzen Sie beide Ergebnisse gleich und bestimmen Sie daraus den Parameter a.

Lassen Sie den Rechner die ermittelte Parabel zeichnen und beurteilen Sie, wie gut die Dreiecksseite angenähert wird. Erläutern Sie Ihre Beurteilung mit einer Skizze.

Coras Vorschlag

Bevor Sie rechnen, vergleichen Sie die Ansätze von Cora und Benedikt. Was bedeutet es für die Flächeninhalte von Dreieck und Parabelsegment, wenn die Flächenstücke oberhalb und unterhalb der Dreiecksseite gleich groß sein sollen?

Teilaufgabe c

Dimitris Meinung

Da die schraffierten Flächeninhalte positiv und negativ erscheinen, müssen sie getrennt berechnet werden.

Ermitteln Sie allgemein den Schnittpunkt der Parabel mit der Dreiecksseite.

Es empfiehlt sich hier besonders, nur eine Hälfte des Dreiecks und des Parabelsegments zu betrachten.

Bestimmen Sie die beiden Flächeninhalte rechts und links des Schnittpunktes.

Sie erhalten die Flächeninhalte durch Integration der Differenz der beiden Funktionen. Die erste Fläche erhalten Sie durch Integration von 0 bis zum x-Wert des Schnittpunktes, die zweite Fläche durch Integration vom x-Wert des Schnittpunktes bis 1.

Addieren Sie die Beträge der beiden Flächeninhalte. In allen Rechnungen muss der Parameter a auftauchen, der ja erst bestimmt werden soll. Die Variable x ist nach dem Integrieren verschwunden.

Das Minimum des Gesamtflächeninhaltes wird durch Extremwertbestimmung ermittelt, also „Ableiten und Ableitung nullsetzen".

Es wird nach a abgeleitet.

Fatihs Idee

Für „unendliche Summe" wird auch ein anderer Begriff verwendet. Beziehen Sie in Ihre Überlegungen ein, was Sie bereits in anderen Ansätzen bearbeitet haben.

In dem vorliegenden Problem geht es nicht um getrennte Aufgaben. Jedes Ergebnis ist im Zusammenhang zu beurteilen und abschließend ist ein Kommentar zur „besten Approximation" erforderlich.

Lösungsvorschlag – Übungsaufgabe 3

Wenn $a > 1$ ist, schneidet die Parabel das Dreieck nur in den Punkten A und B. Dasselbe gilt, wenn $a \leq 0{,}5$ ist. Im ersten Fall ist das Parabelsegment zu groß, im zweiten Fall zu klein. Der sinnvolle Bereich für a ist $0{,}5 < a < 1$.

Aus Symmetriegründen reicht die Untersuchung im ersten Quadranten aus.

Dreiecksseite: $g(x) = 1 - x \qquad 0 \leq x \leq 1$

Parabel: $f(x) = a(1 - x^2) \qquad 0 \leq x \leq 1$

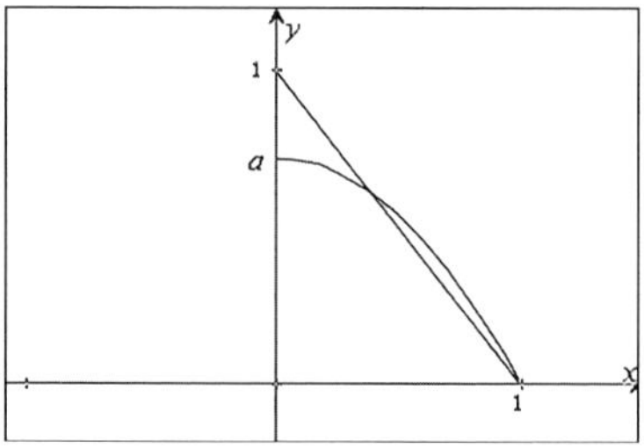

a) Der Schnittpunkt der Graphen von g und f soll bei $x = 0{,}5$ liegen:

$$1 - 0{,}5 = a(1 - 0{,}25)$$

$$a = \frac{2}{3} \approx 0{,}67$$

Für $x > 0{,}5$ wird die Dreiecksseite recht gut angenähert, um $x = 0$ herum dafür aber sehr schlecht.

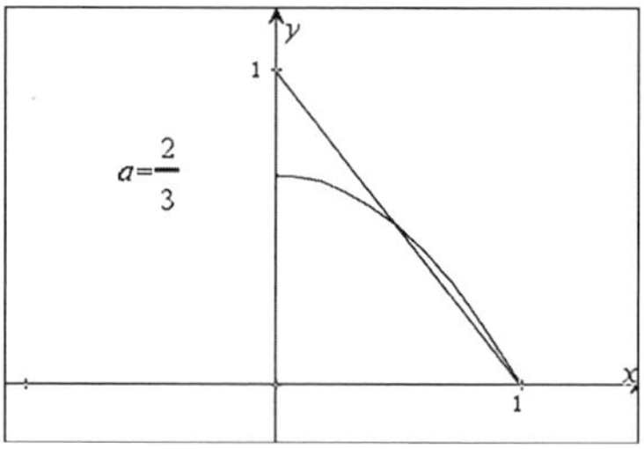

b) Das betrachtete Dreieck im ersten Quadranten hat den Flächeninhalt 0,5.

$$\int_0^1 a(1 - x^2)\,dx = 0{,}5 \quad \Rightarrow \quad \frac{2}{3}a = 0{,}5$$

$$\Leftrightarrow \quad a = 0{,}75$$

$$\int_0^1 \left(a \cdot (1-x^2)\right)dx \qquad \frac{2 \cdot a}{3}$$

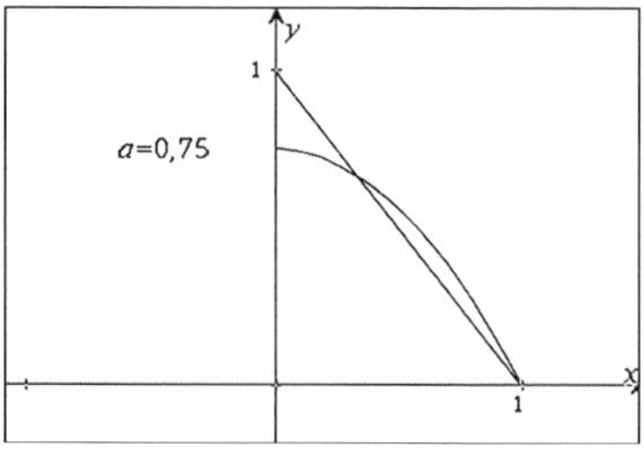

Benedikts Lösung sieht besser aus als Anuschkas, denn die Abweichungen in der Umgebung von $x = 0$ sind nicht so groß.

Coras und Benedikts Ansätze sind gleich. Wenn die schraffierten Flächeninhalte außerhalb und innerhalb des Dreiecks gleich groß sein sollen, dann sind Parabel- und Dreiecksfläche gleich groß. Also ergibt sich auch hier $a = 0{,}75$.

c) Für Dimitris Ansatz muss man die Teilflächen berechnen.

Schnittpunkte von g und f allgemein:

$$1-x=a(1-x^2) \quad\Rightarrow\quad x=1 \;\text{ oder }\; x=\frac{1-a}{a}$$

Schnittpunkte sind also:

$$(1\,|\,0) \text{ und } S_a\left(\frac{1-a}{a}\;\middle|\;\frac{2a-1}{a}\right)$$

A_1 ist der Flächeninhalt zwischen f und g zwischen $x=0$ und $x_S=\frac{1-a}{a}$:

$$\text{solve}\left(1-x=a\cdot\left(1-x^2\right),x\right) \qquad x=\frac{-(a-1)}{a} \text{ or } x=1$$

$$\int_0^{\frac{1-a}{a}}\left(a\cdot\left(1-x^2\right)-(1-x)\right)dx \qquad \frac{-(a-1)^2\cdot(4\cdot a-1)}{6\cdot a^2}$$

$$A_1=\left|\int_0^{\frac{1-a}{a}}(a(1-x^2)-(1-x))\,dx\right|=\left|-\frac{4a^3-9a^2+6a-1}{6a^2}\right|=\frac{4a^3-9a^2+6a-1}{6a^2}$$

A_2 ist der Flächeninhalt zwischen f und g zwischen $x_S=\frac{1-a}{a}$ und $x=1$:

$$A_2=\int_{\frac{1-a}{a}}^{1}(a(1-x^2)-(1-x))\,dx$$

$$=\frac{8a^3-12a^2+6a-1}{6a^2}$$

$$\int_{\frac{1-a}{a}}^{1}\left(a\cdot\left(1-x^2\right)-(1-x)\right)dx \qquad \frac{8\cdot a^3-12\cdot a^2+6\cdot a-1}{6\cdot a^2}$$

Minimum von $A=A_1+A_2$:

$$\frac{d}{da}\left(\frac{12a^3-21a^2+12a-2}{6a^2}\right)=\frac{6a^3-6a+2}{3a^3}$$

$$\frac{d}{da}\left(\frac{12\cdot a^3-21\cdot a^2+12\cdot a-2}{6\cdot a^2}\right) \qquad \frac{2\cdot\left(3\cdot a^3-3\cdot a+1\right)}{3\cdot a^3}$$

Als Nullstellen der Ableitung erhält man drei Lösungen, von denen nur $a\approx 0{,}74223$ im sinnvollen Intervall von a liegt. Der zugehörige Flächeninhalt ist $A\approx 0{,}074$.

$$\text{solve}\left(\frac{2\cdot\left(3\cdot a^3-3\cdot a+1\right)}{3\cdot a^3}=0,a\right)$$

$a=-1.13716$ or $a=0.394931$ or $a=0.742227$

Mit viel Rechenarbeit bekommt man fast das gleiche Ergebnis wie mit dem Ansatz von Cora und Benedikt.

Fatihs und Dimitris Ansätze sind gleich. Die (unendliche) Summe der Abstände entspricht dem Flächeninhalt zwischen den Kurven.

Es ist nicht klar, was man unter einer „besten" Annäherung verstehen soll, weil es mehrere Aspekte gibt. Wenn für das Gesamtproblem der Flächeninhalt des Dreiecks eine große Rolle spielt, ist $a=0{,}75$ eine gute Lösung. Soll aber die Abweichung zu der Strecke möglichst klein sein, so müsste man $a\approx 0{,}74$ wählen.

Übungsaufgabe 1 (40 Min., CAS)

Sportlerkontrollen

Dopingkontrollen werden in den letzten Jahren verstärkt durchgeführt, um die Voraussetzungen für einen objektiven Leistungsvergleich zu schaffen. In manchen Sportarten war das Doping so selbstverständlich, dass sonst kein Preis mehr zu gewinnen war und der Sportler seine Gesundheit zurückstellte. Heute hat ein positives Dopingergebnis für den Sportler weitreichende Folgen, sogar ein lebenslanges Berufsverbot kann ausgesprochen werden. Daher ist es unerlässlich, sehr zuverlässige Kontrollergebnisse zu erhalten und das Blut auf Rückstände hin zu untersuchen, die eindeutige Aussagen ermöglichen.
Wie bei jedem Test ist dies einerseits abhängig von der Testsensitivität, der Sicherheit also, mit der ein gedopter Sportler auch durch den Test ermittelt wird, und andererseits von der Testspezifität, der Sicherheit, mit der ein nicht gedopter Sportler auch durch den Test erkannt wird.

a) Es werde nun unterstellt, dass bei einer Schwimmmeisterschaft 300 Athleten teilnahmen, von denen tatsächlich 200 gedopt und 100 nicht gedopt waren. Alle Teilnehmer wurden einem einfachen Dopingtest unterzogen, der eine Sensitivität von 80 % und eine Spezifität von 90 % aufwies.
Nennen Sie die vier verschiedenen Fälle, die bei einer Kontrolle auftreten können, und ermitteln Sie die dazugehörigen Erwartungswerte.
Bestimmen Sie die Wahrscheinlichkeit dafür, dass das Testergebnis falsch war.

b) Auch wegen der hohen Verdienstmöglichkeiten im Sport und durch technischen Fortschritt wurden die Analyseverfahren immer mehr verfeinert. Die Pharmafirma NoDop entwickelte ein Verfahren, das in Vorversuchen getestet wurde. 200 Probanden wurde das zu entdeckende Dopingpräparat verabreicht, das anschließend mit dem Verfahren von NoDop bei 190 von ihnen auch nachgewiesen wurde. In einer Kontrollgruppe mit 500 Personen, denen das Präparat nicht gegeben wurde, wurden allerdings 10 positiv getestet.
Ermitteln Sie auf dem 99 %-Niveau Konfidenzintervalle sowohl für die Sensitivität als auch für die Spezifität des Verfahrens von NoDop.

TIPP Lösungshinweise – Übungsaufgabe 1

Teilaufgabe a

Beachten Sie, dass ein gedopter Sportler entdeckt wird oder unentdeckt bleibt und dass ein ungedopter Sportler nicht verdächtigt wird oder zu Unrecht in Verdacht gerät.

Ermitteln Sie anhand der Textangaben die zu erwartenden Testergebnisse.

Das Testergebnis ist falsch, wenn ein gedopter Sportler unentdeckt bleibt oder ein nicht gedopter zu Unrecht verdächtigt wird.

Ermitteln Sie den Erwartungswert und bilden Sie den Quotienten mit der Grundgesamtheit.

Teilaufgabe b

Konfidenzintervall für die Sensitivität

Betrachten Sie die Zufallsgröße X: „Anzahl der Personen, denen das Dopingmittel verabreicht wurde und die anschließend positiv getestet wurden".

X ist binomialverteilt mit $n = 200$ und unbekanntem p.

Berechnen Sie μ und σ in Abhängigkeit von p.

99 % aller Stichprobenergebnisse liegen in der $2{,}58\sigma$-Umgebung von μ.

Berechnen Sie p so, dass gilt: $P(|190 - \mu| \leq 2{,}58\sigma) \approx 99\ \%$

Nutzen Sie bei der Lösung der quadratischen Ungleichung die Möglichkeiten des Rechners. Geben Sie das Konfidenzintervall für p an. Machen Sie eine Aussage zur Sensitivität des Tests.

Konfidenzintervall für die Spezifität

Betrachten Sie die Zufallsgröße Y: „Anzahl der Personen, denen das Dopingmittel nicht verabreicht wurde und die anschließend negativ getestet wurden".

Y ist binomialverteilt mit $n = 500$ und unbekanntem p.

Berechnen Sie μ und σ in Abhängigkeit von p.

99 % aller Stichprobenergebnisse liegen in der $2{,}58\sigma$-Umgebung von μ.

Berechnen Sie p so, dass $P(|490 - \mu| \leq 2{,}58\sigma) \approx 99\ \%$ gilt, und verfahren Sie weiter wie beim Konfidenzintervall für die Sensitivität.

Lösungsvorschlag – Übungsaufgabe 1

a) Es sind insgesamt vier verschiedene Fälle denkbar:

(1) Ein tatsächlich gedopter Sportler wird auch durch den Test als gedopt ermittelt.

(2) Ein tatsächlich gedopter Sportler wird durch den Test als ungedopt ermittelt.

(3) Ein tatsächlich ungedopter Sportler wird durch den Test auch als ungedopt ermittelt.

(4) Ein tatsächlich ungedopter Sportler wird durch den Test als gedopt ermittelt.

Von den 200 gedopten Sportlern wurden durch den Test 80 %, d. h. 160 Personen, entdeckt und 40 blieben unentdeckt.
Von den 100 nicht gedopten Sportlern wurden 90 %, d. h. 90 Personen, als nicht gedopt ermittelt, 10 allerdings als gedopt bezeichnet.
Es ergibt sich, dass der Test in 50 von 300 Fällen ein falsches Resultat lieferte, d. h. mit der Wahrscheinlichkeit $\frac{50}{300} = \frac{1}{6} = 16,\overline{6}\ \%$.

b) Mit ca. 99 % Wahrscheinlichkeit soll p ermittelt werden. Bekannt ist der Zusammenhang, dass in der 2,58σ-Umgebung von μ etwa 99 % aller Stichprobenergebnisse liegen.

(1) Die Zufallsgröße X: „Anzahl der Personen, denen das Dopingmittel verabreicht wurde und die anschließend positiv getestet wurden" ist binomialverteilt mit $n = 200$ und unbekanntem p.
Bekannt ist aus der Stichprobe die relative Häufigkeit $h = \frac{190}{200}$.

$$\sigma_h = \sqrt{200 \cdot \frac{190}{200} \cdot \frac{10}{200}} = \frac{1}{2}\sqrt{38} \approx 3,08 \quad \text{(Laplace-Bedingung erfüllt)}$$

Für $k = 190$ kommen alle p infrage, für die gilt:

$$P(|k - \mu| \le 2,58\sigma) \approx 99\ \%$$

$$\Leftrightarrow \quad |190 - n \cdot p| \le 2,58\sqrt{n \cdot p \cdot (1-p)}$$

$$\Leftrightarrow \quad |190 - 200p| \le 2,58\sqrt{200 \cdot p \cdot (1-p)}$$

$$\Leftrightarrow \quad (190 - 200p)^2 \le 2,58^2 \cdot 200 \cdot p \cdot (1-p)$$

$$\underset{\text{CAS}}{\Leftrightarrow} \quad 0,8937\ldots \le p \le 0,9772\ldots$$

$$\Leftrightarrow \quad 89,37\ldots\ \% \le p \le 97,72\ldots\ \%$$

Mit 99 % Sicherheit kann man bei diesem Dopingtest von einer Sensitivität von mehr als 89,3 % ausgehen.

```
solve((190-200·p)^2≤(2.58)^2·200·p·(1-p),▸
                         0.893791≤p≤0.97722
```

Der CAS-Rechner kann auch auf direktem Wege die obige Betragsungleichung lösen (siehe Abbildung).

```
solve(|190-200·p|≤2.58·√(200·p·(1-p)),p)
                         0.893791≤p≤0.97722
```

(2) Die Zufallsgröße Y: „Anzahl der Personen, denen das Dopingmittel nicht verabreicht wurde und die anschließend negativ getestet wurden“ ist binomialverteilt mit $n = 500$ und unbekanntem p.
Bekannt ist aus der Stichprobe die relative Häufigkeit $h = \frac{490}{500}$.

$$\sigma_h = \sqrt{500 \cdot \frac{490}{500} \cdot \frac{10}{500}} = \frac{7}{5}\sqrt{5} \approx 3{,}13 \quad \text{(Laplace-Bedingung erfüllt)}$$

Für $k = 500 - 10 = 490$ kommen alle p infrage, für die gilt:

$P(|k - \mu| \leq 2{,}58\sigma) \approx 99\,\%$

$$\Leftrightarrow \quad |490 - n \cdot p| \leq 2{,}58\sqrt{n \cdot p \cdot (1-p)}$$

$$\Leftrightarrow \quad |490 - 500p| \leq 2{,}58\sqrt{500 \cdot p \cdot (1-p)}$$

$$\Leftrightarrow \quad (490 - 500p)^2 \leq 2{,}58^2 \cdot 500 \cdot p \cdot (1-p)$$

$$\underset{\text{CAS}}{\Leftrightarrow} \quad 0{,}9564\ldots \leq p \leq 0{,}9909\ldots$$

$$\Leftrightarrow \quad 95{,}64\ldots\,\% \leq p \leq 99{,}09\ldots\,\%$$

Mit 99 % Sicherheit kann man bei diesem Dopingtest von einer Spezifität von mehr als 95,6 % ausgehen.

```
solve((490-500·p)²≤(2.58)²·500·p·(1-p),▸
                                0.956452≤p≤0.990935
solve(|490-500·p|≤2.58·√(500·p·(1-p)),p)
                                0.956452≤p≤0.990935
```

Übungsaufgabe 2 (40 Min., GTR)

Grippeschutz

Für eine Studie zur Wirksamkeit von Grippeschutzimpfungen wurden 960 Personen danach befragt, ob sie vor dem letzten Winter gegen Grippe geimpft waren und ob sie an Grippe erkrankt waren oder nicht. Die Daten wurden nach geimpft/nicht geimpft und erkrankt/nicht erkrankt ausgewählt. Dadurch ergab sich die folgende Vierfeldertafel:

	erkrankt	nicht erkrankt	Summe
geimpft	117	389	506
nicht geimpft	289	165	454
Summe	406	554	960

a) Nehmen Sie an, Sie wählen eine der befragten Personen zufällig aus. Berechnen Sie die folgenden Wahrscheinlichkeiten:
- P(war geimpft)
- P(war erkrankt)
- P(war geimpft und war erkrankt)

b) Ermitteln Sie, wie wahrscheinlich es war, dass eine geimpfte Person aus der Untersuchungsgruppe an Grippe erkrankt war.

c) Berechnen Sie $P_{\text{war nicht geimpft}}$(war an Grippe erkrankt). Interpretieren Sie, was man unter dieser Wahrscheinlichkeit versteht.

d) Entscheiden Sie begründet, ob die Ereignisse „war geimpft“ und „war erkrankt“ stochastisch unabhängig sind, und interpretieren Sie Ihr Ergebnis im inhaltlichen Kontext der Aufgabe.

TIPP Lösungshinweise – Übungsaufgabe 2

Teilaufgabe a

Es ist sinnvoll, für die vorliegenden Ereignisse Abkürzungen einzuführen:
A: „Person war geimpft"; B: „Person war an Grippe erkrankt"

Zu bestimmen sind dann P(A), P(B) und $P(A \cap B)$.

Zur Berechnung der Wahrscheinlichkeiten können Sie das Laplace-Modell zugrunde legen.

Aus der gegebenen Vierfeldertafel lassen sich jeweils die Anzahl der „günstigen" und die Anzahl der „möglichen Fälle" ablesen.

Teilaufgabe b

Gesucht ist die bedingte Wahrscheinlichkeit $P_A(B)$. Sie gibt an, mit welcher Wahrscheinlichkeit B eintritt, unter der Voraussetzung, dass A bereits eingetreten ist.

Auch in diesem Fall können Sie mit dem Laplace-Modell arbeiten.

Bedenken Sie, dass sich jetzt die Anzahl der „möglichen Fälle" auf die Anzahl der geimpften Personen reduziert.

Wie groß ist die Zahl der „günstigen Fälle"?

Teilaufgabe c

Berechnung der Wahrscheinlichkeit

Gesucht ist die bedingte Wahrscheinlichkeit $P_{\overline{A}}(B)$.

Sie gibt an, mit welcher Wahrscheinlichkeit B eintritt, unter der Voraussetzung, dass $\overline{A}$ bereits eingetreten ist.

Die Berechnung der durch $\overline{A}$ bedingten Wahrscheinlichkeit von B erfolgt analog zur Berechnung von $P_A(B)$.

Interpretation der Wahrscheinlichkeit

Angenommen, Sie wählen zufällig eine der nicht geimpften Personen der Befragung aus. Was besagt dann die berechnete Wahrscheinlichkeit?

Teilaufgabe d

Die Ereignisse A und B heißen stochastisch unabhängig, wenn das Eintreten von A keinen Einfluss auf die Wahrscheinlichkeit von B hat und umgekehrt, d. h., wenn $P_A(B) = P(B)$ oder $P_B(A) = P(A)$.

Dies ist genau dann der Fall, wenn gilt: $P(A \cap B) = P(A) \cdot P(B)$

Überprüfen Sie die stochastische Unabhängigkeit mithilfe der Vierfeldertafel.

Formen Sie die gegebene Tafel mit den absoluten Häufigkeiten so um, dass in ihr nun die relativen Häufigkeiten bzw. Wahrscheinlichkeiten stehen.

Für den Fall, dass A und B stochastisch unabhängig sind, müssten sich die Einträge im Inneren der umgeformten Tafel als Produkte der Randelemente ergeben. Überprüfen Sie dies und formulieren Sie Ihr Ergebnis.

Welche Aussage zur Wirksamkeit der Grippeimpfung folgt aus Ihrem Ergebnis?

Lösungsvorschlag – Übungsaufgabe 2

a) Zur bequemeren Schreibweise werden für die beiden zugrunde liegenden Ereignisse Abkürzungen eingeführt:
A: „Person war geimpft"
B: „Person war an Grippe erkrankt"

Für die gesuchten Wahrscheinlichkeiten ergibt sich:

$$P(A) = \frac{506}{960} \approx 52{,}7\ \%$$

$$P(B) = \frac{406}{960} \approx 42{,}3\ \%$$

$$P(A \cap B) = \frac{117}{960} \approx 12{,}2\ \%$$

b) Gesucht ist die bedingte Wahrscheinlichkeit $P_A(B)$. Auch diese Wahrscheinlichkeit lässt sich als Laplace-Wahrscheinlichkeit angeben.
Die Anzahl 506 der geimpften Personen stellt die Anzahl der möglichen Fälle dar und die Anzahl 117 der erkrankten Personen ist die Anzahl der „günstigen" Fälle.
Es gilt also:

$$P_A(B) = \frac{117}{506} \approx 23{,}1\ \%$$

Die Wahrscheinlichkeit, dass eine geimpfte Person erkrankt war, betrug etwa 23,1 %.

c) In analoger Weise zu Teilaufgabe b erhält man:

$$P_{\overline{A}}(B) = \frac{289}{454} \approx 63{,}7\ \%$$

Interpretation:
Angenommen, man wählt zufällig eine der nicht geimpften Personen der Befragung aus. Dann ist die Wahrscheinlichkeit, dass diese an Grippe erkrankt war, etwa 63,7 %.

d) Die Ereignisse A und B heißen stochastisch unabhängig, wenn gilt:
$P(A \cap B) = P(A) \cdot P(B)$

Die stochastische Unabhängigkeit zweier Ereignisse lässt sich gut anhand der Vierfeldertafel überprüfen. Hierzu werden in die Vierfeldertafel die relativen Häufigkeiten bzw. die Wahrscheinlichkeiten eingetragen (auf drei Nachkommastellen gerundet):

	B	$\overline{B}$	Summe
A	0,122	0,405	0,527
$\overline{A}$	0,301	0,172	0,473
Summe	0,423	0,577	1

Im Falle der stochastischen Unabhängigkeit müssten sich die Einträge im Inneren als Produkte der Randelemente ergeben:

	B	$\overline{B}$	Summe
A	0,223	0,304	0,527
$\overline{A}$	0,200	0,273	0,473
Summe	0,423	0,577	1

Da sich diese beiden Tafeln aber erheblich unterscheiden, kann nicht von einer stochastischen Unabhängigkeit der Ereignisse A und B gesprochen werden.
Im Gegenteil: Man muss von einer inhaltlichen Abhängigkeit ausgehen. Die Grippeschutzimpfung zeigt eine positive Wirkung und beugt gegen Grippe vor; dies konnte man bereits aus den Ergebnissen der Teilaufgaben b und c vermuten.

Übungsaufgabe 3 (40 Min., GTR/CAS)

Ziehen aus zwei Urnen

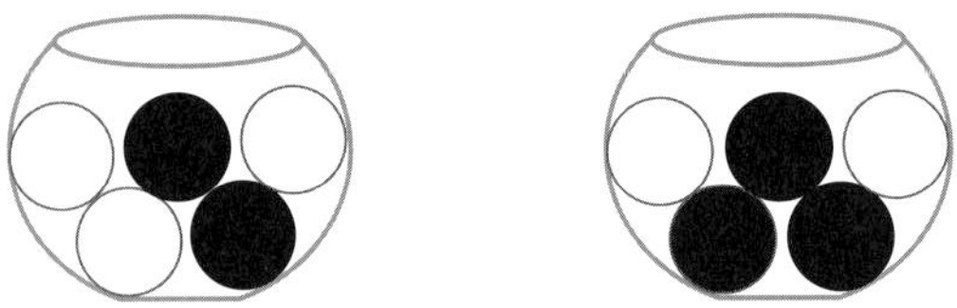

In zwei Urnen A und B befinden sich jeweils 5 Kugeln. In der Urne A befinden sich 3 weiße und 2 schwarze Kugeln. In der Urne B befinden sich 3 schwarze und 2 weiße Kugeln.

a) Ein Spieler zieht dreimal nacheinander aus der Urne A eine Kugel und legt diese nach dem Zug in die Urne A zurück.
Bestimmen Sie die Wahrscheinlichkeit dafür, dass mindestens einmal eine schwarze Kugel gezogen wird.

b) Der Spieler zieht nun aus der Urne A und aus der Urne B jeweils eine Kugel.
Berechnen Sie die Wahrscheinlichkeit dafür, dass er 2 gleichfarbige Kugeln zieht.

Die gezogenen Kugeln werden zurück in die jeweiligen Urnen gelegt, sodass wieder die ursprünglichen Urnen betrachtet werden.

c) Aus beiden Urnen wird zufällig jeweils eine Kugel entnommen und in die jeweils andere Urne gelegt.
Geben Sie die Wahrscheinlichkeit an, dass sich die Anteile der schwarzen und weißen Kugeln in den jeweiligen Urnen nach diesem Vorgang verändert haben.

d) Alle Kugeln werden nun in eine gemeinsame Urne umgefüllt. Es befinden sich also 5 weiße und 5 schwarze Kugeln in der Urne. Es werden nun 3 Kugeln gleichzeitig herausgezogen.
Begründen Sie, dass der Term $\frac{\binom{5}{2}\cdot\binom{5}{1}}{\binom{10}{3}}$ die Wahrscheinlichkeit dafür beschreibt, dass sich unter den 3 gezogenen Kugeln genau 2 schwarze Kugeln befinden.
Berechnen Sie die Wahrscheinlichkeit für dieses Ereignis
(1) mithilfe des Rechners.
(2) ohne Einsatz des Rechners.

TIPP Lösungshinweise – Übungsaufgabe 3

Teilaufgabe a

Bestimmung der ersten Wahrscheinlichkeit

Beachten Sie, dass die gezogene Kugel nach jedem Zug in die Urne A zurückgelegt wird.

Die Zufallsgröße X: „Anzahl der gezogenen schwarzen Kugeln" ist daher binomialverteilt mit der Stichprobengröße $n = 3$ und der Erfolgswahrscheinlichkeit $p = \frac{2}{5}$.

Berechnen Sie die Wahrscheinlichkeit für mindestens einen „Erfolg". Sie können hierfür die **binomcdf**-Funktion des Rechners nutzen oder mithilfe der Wahrscheinlichkeit des Gegenereignisses die Komplementärregel anwenden.

Teilaufgabe b

Bestimmung der zweiten Wahrscheinlichkeit

Mit einem geeigneten Baumdiagramm lässt sich das Zufallsexperiment veranschaulichen.

Beachten Sie, dass zum Ereignis „Der Spieler zieht aus den beiden Urnen gleichfarbige Kugeln" zwei Pfade im Baumdiagramm gehören: Der Spieler kann 2 schwarze oder 2 weiße Kugeln ziehen.

Wenden Sie die Pfadregeln an und bestimmen Sie die gesuchte Wahrscheinlichkeit.

Teilaufgabe c

Bestimmung der dritten Wahrscheinlichkeit

Welche möglichen Ausgänge des beschriebenen Zufallsexperimentes führen zu veränderten Anteilen der schwarzen und weißen Kugeln in den Urnen?

Was lässt sich über die Anteile der schwarzen und weißen Kugeln in den Urnen aussagen, wenn der Spieler, wie in Teilaufgabe b, 2 gleichfarbige Kugeln zieht?

Argumentieren Sie mithilfe des Baumdiagramms aus Teilaufgabe b und bestimmen Sie die gesuchte Wahrscheinlichkeit.

Teilaufgabe d

Begründung für die angegebene Wahrscheinlichkeit

Beachten Sie, dass der Faktor $\binom{5}{2}$ im Zähler des Terms die Anzahl der Möglichkeiten angibt, von den 5 schwarzen Kugeln 2 Kugeln auszuwählen.

Deuten Sie das Produkt $\binom{5}{2} \cdot \binom{5}{1}$ im Zähler und den Nenner $\binom{10}{3}$.

Geben Sie eine abschließende Begründung für die beschriebene Wahrscheinlichkeit.

Berechnung der Wahrscheinlichkeit
Berechnen Sie den Wert der angegebenen Wahrscheinlichkeit und nutzen Sie dabei den Rechnerbefehl **nCr(n, k)** für den Binomialkoeffizienten $\binom{n}{k}$.
Berechnen Sie die Wahrscheinlichkeit auch ohne Einsatz des Rechners, indem Sie auf die Definition $\binom{n}{k} = \frac{n!}{k! \cdot (n-k)!}$ des Binomialkoeffizienten zurückgreifen.

Lösungsvorschlag – Übungsaufgabe 3

a) Die Zufallsgröße X: „Anzahl der gezogenen schwarzen Kugeln“ ist binomialverteilt mit der Stichprobengröße $n = 3$ und der Erfolgswahrscheinlichkeit $p = \frac{2}{5}$.
Es gilt:

$$P(X \geq 1) = \sum_{k=1}^{3} \binom{3}{k} \cdot \left(\frac{2}{5}\right)^k \cdot \left(\frac{3}{5}\right)^{3-k}$$

$$= \text{binomcdf}\left(3, \frac{2}{5}, 1, 3\right)$$

$$= 0{,}784$$

Mit einer Wahrscheinlichkeit von 78,4 % wird mindestens einmal eine schwarze Kugel gezogen.

Alternative:
Das Ergebnis erhält man auch mithilfe der Komplementärregel:

$$P(X \geq 1) = 1 - P(X = 0) = 1 - \left(\frac{3}{5}\right)^3 = 78{,}4\ \%$$

b) Das Zufallsexperiment wird durch das nebenstehende Baumdiagramm veranschaulicht.

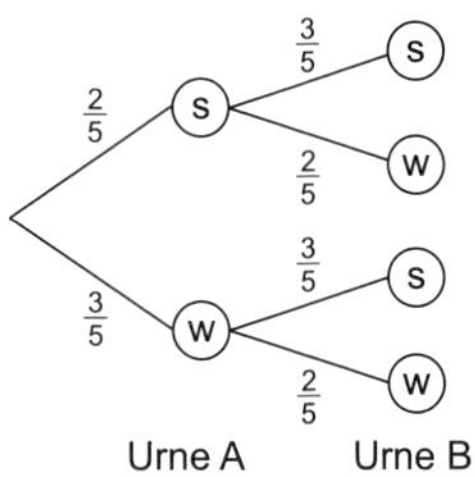

Zum Ereignis E_1: „Der Spieler zieht aus den beiden Urnen gleichfarbige Kugeln“ gehören zwei Pfade des Baumdiagramms: ss und ww

$$P(ss) = \frac{2}{5} \cdot \frac{3}{5} = \frac{6}{25}$$

$$P(ww) = \frac{3}{5} \cdot \frac{2}{5} = \frac{6}{25}$$

Daher gilt:

$$P(E_1) = \frac{2}{5} \cdot \frac{3}{5} + \frac{3}{5} \cdot \frac{2}{5} = \frac{12}{25}$$

c) Damit sich nach dem Tauschen der Kugeln der Anteil schwarzer und weißer Kugeln in den jeweiligen Urnen verändert, muss aus der Urne A eine schwarze und aus der Urne B eine weiße Kugel oder umgekehrt aus der Urne A eine weiße und aus der Urne B eine schwarze Kugel gezogen werden.
Es handelt sich also um das Ereignis E_2: „Der Spieler zieht aus den beiden Urnen ungleichfarbige Kugeln“. Für die Wahrscheinlichkeit dieses Ereignisses gilt:

$$P(E_2) = P(sw) + P(ws) = \frac{2}{5} \cdot \frac{2}{5} + \frac{3}{5} \cdot \frac{3}{5} = \frac{13}{25}$$

Alternative:
E_2 ist das Gegenereignis zu E_1. Daher führt die Komplementärregel zum gleichen Ergebnis:

$$P(E_2) = 1 - P(E_1) = 1 - \frac{12}{25} = \frac{13}{25}$$

d) Begründung für die angegebene Wahrscheinlichkeit:
Beim Ziehen aus der Urne gibt es $\binom{5}{2}$ Möglichkeiten, von den 5 schwarzen Kugeln 2 Kugeln auszuwählen. Es gibt dann $\binom{5}{1}$ Möglichkeiten, von den 5 weißen Kugeln 1 Kugel auszuwählen.
Mit E_3 sei das Ereignis bezeichnet, dass sich unter den 3 gezogenen Kugeln genau 2 schwarze Kugeln und 1 weiße befinden. Nach der Produktregel gibt es dann $\binom{5}{2} \cdot \binom{5}{1}$ „günstige“ Fälle für das Ereignis E_3.
Insgesamt gibt es $\binom{10}{3}$ Möglichkeiten, aus einer Urne mit 10 Kugeln 3 Kugeln auszuwählen.
Daher stellt der Term $\frac{\binom{5}{2} \cdot \binom{5}{1}}{\binom{10}{3}}$ die Wahrscheinlichkeit für das Ereignis E_3 dar.

Berechnung der angegebenen Wahrscheinlichkeit:

(1) Mit dem Rechnerbefehl **nCr(n, k)** für den Binomialkoeffizienten $\binom{n}{k}$ erhält man:

$$P(E_3) = \frac{\binom{5}{2} \cdot \binom{5}{1}}{\binom{10}{3}} = \frac{5}{12}$$

$$\frac{nCr(5,2) \cdot nCr(5,1)}{nCr(10,3)} \qquad \frac{5}{12}$$

(2) Mit $\binom{n}{k} = \frac{n!}{k! \cdot (n-k)!}$ erhält man für den Zähler:

$$\binom{5}{2} \cdot \binom{5}{1} = \frac{5!}{2! \cdot 3!} \cdot \frac{5!}{1! \cdot 4!} = \frac{5 \cdot 4}{2} \cdot 5 = 50$$

Für den Nenner gilt:

$$\binom{10}{3} = \frac{10!}{3! \cdot 7!} = \frac{10 \cdot 9 \cdot 8}{3 \cdot 2} = 10 \cdot 3 \cdot 4 = 120$$

Insgesamt folgt:

$$P(E_3) = \frac{50}{120} = \frac{5}{12}$$

Übungsaufgabe 1 (40 Min., GTR)

Ölbohrinsel

Eine Bohrinsel befindet sich weit draußen in der Nordsee. In der Umgebung der Insel wird die Meeresoberfläche durch die xy-Ebene angenähert, mit der Bohrinsel im Ursprung. 1 Längeneinheit entspricht 1 km.

a) Ein Dampfer D fährt zum Zeitpunkt $t=0$ über den Punkt $P(10\,|\,17)$ und bewegt sich kontinuierlich pro Stunde –15 km in x-Richtung und –20 km in y-Richtung. Ein Tanker T fährt zum Zeitpunkt $t=0$ über den Punkt $Q(-7\,|\,2)$ und bewegt sich kontinuierlich pro Stunde +15 km in x-Richtung und +7 km in y-Richtung.
Berechnen Sie die Geschwindigkeiten der beiden Schiffe und die geringste Entfernung, mit der D an der Bohrinsel vorbeifährt.
Untersuchen Sie, unter welchen Umständen ein Zusammenstoß von D und T droht.

b) Die Bohrinsel ist mit vier Seilen im Meeresboden verankert, die Seile gehen vom Ursprung aus zu den Punkten $A(0{,}12\,|\,0{,}12\,|\,-0{,}094)$, $B(0{,}12\,|\,-0{,}12\,|\,-0{,}094)$, $C(-0{,}12\,|\,0{,}12\,|\,-0{,}106)$ und $D(-0{,}12\,|\,-0{,}12\,|\,-0{,}106)$.
Untersuchen Sie, ob die Punkte A, B, C und D in einer Ebene liegen.

TIPP **Lösungshinweise – Übungsaufgabe 1**

Teilaufgabe a

Lineare Bewegungen

Fertigen Sie eine Skizze in der xy-Ebene an, die Ihnen die Position und die Bewegung der Punkte D und T verdeutlicht.

Die Fahrtrichtung ist der Vektor in der xy-Ebene.

Geschwindigkeit bedeutet „Weg pro Zeit".

Der Weg ist die Länge des Fahrtrichtungsvektors.

Geringste Entfernung von D zum Nullpunkt

Bestimmen Sie die Gleichung der Geraden g_1, auf der sich D bewegt.

Stellen Sie die Geradengleichung für die Senkrechte zu g_1 durch O auf.

Berechnen Sie den Schnittpunkt der beiden Geraden.

Schnitt von Geraden

Bestimmen Sie auch die Gleichung der Geraden g_2, auf der sich T bewegt, und berechnen Sie den Schnittpunkt von g_1 und g_2.

Wenn sich die Geraden schneiden, bedeutet das noch nicht, dass die Schiffe zusammenstoßen. Sie müssen auch zur gleichen Zeit am Schnittpunkt eintreffen.

Berechnen Sie jeweils die Zeit, die bis zum Schnittpunkt gebraucht wird.

Kommentieren Sie Ihr Ergebnis ausführlich.

Teilaufgabe b

Stellen Sie eine Ebenengleichung durch 3 Punkte auf.

Erfüllen die Koordinaten des vierten Punktes die Ebenengleichung?

Lösungsvorschlag – Übungsaufgabe 1

a) Geschwindigkeiten der Schiffe:

D: $v_D = \sqrt{15^2 + 20^2} = 25 \left[\frac{\text{km}}{\text{h}}\right]$

T: $v_T = \sqrt{15^2 + 7^2} \approx 16{,}55 \left[\frac{\text{km}}{\text{h}}\right]$

Geradengleichung von D:

$g_1: \vec{x} = \begin{pmatrix} 10 \\ 17 \end{pmatrix} + m \cdot \begin{pmatrix} -15 \\ -20 \end{pmatrix}$

Geradengleichung von T:

$g_2: \vec{x} = \begin{pmatrix} -7 \\ 2 \end{pmatrix} + n \cdot \begin{pmatrix} 15 \\ 7 \end{pmatrix}$

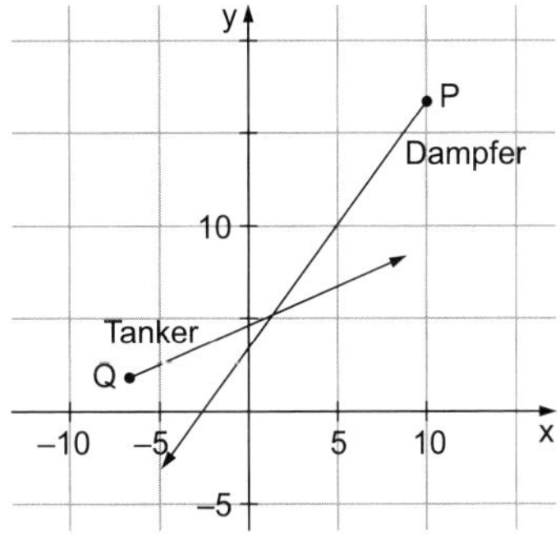

Um den Abstand vom Ursprung zu g_1 zu berechnen, bestimmt man den Lotfußpunkt auf g_1. Dazu schneidet man g_1 mit ihrer Senkrechten durch O.

Gerade durch $(0|0)$ senkrecht zu g_1:

g_3: $\vec{x} = k \cdot \begin{pmatrix} 20 \\ -15 \end{pmatrix}$

$g_1 \cap g_3$: $\quad 15m + 20k = 10$

$\qquad \wedge\ 20m - 15k = 17$

Die Lösung mit dem Rechner ergibt:

$m = \frac{98}{125}$ und $k = -\frac{11}{125}$

$\text{linSolve}\left(\begin{cases} 15\cdot m+20\cdot k=10 \\ 20\cdot m-15\cdot k=17 \end{cases}, \{m,k\}\right)$

$\left\{\frac{98}{125}, \frac{-11}{125}\right\}$

Also hat der Lotfußpunkt die Koordinaten $L\left(-\frac{44}{25} \,\middle|\, \frac{33}{25}\right)$ und der Abstand von O zu L ist:

$$|\overrightarrow{OL}| = \sqrt{\left(-\frac{44}{25}\right)^2 + \left(\frac{33}{25}\right)^2} = 2{,}2 \text{ [km]}$$

Der Dampfer fährt also mit 2,2 km Abstand an der Bohrinsel vorbei.

Schnittpunkt der beiden Geraden:

$g_1 \cap g_2$: $\quad 15m + 15n = 17$

$\qquad \wedge\ 20m + 7n = 15$

Lösung mit dem Rechner:

$m = \frac{106}{195} \approx 0{,}5436$ und $n = \frac{23}{39} \approx 0{,}5897$

$\text{linSolve}\left(\begin{cases} 15\cdot m+15\cdot n=17 \\ 20\cdot m+7\cdot n=15 \end{cases}, \{m,n\}\right)$

$\left\{\frac{106}{195}, \frac{23}{39}\right\}$

Wenn m und n gleich wären, würden D und T zusammenstoßen. Der Unterschied $n - m$ beträgt etwa 0,046 [h]. Das entspricht etwa 2,77 min Differenz, mit der die Schiffe den Treffpunkt passieren.

D fährt in 2,77 min etwa 1 153 m und T fährt in dieser Zeit etwa 764 m. Das dürfte als Entfernung ausreichen, um einen Zusammenstoß zu verhindern, ist unter Umständen aufgrund der Wellen aber vielleicht dennoch zu knapp.

b) Ebenengleichung durch A, B und C:

e: $\vec{x} = \overrightarrow{OA} + k \cdot \overrightarrow{AB} + \ell \cdot \overrightarrow{AC}$

$$\vec{x} = \begin{pmatrix} 0{,}12 \\ 0{,}12 \\ -0{,}094 \end{pmatrix} + k \cdot \begin{pmatrix} 0 \\ -0{,}24 \\ 0 \end{pmatrix} + \ell \cdot \begin{pmatrix} -0{,}24 \\ 0 \\ -0{,}012 \end{pmatrix}$$

Zu prüfen ist, ob D in der Ebene e liegt:

$$\begin{pmatrix} -0{,}12 \\ -0{,}12 \\ -0{,}106 \end{pmatrix} \stackrel{!}{=} \begin{pmatrix} 0{,}12 \\ 0{,}12 \\ -0{,}094 \end{pmatrix} + k \cdot \begin{pmatrix} 0 \\ -0{,}24 \\ 0 \end{pmatrix} + \ell \cdot \begin{pmatrix} -0{,}24 \\ 0 \\ -0{,}012 \end{pmatrix}$$

Die Gleichung ist für $k = 1$ und $\ell = 1$ erfüllt, also liegen alle vier Punkte in einer Ebene.

Übungsaufgabe 2 (40 Min., CAS)

Eine Raute im Raum

Die Punkte A(2 | 0 | 0), B(0 | 2 | 0) und C(0 | 0 | 4) sind die Eckpunkte eines Dreiecks. Durch den Punkt P wird das Dreieck ABC zu einer ebenen Raute ergänzt.

a) Fertigen Sie ein Schrägbild an.
Ermitteln Sie die Koordinaten von P, die Längen der Seiten und der Diagonalen und die Winkelgrößen der Raute.

b) Die Raute liegt in einer Ebene E.
Bestimmen Sie eine Gleichung von E in Parameterform.
Berechnen Sie den Flächeninhalt der Raute.
Bestimmen Sie das Volumen der Pyramide, die von der Raute und dem Ursprung gebildet wird.

TIPP Lösungshinweise – Übungsaufgabe 2

Teilaufgabe a

Das Dreieck ABC ist gleichschenklig, daher gibt es nur eine Möglichkeit für P.

P muss unterhalb der xy-Ebene liegen.

Achten Sie auf die Symmetrie, um sich Rechenarbeit zu sparen.

Speichern Sie die Ortsvektoren der Punkte im Rechner ein, z. B. $va = \overrightarrow{OA}$, $vab = vb - va$.

Die Länge der Seite AB wird vom Rechner mit dem Befehl **norm(vab)** berechnet.

Sie können die Seitenlänge aber auch per Hand mithilfe des Satzes von Pythagoras berechnen.

Winkelgrößen werden mit dem Skalarprodukt (**dotP**) berechnet oder über die Beziehung im rechtwinkligen Dreieck.

Teilaufgabe b

Ebenengleichung

Stellen Sie die Ebenengleichung durch die drei gegebenen Punkte A, B und C auf.

Den Flächeninhalt der Raute kann man als halbes Produkt der Diagonalenlängen berechnen.

Volumen der Pyramide

Betrachten Sie die beiden Hälften der Pyramide oberhalb und unterhalb der xy-Ebene.

Berechnen Sie das Volumen der halben Pyramide ABCO.

Lösungsvorschlag – Übungsaufgabe 2

a) Das Dreieck ABC ist gleichschenklig, daher gibt es für die Lage von P nur eine Lösung.

Für die Koordinaten von P gilt z. B.:

$$\overrightarrow{OP} = \overrightarrow{OA} + \overrightarrow{CB} = \begin{pmatrix} 2 \\ 0 \\ 0 \end{pmatrix} + \begin{pmatrix} 0 \\ 2 \\ -4 \end{pmatrix}$$

P(2 | 2 | −4)

Die Seitenlänge der Raute beträgt:

$|\overrightarrow{AC}| = 2\sqrt{5} \approx 4{,}47\,[\text{LE}]$

Alle Seiten sind gleich lang.

Die Länge der kurzen Diagonale ist:

$|\overrightarrow{AB}| = 2\sqrt{2} \approx 2{,}83\,[\text{LE}]$

Die Länge der langen Diagonale ist:

$|\overrightarrow{CP}| = 6\sqrt{2} \approx 8{,}49\,[\text{LE}]$

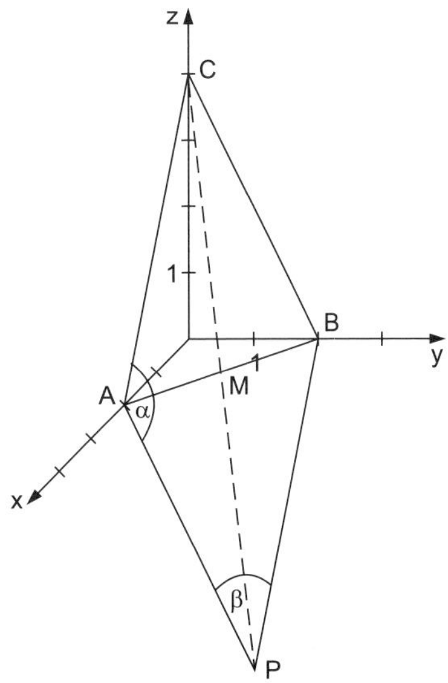

TIPP Da hier rechtwinklige Dreiecke auftreten, lassen sich die Seitenlängen auch per Hand durch die Anwendung des Satzes von Pythagoras berechnen.

Die Winkelgrößen werden mit dem Rechner ermittelt (Speicherung von $\overrightarrow{AB}$ unter „vab" usw.):

$\sphericalangle BAC \approx 71{,}57°$, also ist $\alpha \approx 143{,}14°$

$\sphericalangle ACB \approx 36{,}87°$, also ist $\beta \approx 36{,}87°$

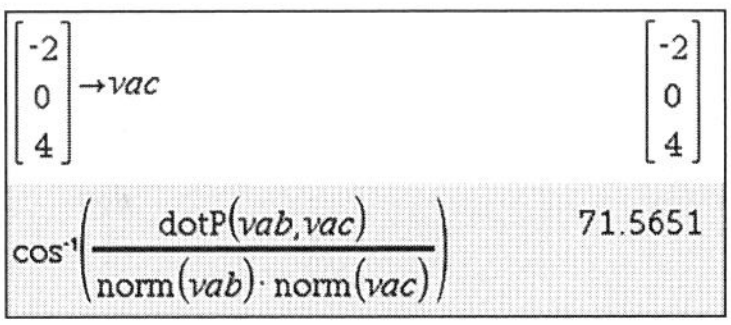

Alternative:

Berechnung der Winkelgrößen im rechtwinkligen Dreieck AMC:

$$\sin\left(\frac{\alpha}{2}\right) = \frac{|\overrightarrow{MC}|}{|\overrightarrow{AC}|} = \frac{3\sqrt{2}}{2\sqrt{5}} \quad \Rightarrow \quad \alpha \approx 143{,}13°$$

$$\cos\left(\frac{\beta}{2}\right) = \frac{|\overrightarrow{MC}|}{|\overrightarrow{AC}|} = \frac{3\sqrt{2}}{2\sqrt{5}} \quad \Rightarrow \quad \beta \approx 36{,}87°$$

b) Ebene E in Parameterform:

$$\vec{x} = \overrightarrow{OA} + s \cdot \overrightarrow{AB} + t \cdot \overrightarrow{AC}$$

$$\vec{x} = \begin{pmatrix} 2 \\ 0 \\ 0 \end{pmatrix} + s \cdot \begin{pmatrix} -2 \\ 2 \\ 0 \end{pmatrix} + t \cdot \begin{pmatrix} -2 \\ 0 \\ 4 \end{pmatrix}$$

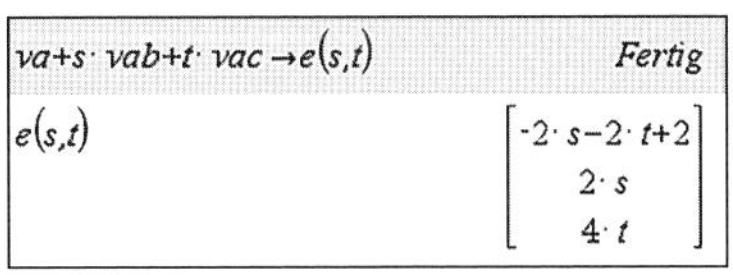

Berechnung des Flächeninhaltes G:

$G = \frac{1}{2} \cdot e \cdot f$, wobei e und f die Längen der Diagonalen sind.

$$G = \frac{1}{2} \cdot 2\sqrt{2} \cdot 6\sqrt{2} = 12 \text{ [FE]}$$

Berechnung des Volumens der Pyramide APBCO:
Die Pyramide APBCO kann man in zwei Hälften teilen, oberhalb und unterhalb der xy-Ebene. Beide Hälften haben denselben Rauminhalt, denn aus Symmetriegründen ist der Flächeninhalt des Dreiecks APB genauso groß wie der Flächeninhalt des Dreiecks ABC, und die Pyramidenhöhe ist in beiden Fällen der Abstand der Ebene der Raute zum Ursprung. Also gilt: $V_{APBCO} = 2 \cdot V_{ABCO}$
V_{ABCO} lässt sich als Pyramidenvolumen berechnen mit der Grundfläche ABO und der Höhe $|OC|$:

$$V_{ABCO} = \frac{1}{3} \cdot \left(\frac{1}{2} \cdot 2 \cdot 2\right) \cdot 4 = \frac{8}{3}$$

Also ist das gesuchte Volumen der Pyramide $V_{APBCO} = 5\frac{1}{3}$ [VE].

Übungsaufgabe 3 (40 Min., GTR/CAS)

Geraden im Raum

Gegeben sind die Geraden g: $\vec{x} = \begin{pmatrix} 1 \\ 0 \\ 1 \end{pmatrix} + s \cdot \begin{pmatrix} 2 \\ 2 \\ -1 \end{pmatrix}$ mit $s \in \mathbb{R}$ und h: $\vec{x} = \begin{pmatrix} -5 \\ -1 \\ -1 \end{pmatrix} + t \cdot \begin{pmatrix} 0 \\ 1 \\ -1 \end{pmatrix}$ mit $t \in \mathbb{R}$ und der Punkt $P(7\,|\,3\,|\,1)$.

a) Zeigen Sie, dass sich die Geraden g und h schneiden, und bestimmen Sie den Schnittpunkt sowie die Größe des Schnittwinkels.

b) Geben Sie eine Parameterdarstellung der Ebene E an, die durch die beiden Geraden g und h festgelegt ist.
Bestimmen Sie den Schnittpunkt der Ebene E mit der x-Achse.

c) Bestimmen Sie diejenigen Punkte X auf der Geraden g, die vom Punkt P den Abstand 5 LE haben.

TIPP Lösungshinweise – Übungsaufgabe 3

Teilaufgabe a

Nachweis, dass sich g und h schneiden, und Berechnung des Schnittpunktes

Der Ortsvektor $\vec{s} = \begin{pmatrix} x_s \\ y_s \\ z_s \end{pmatrix}$ des Schnittpunktes S muss beide Geradengleichungen erfüllen. Sie müssen zeigen, dass es einen solchen Punkt gibt.

Setzen Sie die beiden rechten Seiten der Geradengleichungen gleich und zeigen Sie, dass es ein Parameterpaar (s; t) gibt, das dieses lineare Gleichungssystem löst. Lösen Sie das Gleichungssystem per Hand oder mit dem Rechner.

Setzen Sie den gefundenen Wert für s bzw. t in g bzw. h ein.

Berechnung des Schnittwinkels

Der Schnittwinkel α der beiden Geraden entspricht dem spitzen Winkel zwischen ihren Richtungsvektoren $\vec{u}$ und $\vec{v}$.

Verwenden Sie für die Winkelbestimmung die Formel $\cos\alpha = \frac{|\vec{u} \circ \vec{v}|}{|\vec{u}| \cdot |\vec{v}|}$.

Bei der Berechnung muss der Rechner auf das Gradmaß eingestellt sein.

Teilaufgabe b

Angabe einer Parameterdarstellung der Ebene E

Die Ebene E wird von den Richtungsvektoren der beiden Geraden g und h aufgespannt.

Für die Parameterdarstellung der Ebenengleichung benötigen Sie noch zusätzlich den Ortsvektor eines Punktes der Ebene.

Berechnung des Schnittpunktes von E mit der x-Achse

Beachten Sie, dass der Schnittpunkt der Ebene E mit der x-Achse auf der x-Achse liegt. Die y- und die z-Koordinate müssen daher null sein.

Zusammen mit der Parametergleichung von E führt die Bedingung $y = z = 0$ zu einem linearen Gleichungssystem. Lösen Sie das Gleichungssystem per Hand oder mit dem Rechner.

Geben Sie abschließend den gesuchten Schnittpunkt an.

Teilaufgabe c

Bestimmung der Punkte $X \in g$, die vom Punkt P den Abstand 5 LE haben

Geben Sie den allgemeinen Punkt X der Geraden g in Abhängigkeit vom Parameter s an und bestimmen Sie den Abstand dieses Punktes vom Punkt $P(7\,|\,3\,|\,1)$ ebenfalls in Abhängigkeit von s.

Ermitteln Sie mithilfe des Rechners diejenigen Werte des Parameters s, für die der Abstand den Wert 5 LE annimmt.

Geben Sie die Koordinaten dieser Punkte an.

Lösungsvorschlag – Übungsaufgabe 3

a) Der Ansatz $\begin{pmatrix}1\\0\\1\end{pmatrix}+s\cdot\begin{pmatrix}2\\2\\-1\end{pmatrix}=\begin{pmatrix}-5\\-1\\-1\end{pmatrix}+t\cdot\begin{pmatrix}0\\1\\-1\end{pmatrix}$ führt auf das lineare Gleichungssystem:

$$\begin{aligned}1+2\cdot s&=-5\\2\cdot s&=-1+t\\1-s&=-1-t\end{aligned}$$

Aus der ersten Gleichung folgt:
$s=-3$
Die zweite Gleichung liefert dann:
$t=1+2\cdot s=-5$
Die Werte $s=-3$ und $t=-5$ erfüllen offensichtlich auch die dritte Gleichung.
Daher schneiden sich die beiden Geraden.

Für den Schnittpunkt S folgt:

$$\vec{s}=\begin{pmatrix}1\\0\\1\end{pmatrix}+(-3)\cdot\begin{pmatrix}2\\2\\-1\end{pmatrix}=\begin{pmatrix}-5\\-6\\4\end{pmatrix}$$

Die Geraden g und h schneiden sich also im Punkt $S(-5\,|\,-6\,|\,4)$.

Der Schnittwinkel α der beiden Geraden entspricht dem spitzen Winkel zwischen ihren Richtungsvektoren $\vec{u}$ und $\vec{v}$. Es gilt:

$$\cos\alpha=\frac{|\vec{u}\circ\vec{v}|}{|\vec{u}|\cdot|\vec{v}|}$$

$$\vec{u}\circ\vec{v}=\begin{pmatrix}2\\2\\-1\end{pmatrix}\circ\begin{pmatrix}0\\1\\-1\end{pmatrix}=2+1=3 \text{ und } |\vec{u}|\cdot|\vec{v}|=\sqrt{9}\cdot\sqrt{2}=3\cdot\sqrt{2}$$

Daraus folgt schließlich:

$$\cos\alpha=\frac{1}{\sqrt{2}}\quad\Rightarrow\quad\alpha=45°$$

Der Schnittwinkel beträgt also 45°.

b) Die Ebene E wird aufgespannt durch die beiden Richtungsvektoren der Geraden g und h. Wählt man den Schnittpunkt S als Stützpunkt, so ist durch die folgende Gleichung eine Parameterdarstellung von E gegeben:

$$\vec{x}=\begin{pmatrix}-5\\-6\\4\end{pmatrix}+r\cdot\begin{pmatrix}2\\2\\-1\end{pmatrix}+k\cdot\begin{pmatrix}0\\1\\-1\end{pmatrix}\text{ mit } r,k\in\mathbb{R}$$

Da der Schnittpunkt S_x von E mit der x-Achse auf der x-Achse liegt, müssen die y- und die z-Koordinate null sein: $S_x(s_x\,|\,0\,|\,0)$

Aus der Parameterdarstellung von E ergibt sich daher das folgende lineare Gleichungssystem mit den Unbekannten s_x, r und k:

$$\begin{aligned} -5+2r \quad &= s_x \\ -6+2r+k &= 0 \\ 4-\ r-k &= 0 \end{aligned}$$

$$\text{solve}\left(\begin{cases} -5+2\cdot r=sx \\ -6+2\cdot r+k=0 \\ 4-r-k=0 \end{cases},\{sx,r,k\}\right) \qquad r=2 \text{ and } k=2 \text{ and } sx=-1$$

Die Addition der beiden letzten Gleichungen führt auf $-2+r=0$. Man erhält also $r=2$ und $k=2$. Durch Einsetzen in die erste Gleichung folgt $s_x=-1$.
Der Punkt $S_x(-1\,|\,0\,|\,0)$ ist somit der Schnittpunkt der Ebene E mit der x-Achse.

c) Der allgemeine Punkt X_s auf g lautet: $X_s(1+2s\,|\,2s\,|\,1-s)$

$$\overrightarrow{PX_s}=\overrightarrow{OX_s}-\overrightarrow{OP}=\begin{pmatrix}1+2s\\2s\\1-s\end{pmatrix}-\begin{pmatrix}7\\3\\1\end{pmatrix}=\begin{pmatrix}-6+2s\\2s-3\\-s\end{pmatrix}$$

Daraus folgt für den Abstand:

$$|\overrightarrow{PX_s}|=\sqrt{(-6+2s)^2+(2s-3)^2+(-s)^2}=3\sqrt{s^2-4s+5}$$

Der Ansatz $3\sqrt{s^2-4s+5}=5$ führt auf:

$9(s^2-4s+5)=25$

$$\sqrt{(-6+2\cdot s)^2+(2\cdot s-3)^2+s^2} \qquad 3\cdot\sqrt{s^2-4\cdot s+5}$$

$$\text{solve}\left(9\cdot\left(s^2-4\cdot s+5\right)=25,s\right) \qquad s=\frac{2}{3} \text{ or } s=\frac{10}{3}$$

Der Rechner liefert:

$s_1=\frac{2}{3}$ und $s_2=\frac{10}{3}$

Es gibt also zwei Punkte auf der Geraden g, die von P den Abstand 5 LE haben. Sie lauten:

$X_{\frac{2}{3}}\left(\frac{7}{3}\,\middle|\,\frac{4}{3}\,\middle|\,\frac{1}{3}\right)$ und $X_{\frac{10}{3}}\left(\frac{23}{3}\,\middle|\,\frac{20}{3}\,\middle|\,-\frac{7}{3}\right)$

PRÜFUNGSAUFGABEN

Niedersachsen Mathematik ▪ Abiturprüfung 2019
Grundlegendes Anforderungsniveau

Pflichtteil (keine Hilfsmittel)

Aufgabe P 1 Punkte

In einem kartesischen Koordinatensystem sind die Punkte $A(0|2|2)$, $B(4|-1|z)$ und $C(-3|\,y|6)$ gegeben.

a) B liegt auf der Geraden mit der Gleichung $\vec{x} = \begin{pmatrix} 0 \\ 2 \\ 2 \end{pmatrix} + r \cdot \begin{pmatrix} -1 \\ 0{,}75 \\ -2 \end{pmatrix}$, $r \in \mathbb{R}$.
Bestimmen Sie den Wert von z. 2

b) Zeigen Sie, dass der Abstand von A und C mindestens 5 beträgt. 3

Aufgabe P 2

In einer Urne befinden sich drei rote und sieben weiße Kugeln.

a) Zweimal nacheinander wird jeweils eine Kugel zufällig entnommen und wieder zurückgelegt.
Berechnen Sie die Wahrscheinlichkeit dafür, dass höchstens eine der entnommenen Kugeln weiß ist. 2

b) Zehnmal nacheinander wird jeweils eine Kugel zufällig entnommen und wieder zurückgelegt. Die Zufallsgröße X beschreibt die Anzahl der entnommenen weißen Kugeln.
Begründen Sie ohne Berechnung von Wahrscheinlichkeiten, dass weder Abbildung I noch Abbildung II die Wahrscheinlichkeitsverteilung von X darstellt. 3

I

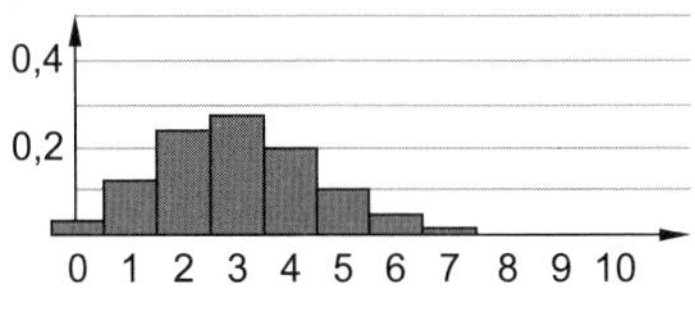

II

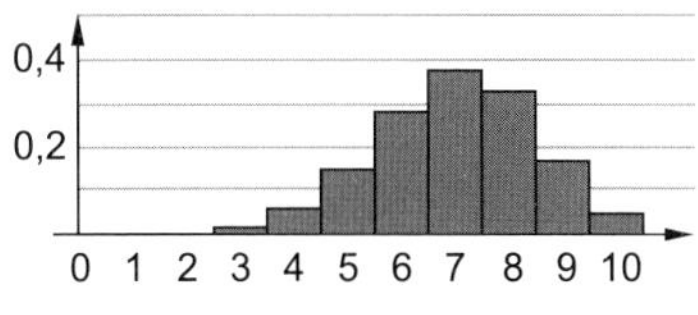

Aufgabe P 3

Gegeben sind die Funktionen g und h mit $g(x) = x^2 - 3$, $x \in \mathbb{R}$, und $h(x) = -x^2 + 2x + 1$, $x \in \mathbb{R}$.

a) Zeigen Sie, dass sich die Graphen von g und h nur für $x = -1$ und $x = 2$ schneiden. 2

b) Berechnen Sie den Inhalt der Fläche, die die Graphen von g und h einschließen. 3

Aufgabe P 4

Gegeben ist die Funktion f mit $f(x) = e^{x^2}$, $x \in \mathbb{R}$.

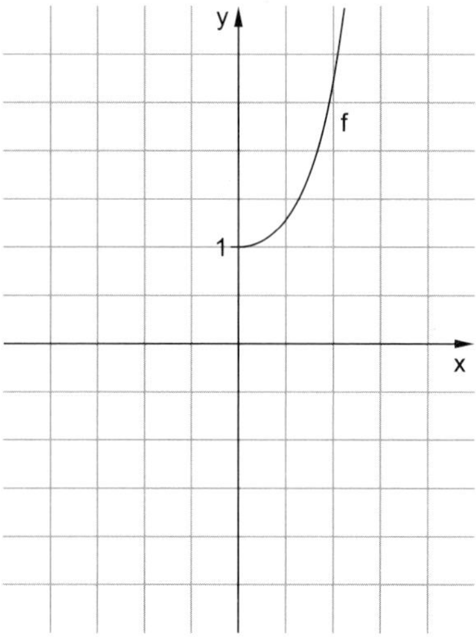

a) Die Abbildung zeigt den Graphen von f für $x \geq 0$.
Skizzieren Sie in der Abbildung den Graphen von f für $x < 0$. 1

Der Punkt $A(a \mid e^{a^2})$ mit $a > 0$ liegt auf dem Graphen von f.

b) Zeigen Sie, dass die Tangente an den Graphen von f im Punkt A die Steigung $2a \cdot e^{a^2}$ besitzt. 2

c) Die Tangente an den Graphen von f im Punkt A verläuft durch den Ursprung.
Berechnen Sie den Wert von a. 2

20

Lösungsvorschlag zum Pflichtteil

Aufgabe P 1

a) Der Punkt $B(4\,|\,-1\,|\,z)$ liegt genau dann auf der Geraden, wenn es einen geeigneten Parameter $r \in \mathbb{R}$ gibt mit:

$$\begin{pmatrix} 4 \\ -1 \\ z \end{pmatrix} = \begin{pmatrix} 0 \\ 2 \\ 2 \end{pmatrix} + r \cdot \begin{pmatrix} -1 \\ 0,75 \\ -2 \end{pmatrix}$$

Aus der ersten Koordinatengleichung folgt:
$r = -4$
Dieser Parameterwert erfüllt auch die zweite Gleichung, denn:
$2 + (-4) \cdot 0,75 = 2 - 3 = -1$

Aus der dritten Koordinatengleichung folgt dann:
$z = 2 + (-4) \cdot (-2) = 2 + 8 = 10$

B liegt also genau dann auf der Geraden, wenn z den Wert 10 hat.

b) Man erhält:

$$\overrightarrow{AC} = \begin{pmatrix} -3 \\ y \\ 6 \end{pmatrix} - \begin{pmatrix} 0 \\ 2 \\ 2 \end{pmatrix} = \begin{pmatrix} -3 \\ y-2 \\ 4 \end{pmatrix}$$

$$|\overrightarrow{AC}| = \sqrt{(-3)^2 + (y-2)^2 + 4^2} = \sqrt{25 + (y-2)^2}$$

Für den quadratischen Term $(y-2)^2$ unterhalb der Wurzel gilt:
$(y-2)^2 \geq 0$

Demnach beträgt der Abstand $|\overrightarrow{AC}|$ mindestens $\sqrt{25} = 5$.

Aufgabe P 2

a) Man betrachtet den Zufallsversuch „zweimaliges Ziehen einer Kugel mit Zurücklegen" und das Ereignis E „höchstens eine der entnommenen Kugeln ist weiß".
Eine Übersicht liefert das nebenstehende Baumdiagramm. Die dick dargestellten Zweige des Baumdiagramms führen zum Ereignis E.
Mithilfe der Pfad- und Pfadsummenregel erhält man:

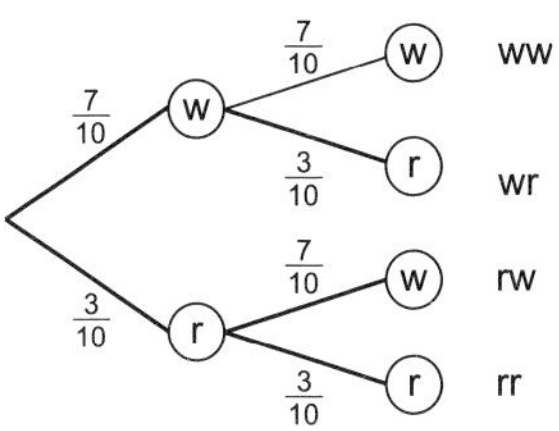

$$P(E) = \frac{7}{10} \cdot \frac{3}{10} + \frac{3}{10} \cdot \frac{7}{10} + \frac{3}{10} \cdot \frac{3}{10} = \frac{21}{100} + \frac{21}{100} + \frac{9}{100} = \frac{51}{100}$$

Die Wahrscheinlichkeit, dass höchstens eine entnommene Kugel weiß ist, beträgt also 51 %.

Alternative:

Die Wahrscheinlichkeit für das Gegenereignis $\overline{E}$, dass beide Kugeln weiß sind, ist:

$$P(\overline{E}) = \frac{49}{100}$$

Für die Wahrscheinlichkeit des Ereignisses E folgt dann:

$$P(E) = 1 - P(\overline{E}) = 1 - \frac{49}{100} = \frac{51}{100}$$

b) Betrachtet wird der Zufallsversuch „10-maliges Ziehen einer Kugel mit Zurücklegen“. Die Zufallsgröße X „Anzahl der entnommenen weißen Kugeln“ ist binomialverteilt mit $p = \frac{7}{10}$ und $n = 10$.

Für den Erwartungswert folgt $\mu = n \cdot p = 7$. Die höchste Wahrscheinlichkeit müsste daher bei $X = 7$ und nicht bei 3 liegen. Somit beschreibt Abbildung I nicht die Wahrscheinlichkeitsverteilung von X.

Die Summe der Werte einer Wahrscheinlichkeitsverteilung muss 1 ergeben. Der Abbildung II entnimmt man aber:

$P(0 \le X \le 10) \ge 0{,}05 + 0{,}1 + 3 \cdot 0{,}3 + 0{,}2 > 1$

Daher wird die Wahrscheinlichkeitsverteilung von X auch nicht durch Abbildung II dargestellt.

Aufgabe P 3

a) Die x-Koordinaten der Schnittpunkte ergeben sich aus der quadratischen Gleichung $g(x) = h(x)$, d. h. aus:

$$\begin{aligned} & x^2 - 3 = -x^2 + 2x + 1 \\ \Leftrightarrow\quad & 2x^2 - 2x - 4 = 0 \\ \Leftrightarrow\quad & x^2 - x - 2 = 0 \end{aligned}$$

Da eine quadratische Gleichung höchstens zwei verschiedene Lösungen haben kann, muss nur überprüft werden, ob $x = -1$ und $x = 2$ tatsächlich die letzte Gleichung erfüllen. Die Rechnung zeigt, dass dies der Fall ist:

$x = -1$: $(-1)^2 - (-1) - 2 = 1 + 1 - 2 = 0$

$x = 2$: $2^2 - 2 - 2 = 4 - 4 = 0$

b) Die Skizze der Graphen von g und h zeigt, dass der Graph von h in dem Intervall [–1; 2] oberhalb des Graphen von g liegt.

Für den Inhalt A der eingeschlossenen Fläche gilt also:

$$A = \int_{-1}^{2} (h(x) - g(x))\,dx$$

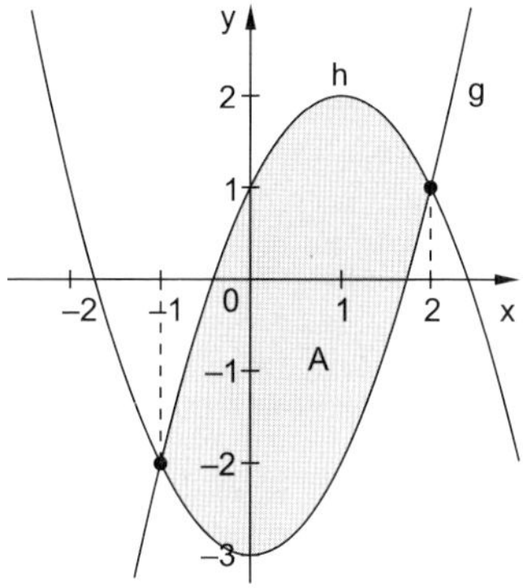

Nach dem Hauptsatz der Differenzial- und Integralrechnung folgt:

$$\begin{aligned}\int_{-1}^{2} (h(x) - g(x))\,dx &= \int_{-1}^{2} (-x^2 + 2x + 1 - x^2 + 3)\,dx \\ &= \int_{-1}^{2} (-2x^2 + 2x + 4)\,dx \\ &= \left[-\frac{2}{3}x^3 + x^2 + 4x\right]_{-1}^{2} \\ &= -\frac{16}{3} + 4 + 8 - \frac{2}{3} - 1 + 4 \\ &= 9\end{aligned}$$

Der eingeschlossene Flächeninhalt beträgt 9 Flächeneinheiten.

Aufgabe P 4

a) Der Graph von f ist achsensymmetrisch zur y-Achse, denn für alle $x \in \mathbb{R}$ gilt:

$$f(-x) = e^{(-x)^2} = e^{x^2} = f(x)$$

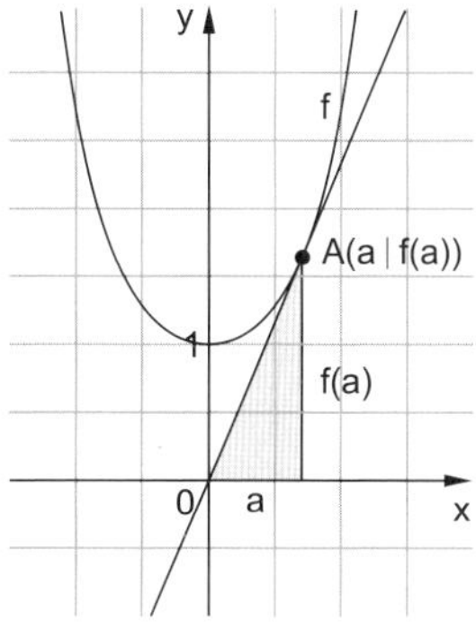

b) Für die Ableitung f' folgt nach der Kettenregel:

$$f'(x) = 2x \cdot e^{x^2}$$

Für die Tangentensteigung m_t im Punkt A des Graphen von f folgt daher:

$$m_t = f'(a) - 2a \cdot e^{a^2}$$

c) Nach der Voraussetzung $a > 0$ liegt der Punkt $A(a \mid e^{a^2})$ im ersten Quadranten des Koordinatensystems (siehe Abbildung).
Da die Tangente im Punkt A durch den Ursprung verläuft, ist ihre Gleichung durch $y = f'(a) \cdot x = 2a \cdot e^{a^2} \cdot x$ gegeben. Weil A auf der Tangente liegt, müssen die Koordinaten des Punktes A die Tangentengleichung erfüllen:

$$e^{a^2} = 2a \cdot e^{a^2} \cdot a \quad \Leftrightarrow \quad 2a^2 = 1 \quad \Leftrightarrow \quad a^2 = \frac{1}{2}$$

Als positive Lösung folgt:

$$a = \sqrt{\frac{1}{2}}$$

Alternative:
Der Abbildung ist zu entnehmen, dass sich die Tangentensteigung m_t auch folgendermaßen beschreiben lässt:

$$m_t = \frac{f(a)}{a} = \frac{e^{a^2}}{a}$$

Mit dem Ergebnis $m_t = 2a \cdot e^{a^2}$ aus Teilaufgabe b erhält man folgende Gleichung:

$$2a \cdot e^{a^2} = \frac{e^{a^2}}{a}$$

Diese ist offensichtlich äquivalent zum obigen Ansatz.

Wahlteil (GTR) – Aufgabe 1 A

Unter der Körpertemperatur eines Menschen versteht man die Temperatur des Körperinneren.
Die Körpertemperatur eines gesunden Menschen (Normaltemperatur) wird mit 37,0 °C angenommen. Bei Temperaturen ab 37,9 °C spricht man von Fieber.

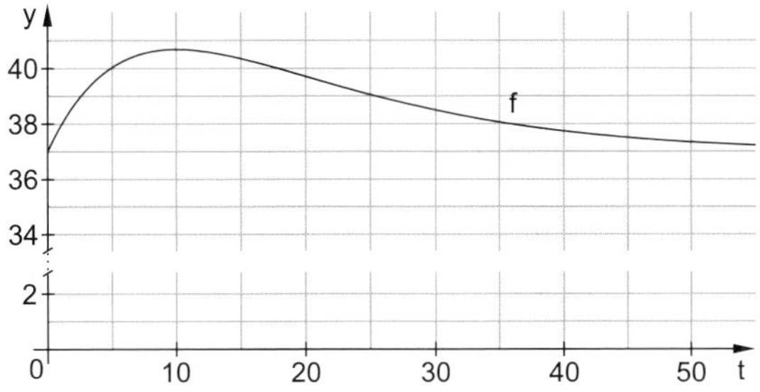

Der zeitliche Verlauf der Körpertemperatur einer erkrankten Person lässt sich bei bestimmten Erkrankungen modellhaft mithilfe der Funktion f mit $f(t) = 37 + t \cdot e^{-0,1t}$, $t \geq 0$, beschreiben. Dabei ist t die Zeit in Stunden nach dem Ausbruch der Krankheit und f(t) die Körpertemperatur in °C. Die zu ermittelnden Zeiten sollen in Stunden, auf eine Nachkommastelle gerundet, angegeben werden.

Punkte

a) Berechnen Sie
- die Körpertemperatur beim Ausbruch der Krankheit,
- die durchschnittliche Temperaturänderung in den ersten 5 Stunden,
- die maximale Körpertemperatur der erkrankten Person.

Berechnen Sie f'(2) und deuten Sie diesen Wert im Sachzusammenhang.
Ermitteln Sie den Zeitpunkt, zu dem die Körpertemperatur der erkrankten Person am stärksten abnimmt. 14

b) Hat eine Person Fieber, wird der Inhalt der Fläche zwischen dem Graphen von f und der Geraden zu $y = 37,9$ als ein Maß für die Belastung der erkrankten Person angenommen.
Bestimmen Sie den Wert der Belastung für den gesamten Zeitraum, in dem die erkrankte Person Fieber hat.
Ermitteln Sie den Zeitpunkt, an dem die Belastung der erkrankten Person den Wert von 25 überschreitet.
Die erkrankte Person nimmt 20 Stunden nach Ausbruch der Krankheit ein fiebersenkendes Medikament ein. Man geht davon aus, dass ab diesem Zeitpunkt die Temperatur linear abnimmt. Dabei nimmt die Temperatur im linearen Modell doppelt so schnell ab wie die Temperatur nach 20 Stunden im durch f beschriebenen Modell.
Berechnen Sie, wie viel früher die erkrankte Person mit Medikamenteneinnahme fieberfrei ist. 15

c) Die Funktion f wird jetzt unabhängig vom Sachzusammenhang betrachtet. Durch jeden Punkt $P(p\,|\,f(p))$, $p \geq 0$, verläuft eine Tangente an den Graphen von f. Für jeden Wert von p wird die Tangente durch die Gleichung $y = (1 - 0{,}1p) \cdot e^{-0{,}1p} \cdot x + 37 + 0{,}1p^2 \cdot e^{-0{,}1p}$ beschrieben.
Zeigen Sie, dass es genau eine Tangente mit kleinstem y-Achsenabschnitt und genau eine Tangente mit größtem y-Achsenabschnitt gibt. 5

34

TIPP **Lösungshinweise zum Wahlteil (GTR) – Aufgabe 1 A**

Teilaufgabe a

Berechnung der Körpertemperatur beim Ausbruch der Krankheit

Da die angegebene Funktion f den zeitlichen Verlauf der Körpertemperatur einer erkrankten Person angibt, stellt der Funktionswert f(0) die Körpertemperatur in °C beim Ausbruch der Krankheit dar.

Berechnung der durchschnittlichen Temperaturänderung

Die Differenz $f(5) - f(0)$ gibt den Zuwachs der Körpertemperatur in °C während der ersten 5 Stunden an.

Der Quotient $\frac{f(5) - f(0)}{5}$ stellt die gesuchte Temperaturänderung in $\frac{°C}{h}$ während der ersten 5 Stunden dar.

Berechnung der maximalen Körpertemperatur der erkrankten Person

Die Abbildung des Aufgabenblattes zeigt, dass der Graph von f einen Hochpunkt hat. Dort liegt die maximale Körpertemperatur vor. Gehen Sie auch auf das globale Verhalten des Graphen ein.

Ermitteln Sie die Stelle mit dem maximalen Funktionswert von f mithilfe des Rechners.

Sie können das Maximum auch per Hand bestimmen, indem Sie die Ableitung f'(t) untersuchen.

Berechnung und Deutung von f'(2) im Sachzusammenhang

Berechnen Sie f'(2).

Die Ableitung f'(t) an einer bestimmten Stelle t gibt die momentane Änderungsrate des Funktionswertes f(t) an dieser Stelle an.

Beachten Sie die Bedeutung von f(t) im Sachzusammenhang und geben Sie für f'(2) auch die relevante Einheit an.

Ermittlung des Zeitpunktes der stärksten Temperaturabnahme

Der Graph von f zeigt, dass nach Überwindung des Temperaturmaximums die Körpertemperatur wieder bis auf den Normalwert von 37 °C abnimmt und daher f'(t) negativ wird.

Die stärkste Abnahme der Temperatur liegt an der Wendestelle vor.

An dieser Wendestelle hat der Graph von f' einen Tiefpunkt.

Ermitteln Sie die Stelle des Tiefpunktes von f' mit den Rechnerfunktionen.

Teilaufgabe b

Bestimmung des Belastungswertes

Fieber liegt vor, wenn gilt $f(t) \geq 37{,}9$.

Bestimmen Sie mithilfe des Ansatzes $f(t) = 37{,}9$ das Zeitintervall $[t_1; t_2]$, in dem die erkrankte Person Fieber hat. Nutzen Sie dabei die Rechnerfunktionen.

Berechnen Sie die Belastung der erkrankten Person als bestimmtes Integral.

Ermittlung des Zeitpunktes der Belastung von 25

Definieren Sie im Rechner die Funktion Y mit $Y(x) = \int_{t_1}^{x} f(t)\,dt$ und lösen Sie mit den Rechnerwerkzeugen die Gleichung $Y(x) = 25$.

Berechnung, wie viel früher die erkrankte Person mit Medikamenteneinnahme fieberfrei ist

Ab dem Zeitpunkt $t = 20$ findet durch das fiebersenkende Medikament eine lineare Temperaturabnahme statt, d. h., der zeitliche Verlauf der Körpertemperatur wird durch eine Gerade g beschrieben.

Die Gerade g geht durch den Punkt $(20 \mid f(20))$ und hat die Steigung $m = 2 \cdot f'(20)$.

Ermitteln Sie die Gleichung der Geraden g und berechnen Sie die Schnittstelle von g mit der Geraden $y = 37{,}9$.

Berechnen Sie nun, wie viele Stunden früher die erkrankte Person fieberfrei ist.

Teilaufgabe c

Nachweis der Existenz genau einer Tangente mit kleinstem und größtem y-Achsenabschnitt

In der angegebenen Tangentengleichung stellt der Vorfaktor von x die Steigung und der Term $37 + 0{,}1p^2 \cdot e^{-0{,}1p}$ den y-Achsenabschnitt b dar.

Der y-Achsenabschnitt b ist eine Funktion von p: $b(p) = 37 + 0{,}1p^2 \cdot e^{-0{,}1p}$.

Ermitteln Sie die Stelle mit dem maximalen und die Stelle mit dem minimalen Funktionswert von b.

Sie können das Maximum und das Minimum per Hand oder auch mit dem Rechner bestimmen.

Begründen Sie mithilfe des Graphen von b, dass es jeweils genau eine Tangente der geforderten Art gibt.

Lösungsvorschlag zum Wahlteil (GTR) – Aufgabe 1 A

a) Berechnung der Körpertemperatur beim Ausbruch der Krankheit:
Die Funktion f beschreibt den zeitlichen Verlauf der Körpertemperatur einer erkrankten Person. Daher stellt der Funktionswert f(0) die Körpertemperatur in °C beim Ausbruch der Krankheit dar. Man erhält:
$f(0) = 37$
Beim Ausbruch der Krankheit beträgt die Körpertemperatur 37 °C.

Berechnung der durchschnittlichen Temperaturänderung:
Der Quotient $\frac{f(5) - f(0)}{5}$ stellt die durchschnittliche Temperaturänderung in den ersten 5 Stunden dar. Man erhält:

$$\frac{f(5) - f(0)}{5} \approx 0{,}6$$

Die durchschnittliche Temperaturänderung in den ersten 5 Stunden beträgt somit ungefähr $0{,}6\,\frac{°C}{h}$.

Berechnung der maximalen Körpertemperatur der erkrankten Person:

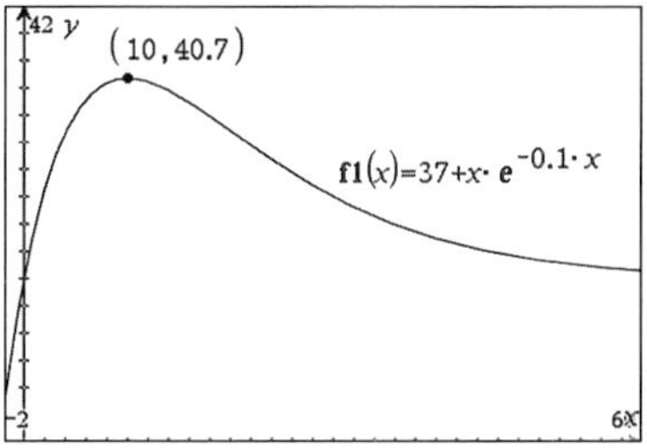

Der zeitliche Verlauf der Körpertemperatur zeigt, dass der Graph von f im Intervall [5; 15] einen Hochpunkt besitzt. Mit den Rechnerfunktionen erhält man einen Hochpunkt an der Stelle $t = 10$ mit $f(10) \approx 40{,}7$.
Der Temperaturverlauf zeigt, dass nach Überwindung des Temperaturmaximums die Körpertemperatur wieder bis zum Normalwert von 37 °C abnimmt und daher keine höheren Temperaturen vorliegen. Die maximale Körpertemperatur beträgt also etwa 40,7 °C.

Alternative:
Im Hochpunkt muss $f'(t) = 0$ gelten. Mit der Produktregel folgt:

$$f'(t) = t \cdot e^{-0{,}1t} \cdot (-0{,}1) + e^{-0{,}1t} = (1 - 0{,}1t) \cdot e^{-0{,}1t}$$

Der zweite Faktor $e^{-0{,}1t}$ im Ableitungsterm ist für alle $t \in \mathbb{R}$ positiv, d. h.:

$$f'(t) = 0 \quad \Leftrightarrow \quad (1 - 0{,}1t) = 0 \quad \Leftrightarrow \quad t = 10$$

Da der erste Faktor $(1 - 0{,}1t)$ offenbar für $t > 10$ negativ ist, gilt dies auch für f'(t). Die Funktionswerte f(t) werden also mit wachsendem t immer kleiner. Genauer: sie streben asymptotisch gegen den Wert 37. Es gibt daher keinen höheren Funktionswert als $f(10) \approx 40{,}7$.

Berechnung und Deutung von f'(2) im Sachzusammenhang:

Der Rechner liefert $f'(2) \approx 0,7$. Zwei Stunden nach Beginn der Erkrankung beträgt die momentane Temperaturänderung etwa $0,7\,\frac{°C}{h}$.

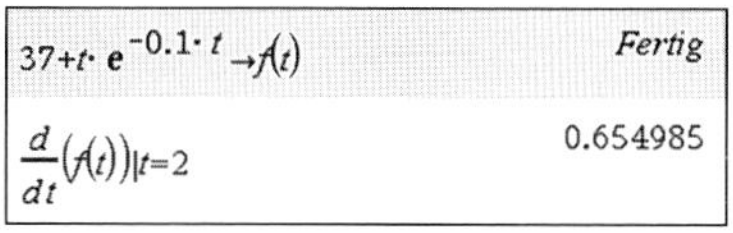

Ermittlung des Zeitpunktes der stärksten Temperaturabnahme:
Die stärkste Abnahme der Körpertemperatur der erkrankten Person findet zu einem Zeitpunkt statt, bei dem der Graph der Ableitung f' einen Tiefpunkt besitzt.

Die nebenstehende Abbildung zeigt den Graphen von f'. Man erkennt, dass ein Tiefpunkt existiert und dass die Ableitungswerte f'(t) rechts vom Tiefpunkt wieder zunehmen. Der Graph nähert sich von unten her der t-Achse.

Mit der Minimumfunktion des Rechners findet man als t-Koordinate des Tiefpunktes t = 20. Nach 20 Stunden nimmt also die Körpertemperatur am stärksten ab.

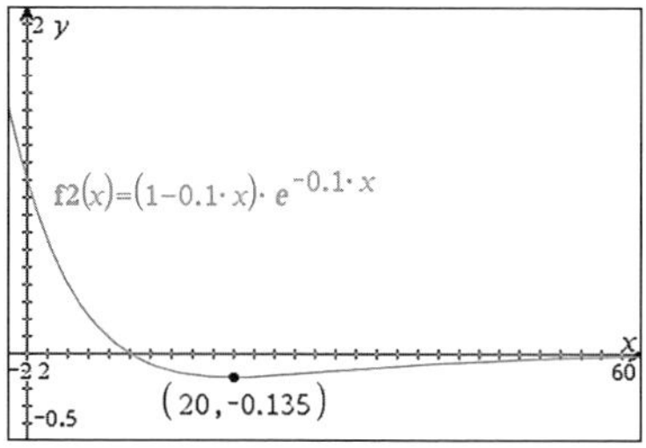

b) Bestimmung des Belastungswertes:
Zur Berechnung des Belastungswertes müssen zunächst die Zeitpunkte t_1 und t_2 für den Beginn und für das Ende der Fieberphase bestimmt werden. Zu lösen ist also die Gleichung f(t) = 37,9.
Der Rechner liefert die Lösungen $t_1 \approx 1$ und $t_2 \approx 37,2$.
Der Wert der Belastung B des Patienten lässt sich nun als bestimmtes Integral berechnen:

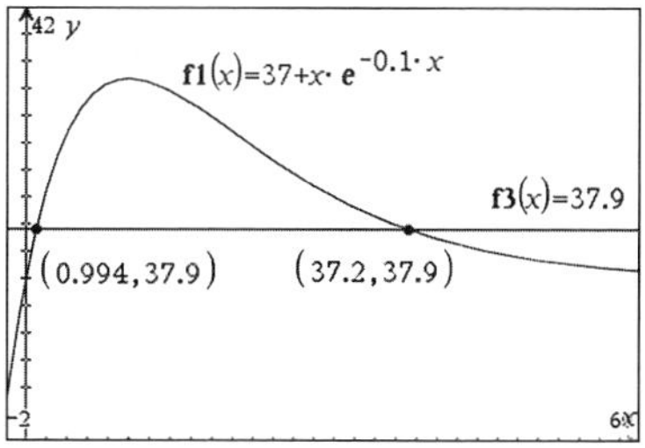

$$B = \int_{t_1}^{t_2} (f(t) - 37,9)\,dt \approx 55,5$$

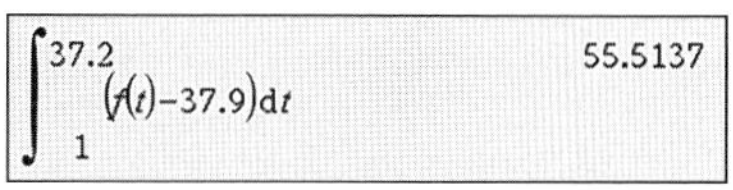

Der Wert der Belastung beträgt ungefähr 55,5.

Ermittlung des Zeitpunktes der Belastung von 25:

Für die Gleichung

$$\int_{t_1}^{x} (f(t) - 37{,}9)\, dt = 25$$

```
⌠x                                    Fertig
⎮ (f(t)-37.9)dt → y(x)
⌡1
nSolve(y(x)=25,x)|x>0                 12.6051
```

liefert der Rechner die Lösung $x \approx 12{,}6$.
Nach etwa 12,6 Stunden wird daher der Belastungswert von 25 überschritten.

Berechnung, wie viel früher die erkrankte Person mit Medikamenteneinnahme fieberfrei ist:
Nach der Medikamenteneinnahme nimmt ab dem Zeitpunkt $t = 20$ die Körpertemperatur der erkrankten Person linear ab. Der zeitliche Verlauf der Körpertemperatur wird somit durch eine Gerade g beschrieben. Diese Gerade geht durch den Punkt $(20 \mid f(20))$ und hat die Steigung $m = 2 \cdot f'(20)$.

Zum Zeitpunkt $t = 20$ nimmt die Temperatur am stärksten ab (vergleiche Teilaufgabe a). Die Steigung $f'(20)$ lässt sich also aus der y-Koordinate des Tiefpunktes aus Teilaufgabe a ablesen:
$f'(20) \approx -0{,}135$

Der Ansatz für die Geradengleichung von g lautet daher:
$g(t) = 2 \cdot f'(20) \cdot t + b$

Der Punkt $P(20 \mid f(20))$ liegt auf g und erfüllt die Geradengleichung:
$f(20) = 2 \cdot f'(20) \cdot 20 + b$

```
◂Solve(f(20)=2·-0.13533528323663·20+b,b)
                                      45.1201
◂13533528323663·t+45.120116994197 → g(t)
                                       Fertig
nSolve(g(t)=37.9,t)                   26.6749
```

Hieraus folgt $b \approx 45{,}1$.
Die Gleichung $g(t) = 37{,}9$ führt auf die Lösung $t_3 \approx 26{,}7$.
Bei der linearen Abnahme der Körpertemperatur wird der Patient nicht erst nach ungefähr 37,2 Stunden fieberfrei (siehe oben), sondern bereits nach etwa 26,7 Stunden. Als Differenz erhält man:
$t_2 - t_3 \approx 10{,}5$

Durch die Einnahme des fiebersenkenden Mittels wird der Patient etwa 10,5 Stunden früher fieberfrei.

c) Nachweis der Existenz genau einer Tangente mit kleinstem und größtem y-Achsenabschnitt:
In der angegebenen Tangentengleichung stellt der Faktor vor x die Steigung und der Term $37 + 0{,}1p^2 \cdot e^{-0{,}1p}$ den y-Achsenabschnitt b dar. Offenbar ist b eine Funktion von p:
$b(p) = 37 + 0{,}1p^2 \cdot e^{-0{,}1p}$

Die nebenstehende Abbildung zeigt den Graphen der Funktion b. Man erkennt, dass der Graph einen Hochpunkt und einen Tiefpunkt besitzt. Der Rechner liefert den Tiefpunkt T(0 | 37) und den Hochpunkt H(20 | 42,4).
Rechts vom Hochpunkt werden die Funktionswerte immer kleiner und nähern sich von oben her dem Wert 37, ohne ihn zu erreichen. Daher gibt es genau eine Tangente mit einem kleinsten y-Achsenabschnitt und genau eine mit einem größten y-Achsenabschnitt.

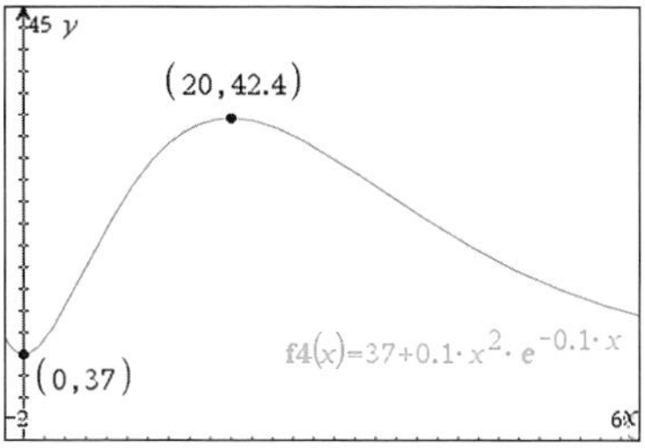

Alternative:
Im Hochpunkt und im Tiefpunkt muss b'(p) = 0 gelten.
Als Ableitung erhält man nach der Produktregel:

$$b'(p) = 0{,}1p^2 \cdot e^{-0{,}1p} \cdot (-0{,}1) + 0{,}2p \cdot e^{-0{,}1p} = (0{,}2p - 0{,}01p^2) \cdot e^{-0{,}1p}$$

Da $e^{-0{,}1p} > 0$ für alle $p \in \mathbb{R}$, folgt:

$$b'(p) = 0 \quad \Leftrightarrow \quad 0{,}2p - 0{,}01p^2 = 0 \quad \Leftrightarrow \quad p \cdot (20 - p) = 0 \quad \Leftrightarrow \quad p = 0 \lor p = 20$$

Es gilt b(0) = 37.
Für $0 < p < 20$ ist der Faktor $0{,}2p - 0{,}01p^2$ im Ableitungsterm positiv. Daher ist auch b'(p) positiv und die Funktionswerte b(p) nehmen zu.
Für $p > 20$ ist $0{,}2p - 0{,}01p^2$ und somit auch b'(p) negativ. Die Funktionswerte nehmen also mit wachsendem p immer weiter ab und streben asymptotisch gegen den Wert 37.
Es gibt also genau einen Hochpunkt H(20 | 42,4) und genau einen Tiefpunkt T(0 | 37).

Für die Gartenschau „Mathematischer Garten“ wird die Gestaltung einer quadratischen Gartenfläche geplant. Diese soll durch einen Weg in eine Blumenfläche und eine Sträucherfläche aufgeteilt werden. Die Blumenfläche liegt nördlich des Weges. In der Planungsphase werden verschiedene Modelle der Gartenfläche mit einer Seitenlänge von einem Meter (m) hergestellt. Der Weg wird dabei modellhaft durch Funktionsgraphen beschrieben. Ein mögliches Modell der Gartenfläche mit Weg ist in Abbildung 1 dargestellt. Alle zu berechnenden Größen beziehen sich auf die jeweiligen Modelle.

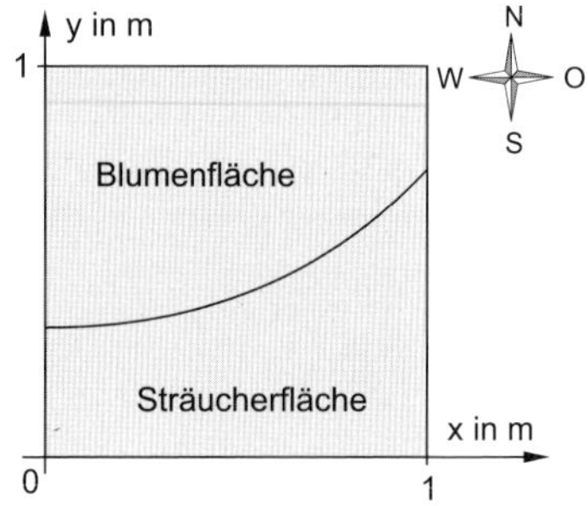

Abbildung 1

Punkte

a) Im ersten Modell soll der Weg durch den Graphen der Funktion f mit $f(x) = \frac{2}{3}x^2 + \frac{2}{15}x + \frac{1}{5}$, $0 \le x \le 1$, beschrieben werden. Dabei werden x und f(x) jeweils in Metern angegeben.
Untersuchen Sie, durch welche Ecken des quadratischen Modells der Weg verläuft. Skizzieren Sie den Weg im Koordinatensystem der Abbildung 2.

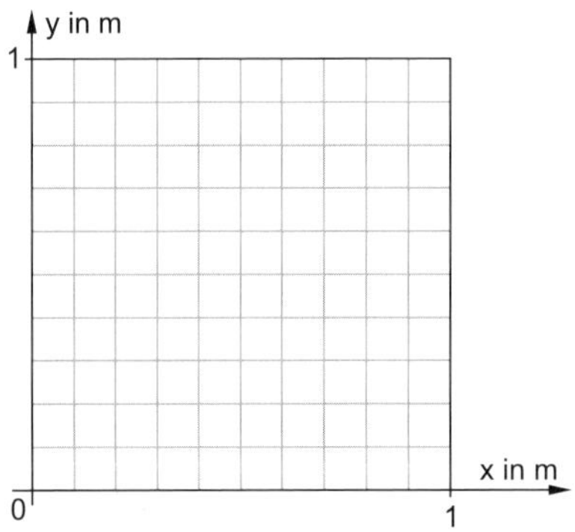

Abbildung 2

Bestimmen Sie die Inhalte von Blumen- und Sträucherfläche.
Ermitteln Sie Anfangs- und Endpunkt des Wegabschnittes, in dem der Abstand zur nördlichen Grenze der Gartenfläche mindestens 0,3 m beträgt.
Geben Sie einen Term an, der die Summe der Abstände zwischen einem beliebigen Punkt auf dem Weg und den beiden östlichen Eckpunkten der Gartenfläche beschreibt. 10

b) Ein zweites Modell verwendet zur Beschreibung des Weges den Graphen der Funktion g mit $g(x) = 6x^3 - 9x^2 + 4x,\ 0 \le x \le 1$. Dabei werden x und g(x) jeweils in Metern angegeben. Auf dem Weg von der westlichen zur östlichen Grenze der Gartenfläche gibt es zwei Punkte, an denen man genau in Richtung Osten läuft.
Berechnen Sie die Koordinaten dieser beiden Punkte.
Auf dem Weg von der westlichen zur östlichen Grenze der Gartenfläche schließt im Punkt $P\left(\frac{1}{5} \,\middle|\, g\left(\frac{1}{5}\right)\right)$ ein geradliniger Nebenweg ohne Knick an den Weg aus dem zweiten Modell an.
Bestimmen Sie die Koordinaten des Punktes, in dem man über den Nebenweg auf die nördliche oder östliche Außengrenze der Gartenfläche trifft.
Ein Streifen der Blumenfläche soll mit rotblühenden Blumen bepflanzt werden. Das hierzu ausgewählte Teilstück ist in der Abbildung 3 grafisch dargestellt.
Bestimmen Sie dessen Flächeninhalt. 17

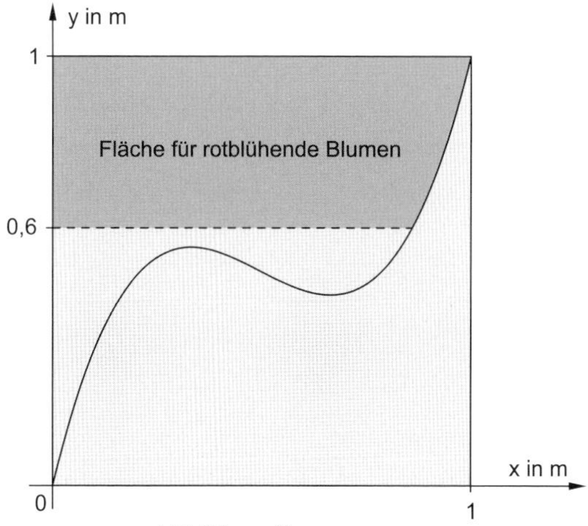

Abbildung 3

c) In einem dritten Modell wird der Weg durch den Graphen der Funktion h mit $h(x) = a \cdot x^4 + b \cdot x^2 + \frac{1}{4},\ 0 \le x \le 1$, beschrieben. Dabei werden x und h(x) jeweils in Metern angegeben. Der zugehörige Weg verläuft durch die nordöstliche Ecke der Gartenfläche und teilt diese so auf, dass eine Teilfläche 60 % der gesamten Gartenfläche beinhaltet.
Ermitteln Sie alle Werte für a und b, sodass diese Bedingungen erfüllt sind. 7

34

TIPP Lösungshinweise zum Wahlteil (CAS) – Aufgabe 1 B

Teilaufgabe a

Untersuchung des Wegverlaufs am westlichen und östlichen Gartenrand sowie Skizze des Weges

Berechnen Sie die Funktionswerte von f an den Stellen $x=0$ und $x=1$ und entscheiden Sie, durch welche Eckpunkte des Gartenmodells der Graph von f verläuft.

Beachten Sie, dass der Weg durch den Graphen einer quadratischen Funktion f beschrieben wird. Was bedeutet dies für die Form des Weges?

Fertigen Sie im angegebenen Koordinatensystem eine Skizze des Weges an.

Berechnung der Inhalte von Blumen- und Sträucherfläche

Berechnen Sie die Flächeninhalte mithilfe der Integralrechnung und beachten Sie, dass im vorgelegten Modell die Summe der Inhalte 1 ergibt.

Ermittlung von Anfangs- und Endpunkt des Wegabschnittes

Wenn ein Punkt $(x \mid f(x))$ auf dem Gartenweg von der nördlichen Gartengrenze einen Mindestabstand von 0,3 m haben soll, so darf seine y-Koordinate höchstens 0,7 m betragen.

Lösen Sie mithilfe der Rechnerfunktionen die Gleichung $f(x)=0{,}7$ und ermitteln Sie den Anfangs- und Endpunkt des gesuchten Wegabschnittes.

Angabe eines Terms

Stellen Sie die geometrische Situation mithilfe einer beschrifteten Skizze dar. Gehen Sie dabei von einem beliebigen Punkt des Graphen von f aus.

Nutzen Sie für die Abstandsbestimmung den Satz des Pythagoras.

Teilaufgabe b

Berechnung der Koordinaten der beiden Wegpunkte

Bewegt man sich in diesen Punkten genau in Richtung Osten, so muss der Graph von g in diesen beiden Punkten waagerechte Tangenten haben.

Berechnen Sie mithilfe des Rechners die Stellen, an denen der Graph von g die Steigung null hat.

Berechnen Sie die dazugehörigen y-Koordinaten und geben Sie die gesuchten Punkte an.

Bestimmung der Koordinaten des Punktes, in dem der Nebenweg auf eine Außengrenze der Gartenfläche trifft

Da sich der geradlinige Nebenweg im Punkt P knickfrei an den Weg des Graphen von g anschließt, muss er entlang der Tangente im Punkt $P\left(\frac{1}{5} \,\middle|\, g\left(\frac{1}{5}\right)\right)$ verlaufen.

Bestimmen Sie die Steigung m der Tangente im Punkt P.

Stellen Sie die Gleichung der Tangente im Punkt P auf. Gehen Sie dabei vom Ansatz $y = m \cdot x + b$ aus und beachten Sie, dass die Koordinaten des Berührpunktes P die Tangentengleichung erfüllen.

Die ermittelte Tangentengleichung stellt die Gleichung des Nebenweges dar. Trifft der Nebenweg auf die nördliche oder östliche Außengrenze des Gartens?

Bestimmen Sie den Schnittpunkt der Tangente mit einer der Außengrenzen.

Bestimmung des Inhalts der Blumenfläche

Berechnen Sie die Schnittstelle x_S der Geraden zu $y = 0{,}6$ mit dem Graphen von g.

Der Inhalt A der Blumenfläche ist etwas kleiner als der Inhalt des Rechteckstreifens der Breite 0,4 m und der Länge 1 m.

Sie erhalten den Inhalt A, wenn Sie vom Inhalt des Rechteckstreifens den Inhalt A_0 der Fläche über dem Intervall $[x_S; 1]$ zwischen dem Graphen von g und der Geraden $y = 0{,}6$ abziehen.

Berechnen Sie A_0 mithilfe der Integralrechnung und geben Sie den Inhalt A der Blumenfläche an.

Teilaufgabe c

Ermittlung der Parameterwerte a und b

Da der Graph von h laut Aufgabenstellung durch den Punkt $(1 \mid 1)$ verläuft, folgt $h(1) = 1$.

Diese Gleichung liefert Ihnen einen Zusammenhang zwischen den Parametern a und b. Sie können nun einen der beiden Parameter durch den anderen ausdrücken.

Geben Sie eine Funktionsgleichung von h an, in der nur noch einer der beiden Parameter auftritt.

Berechnen Sie mithilfe der Integralrechnung und des Rechners den Flächeninhalt unterhalb des Graphen von h über dem Intervall [0; 1]. Der Rechner liefert Ihnen einen Term für den Flächeninhalt, in dem auch der übrig gebliebene Parameter auftritt.

Die Aufteilung der Gartenfläche ist auf zwei Arten möglich: Die Teilfläche unterhalb des Graphen von h stellt 40 % oder 60 % der Gesamtfläche des Gartens dar.

Die beiden Ansätze liefern Ihnen jeweils einen Wert für den Parameter im Term des Flächeninhalts.

Mit dem eingangs ermittelten Zusammenhang zwischen a und b lässt sich nun auch jeweils der Wert des zweiten Parameters bestimmen.

a) Untersuchung des Wegverlaufs am westlichen und östlichen Gartenrand sowie Skizze des Weges:

Man erhält $f(0) = \frac{1}{5}$ und $f(1) = 1$.

Der Weg verläuft also nur durch die nordöstliche Ecke der Gartenfläche.

Da es sich bei der Funktion f um eine quadratische Funktion handelt, ist der Weg ein Teilstück einer Parabel (siehe Skizze).

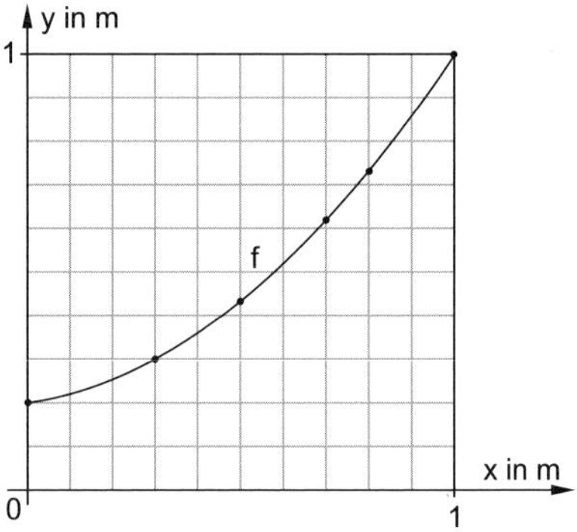

Berechnung der Inhalte von Blumen- und Sträucherfläche:

Die Sträucherfläche liegt unterhalb des Graphen von f über dem Intervall [0; 1].

Für ihren Flächeninhalt A_1 gilt:

$$A_1 = \int_0^1 f(x)\,dx = \frac{22}{45} \approx 0{,}49$$

$\frac{2}{3} \cdot x^2 + \frac{2}{15} \cdot x + \frac{1}{5} \to f(x)$	*Fertig*
$\int_0^1 f(x)\,dx$	$\frac{22}{45}$

Für den Inhalt A_2 der Blumenfläche folgt:

$$A_2 = 1 - A_1 = \frac{23}{45} \approx 0{,}51$$

Die Sträucherfläche hat einen Flächeninhalt von etwa 0,49 m^2 und die Blumenfläche einen Flächeninhalt von etwa 0,51 m^2.

Ermittlung von Anfangs- und Endpunkt des Wegabschnittes:

Soll der Abstand eines Wegpunktes $(x\,|\,f(x))$ zur nördlichen Gartengrenze mindestens 0,3 m betragen, so muss gelten:

$f(x) \leq 0{,}7$

Die Gleichung $f(x) = 0{,}7$ hat im Intervall [0; 1] die Lösung $x \approx 0{,}77$.

solve(f(x)=0.7,x)	x=−0.97178 or x=0.77178
f(0.77178)	0.7

Da der Graph von f über dem Intervall [0; 1] monoton wächst (siehe Skizze), ist $A(0\,|\,0{,}2)$ der Anfangspunkt und $B(\approx 0{,}77\,|\,0{,}7)$ der Endpunkt des gesuchten Wegabschnittes.

Angabe eines Terms:
$P(a \mid f(a))$ sei ein beliebiger Punkt auf dem Graphen von f. Seine Abstände d_1 und d_2 zu den beiden östlichen Eckpunkten sind jeweils die Längen der Hypotenusen in rechtwinkligen Dreiecken (siehe Abbildung).

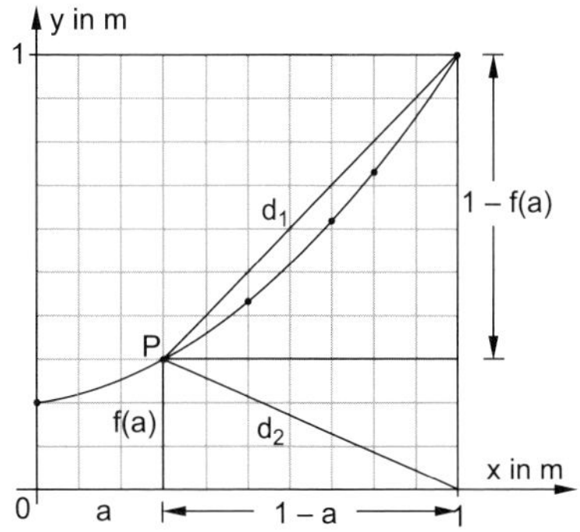

Nach dem Satz des Pythagoras folgt:

$$d_1 + d_2 = \sqrt{(1-a)^2 + (1-f(a))^2} + \sqrt{(1-a)^2 + (f(a))^2}$$

b) Berechnung der Koordinaten der beiden Wegpunkte:
Die beiden gesuchten Punkte des Graphen von g sind Punkte mit waagerechten Tangenten. Zu lösen ist daher die Gleichung $g'(x) = 0$. Der Rechner liefert:

$$x_1 = \frac{1}{3} \text{ und } x_2 = \frac{2}{3}$$

Als Funktionswerte erhält man:

$$g\left(\frac{1}{3}\right) = \frac{5}{9} \text{ und } g\left(\frac{2}{3}\right) = \frac{4}{9}$$

Die beiden gesuchten Punkte sind also $\left(\frac{1}{3} \mid \frac{5}{9}\right)$ und $\left(\frac{2}{3} \mid \frac{4}{9}\right)$.

$6 \cdot x^3 - 9 \cdot x^2 + 4 \cdot x \rightarrow g(x)$	*Fertig*
$\frac{d}{dx}(g(x))$	$18 \cdot x^2 - 18 \cdot x + 4$
$\text{solve}(18 \cdot x^2 - 18 \cdot x + 4 = 0, x)$	$x = \frac{1}{3}$ or $x = \frac{2}{3}$
$g\left(\frac{1}{3}\right)$	$\frac{5}{9}$
$g\left(\frac{2}{3}\right)$	$\frac{4}{9}$

Bestimmung der Koordinaten des Punktes, in dem der Nebenweg auf eine Außengrenze der Gartenfläche trifft:
Da sich der Nebenweg knickfrei an den Weg des Graphen von g anschließen soll, verläuft er entlang der Tangente im Punkt $P\left(\frac{1}{5} \mid g\left(\frac{1}{5}\right)\right)$.
Als Steigung im Punkt P ergibt sich:

$$g'\left(\frac{1}{5}\right) = \frac{28}{25}$$

$18 \cdot x^2 - 18 \cdot x + 4 \mid x = \frac{1}{5}$	$\frac{28}{25}$

Der Ansatz für die Gleichung der Tangente im Punkt P lautet dann:

$$y = \frac{28}{25}x + b$$

Der Berührpunkt P liegt auf der Tangente und erfüllt die Tangentengleichung:

$$g\left(\frac{1}{5}\right)=\frac{28}{25}\cdot\frac{1}{5}+b$$

$\text{solve}\left(g\left(\frac{1}{5}\right)=\frac{28}{25}\cdot\frac{1}{5}+b,b\right) \qquad b=\frac{33}{125}$

Hieraus ergibt sich der Wert $b=\frac{33}{125}$.

Es folgt die Tangentengleichung:

$$y=\frac{28}{25}x+\frac{33}{125}$$

Diese stellt die Gleichung des Nebenweges dar.

Die y-Koordinate der Tangente an der Stelle $x=1$ ist offensichtlich größer als 1, d. h., die Tangente schneidet die Nordgrenze der Gartenfläche. Die Schnittstelle ergibt sich aus der Gleichung:

$$\frac{28}{25}x+\frac{33}{125}=1$$

$\text{solve}\left(\frac{28}{25}\cdot x+\frac{33}{125}=1,x\right) \qquad x=\frac{23}{35}$

Der Rechner liefert $x_3=\frac{23}{35}$.

Der Nebenweg trifft also auf die Nordgrenze des Gartens im Punkt $S\left(\frac{23}{35}\,\middle|\,1\right)$.

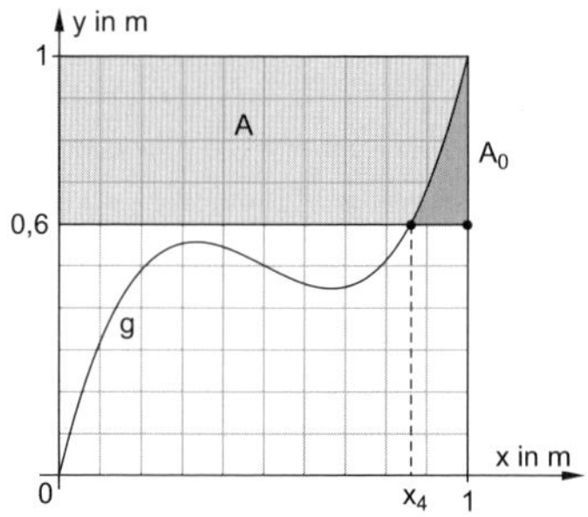

Bestimmung des Inhalts der Blumenfläche:

Zunächst wird die Stelle x_4 mit $g(x_4)=0{,}6$ bestimmt. Man erhält $x_4\approx 0{,}86$. Darüber hinaus gilt $g(1)=1$.

Über dem Intervall $[x_4;\,1]$ befindet sich zwischen dem Graphen von g und der Geraden mit der Gleichung $y=0{,}6$ ein Flächenstück mit dem Inhalt A_0.

$\text{solve}(g(x)=0.6,x) \qquad x=0.860035$

$0.4\cdot 1-\int_{0.860035}^{1}(g(x)-0.6)\,dx \qquad 0.375544$

Der Flächeninhalt A der Blumenfläche ergibt sich dann als Differenz aus dem Inhalt der Rechteckfläche mit den Seitenlängen 0,4 und 1 und dem Inhalt A_0:

$$A=0{,}4\cdot 1-\int_{x_4}^{1}(g(x)-0{,}6)\,dx\approx 0{,}38$$

Der gesuchte Flächeninhalt beträgt etwa $0{,}38\ m^2$.

Alternative:

Der gesuchte Flächeninhalt A setzt sich zusammen aus dem Inhalt der Rechteckfläche mit der Breite 0,4 und der Länge x_4 und dem Inhalt des Flächenstücks über $[x_4;\,1]$ zwischen der Geraden $y=1$ und dem Graphen von g:

$$A=0{,}4\cdot x_4+\int_{x_4}^{1}(1-g(x))\,dx\approx 0{,}38$$

c) Ermittlung der Parameterwerte a und b:
Der Weg verläuft durch die nordöstliche Ecke (1 | 1). Daher gilt h(1) = 1 und man erhält die Gleichung:

$$a+b+\frac{1}{4}=1 \quad \Leftrightarrow \quad a=\frac{3}{4}-b$$

Die Funktionsgleichung von h lautet somit:

$$h(x)=\left(\frac{3}{4}-b\right)\cdot x^4+b\cdot x^2+\frac{1}{4}$$

Das geforderte Teilungsverhältnis der Gartenflächen kann auf zweierlei Arten realisiert werden: Der Flächeninhalt unterhalb des Weges bzw. des Graphen von h stellt 40 % der gesamten Gartenfläche dar oder er stellt 60 % der Gesamtfläche dar. Man erhält also zwei mögliche Ansätze:

(1) $\int_0^1 h(x)\,dx = 0{,}4$ und

(2) $\int_0^1 h(x)\,dx = 0{,}6$

Der Rechner liefert:

$$\int_0^1 h(x)\,dx=\frac{2b}{15}+\frac{2}{5}$$

$\left(\frac{3}{4}-b\right)\cdot x^4+b\cdot x^2+\frac{1}{4}\rightarrow h(x)$	*Fertig*
$\int_0^1 h(x)\,dx$	$\frac{2\cdot b}{15}+\frac{2}{5}$
$\text{solve}\left(\frac{2\cdot b}{15}+\frac{2}{5}=0.4,b\right)$	$b=0.$
$\text{solve}\left(\frac{2\cdot b}{15}+\frac{2}{5}=0.6,b\right)$	$b=1.5$

Gleichung (1) führt dann auf:

$$\frac{2b}{15}+\frac{2}{5}=0{,}4 \quad \Leftrightarrow \quad b=0$$

Gleichung (2) führt auf:

$$\frac{2b}{15}+\frac{2}{5}=0{,}6 \quad \Leftrightarrow \quad b=\frac{3}{2}$$

Wegen $a=\frac{3}{4}-b$ gehört zu $b=0$ der Parameterwert $a=\frac{3}{4}$.
Für $b=\frac{3}{2}$ erhält man $a=-\frac{3}{4}$.

Wahlteil (GTR) – Aufgabe 2 A

In einer Urne befinden sich Kugeln. 35 % der Kugeln sind mit „+1“ beschriftet, 25 % mit „+2“, die übrigen mit „–3“.

Punkte

a) 100-mal nacheinander wird jeweils eine Kugel zufällig entnommen und wieder zurückgelegt.
Berechnen Sie die Wahrscheinlichkeit der folgenden Ereignisse:
E1: Mehr als 30 und weniger als 45 der entnommenen Kugeln sind mit „+1“ beschriftet.
E2: Die ersten drei entnommenen Kugeln sind mit „+1“ beschriftet.
Zeigen Sie, dass die Anzahl der in der Urne insgesamt enthaltenen Kugeln kleiner als 100 sein kann. 6

b) Unter Verwendung der Urne wird ein Spiel durchgeführt. Dabei wird zweimal nacheinander jeweils eine Kugel zufällig entnommen und wieder zurückgelegt. Die Zahlen auf den entnommenen Kugeln werden addiert. Ist das Ergebnis positiv, gewinnt der Spieler den Wert der Summe als Betrag in Euro, ist das Ergebnis negativ, verliert er den entsprechenden Betrag.
Bestimmen Sie die Wahrscheinlichkeit dafür, dass ein Spieler bei einem Spiel mehr als 3 Euro gewinnt.
Ermitteln Sie für einen Spieler mithilfe eines Baumdiagramms oder einer Wahrscheinlichkeitsverteilung den durchschnittlichen Verlust pro Spiel. 6

c) Die Anzahl der in der Urne tatsächlich enthaltenen Kugeln ist n. In die Urne werden zwei zusätzliche Kugeln gelegt, eine davon ist mit „+1“ beschriftet, die andere mit „+2“. Anschließend wird eine Kugel zufällig entnommen.
Begründen Sie, dass die Wahrscheinlichkeit dafür, dass die entnommene Kugel mit „+1“ beschriftet ist, durch den Term $\frac{0{,}35n+1}{n+2}$ angegeben wird.
Entscheiden Sie, ob die Wahrscheinlichkeit dafür, dass die entnommene Kugel mit „+1“ beschriftet ist, durch die zusätzlichen Kugeln größer oder kleiner wird. 5

17

TIPP Lösungshinweise zum Wahlteil (GTR) – Aufgabe 2 A

Teilaufgabe a

Berechnung der Wahrscheinlichkeiten

Die Zufallsgröße X: „Anzahl der gezogenen Kugeln, die die Beschriftung „+1" tragen" kann als binomialverteilt mit $n = 100$ und $p = 0{,}35$ angesehen werden.

Berechnen Sie die Wahrscheinlichkeit für mehr als 30 und weniger als 45 „Erfolge" und nutzen Sie dabei die **binomcdf**-Funktion des Rechners.

Berechnen Sie im zweiten Fall die Wahrscheinlichkeit für drei „Erfolge" bei den ersten drei Ziehungen und nutzen Sie dabei die Pfadregel.

Nachweis dafür, dass die Anzahl der Kugeln kleiner als 100 sein kann

Bestimmen Sie für die Gesamtzahl von 100 Kugeln jeweils die Anzahl der mit „+1", „+2" und „–3" gekennzeichneten Kugeln.

Zeigen Sie, dass auch bei kleinerer Kugelanzahl die Anteile von 35 %, 25 % und 40 % zu ganzzahligen Kugelanzahlen mit den Aufschriften „+1", „+2" und „–3" führen können.

Teilaufgabe b

Bestimmung der Wahrscheinlichkeit

Fertigen Sie ein Baumdiagramm an, das die Spielsituation des zweimaligen Ziehens einer Kugel mit anschließendem Zurücklegen beschreibt.

Beschriften Sie die einzelnen Pfade mit den entsprechenden Wahrscheinlichkeiten und geben Sie für die einzelnen Pfade jeweils den Wert der Zufallsgröße Z: „Auszahlung pro Spiel in Euro" an.

Bestimmen Sie die Wahrscheinlichkeit $P(Z > 3)$.

Ermittlung des durchschnittlichen Verlustes pro Spiel

Die hohe Wahrscheinlichkeit von 40 % für das Ziehen einer mit „–3" beschrifteten Kugel lässt vermuten, dass man im Mittel pro Spiel mit einem Verlust rechnen muss.

Der durchschnittliche Verlust pro Spiel ist der Erwartungswert E(Z) der Zufallsgröße Z.

Der Erwartungswert E(Z) ergibt sich als Summe der Produkte von Zufallsgröße und zugehöriger Wahrscheinlichkeit.

Teilaufgabe c

Begründung für die angegebene Wahrscheinlichkeit

Zu Beginn liegen n Kugeln in der Urne. Wie viele Kugeln sind dann mit „+1" beschriftet?

Durch das Hinzufügen der beiden zusätzlichen Kugeln haben sich die Gesamtzahl der Kugeln und die Anzahl der mit „+1" beschrifteten Kugeln erhöht. Beschreiben Sie diese Veränderung konkret.

Da beim Ziehen einer Kugel jede Kugel in der Urne mit der gleichen Wahrscheinlichkeit gezogen wird, handelt es sich um einen Laplace-Versuch. Zur Ermittlung der gesuchten Wahrscheinlichkeit P(+1) müssen Sie also die Laplace-Regel anwenden.

Entscheidung, ob durch die zusätzlichen Kugeln die Wahrscheinlichkeit P(+1) größer oder kleiner geworden ist

Sie können zu einer Vermutung gelangen, indem Sie in den angegebenen Term für die ursprüngliche Anzahl n der Kugeln einen bestimmten Wert einsetzen und das Ergebnis mit der alten Wahrscheinlichkeit 0,35 vergleichen.

Für eine begründete Entscheidung ist zu untersuchen, ob die Differenz $\frac{0{,}35 \cdot n + 1}{n + 2} - 0{,}35$ positiv oder negativ ist.

Lösungsvorschlag zum Wahlteil (GTR) – Aufgabe 2 A

a) Berechnung der Wahrscheinlichkeiten:
Die Zufallsgröße X: „Anzahl der gezogenen Kugeln, die mit der Beschriftung „+1" versehen sind" kann als binomialverteilt mit $n = 100$ und $p = 0{,}35$ angesehen werden. Es gilt dann:

$$P(E_1) = P(31 \le X \le 44)$$
$$= \sum_{k=31}^{44} \binom{100}{k} \cdot 0{,}35^k \cdot 0{,}65^{100-k}$$
$$= \text{binomcdf}(100, 0.35, 44) - \text{binomcdf}(100, 0.35, 30)$$
$$\approx 80{,}2\ \%$$

```
◂mCdf(100,0.35,44)−binomCdf(100,0.35,30)
                                0.802378
```

$$P(E_1) = 0{,}35^3 \approx 4{,}3\ \%$$

Mit einer Wahrscheinlichkeit von etwa 80,2 % werden mehr als 30 und weniger als 45 Kugeln mit der Beschriftung „+1" gezogen. Die Wahrscheinlichkeit, dass die ersten drei gezogenen Kugeln die Beschriftung „+1" tragen, beträgt ungefähr 4,3 %.

Nachweis dafür, dass die Anzahl der Kugeln kleiner als 100 sein kann:
Wären $n = 100$ Kugeln in der Urne, so hätten 35 die Beschriftung „+1", 25 die Beschriftung „+2" und 40 Kugeln hätten die Aufschrift „–3". Da diese drei Anzahlen und die Gesamtzahl 100 jeweils durch 5 teilbar sind, könnten in der Urne auch nur $n = 20$ Kugeln liegen, von denen 7 mit „+1", 5 mit „+2" und 8 mit „–3" beschriftet wären.

b) Bestimmung der Wahrscheinlichkeit:
Das folgende Baumdiagramm veranschaulicht die Spielsituation:

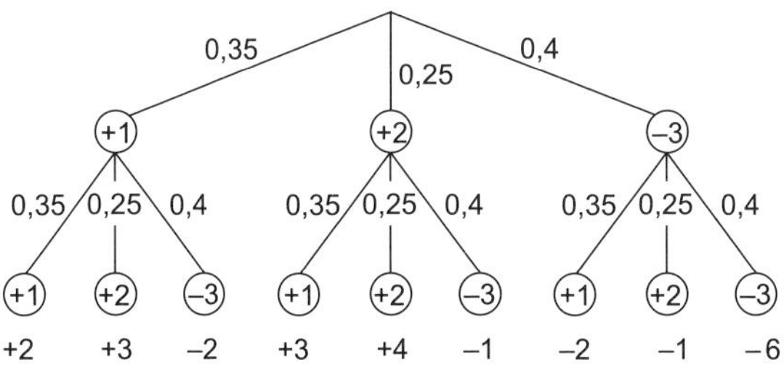

Wird unter der Zufallsgröße Z die Höhe des Gewinns pro Spiel in Euro verstanden, so ist die Wahrscheinlichkeit $P(Z > 3)$ gesucht. Die untere Zeile beim Baumdiagramm gibt den jeweiligen Wert von Z an. Nur beim mittleren vertikalen Pfad ergibt sich ein Gewinn von mehr als 3 Euro. Dieser Gewinn beträgt 4 Euro und wird nach der Pfadregel mit folgender Wahrscheinlichkeit erzielt:

$$P(Z = 4) = 0{,}25^2 = 6{,}25\ \%$$

Ermittlung des durchschnittlichen Verlustes pro Spiel:
Für die Ermittlung des durchschnittlichen Gewinns bzw. des durchschnittlichen Verlustes pro Spiel ist der Erwartungswert E(Z) der Zufallsgröße Z zu berechnen. Dabei ist zu beachten, dass die Werte $Z=-2$, $Z=-1$ und $Z=+3$ auf jeweils zwei verschiedenen Pfaden erreicht werden. Es gilt:

$$\begin{aligned}E(Z) &= 4\cdot P(Z=4)+3\cdot P(Z=3)+2\cdot P(Z=2)+(-1)\cdot P(Z=-1)\\ &\quad +(-2)\cdot P(Z=-2)+(-6)\cdot P(Z=-6)\\ &= 4\cdot 0{,}25^2+3\cdot 2\cdot 0{,}35\cdot 0{,}25+2\cdot 0{,}35^2+(-1)\cdot 2\cdot 0{,}25\cdot 0{,}4\\ &\quad +(-2)\cdot 2\cdot 0{,}35\cdot 0{,}4+(-6)\cdot 0{,}4^2\\ &= -0{,}7\end{aligned}$$

Der durchschnittliche Verlust pro Spiel beträgt somit 70 Cent.

c) Begründung für die angegebene Wahrscheinlichkeit:
Vor dem Hinzufügen der beiden zusätzlichen Kugeln gab es insgesamt n Kugeln in der Urne. Davon waren $0{,}35\cdot n$ mit „+1“ beschriftet. Nach dem Hinzufügen von zwei zusätzlichen Kugeln ist die Gesamtzahl der Kugeln von n auf $n+2$ und die Zahl der mit „+1“ beschrifteten Kugeln von $0{,}35\cdot n$ auf $0{,}35\cdot n+1$ gestiegen. Folglich gilt nach der Laplace-Regel:

$$P(+1)=\frac{0{,}35\cdot n+1}{n+2}$$

Entscheidung, ob durch die zusätzlichen Kugeln die Wahrscheinlichkeit P(+1) größer oder kleiner geworden ist:
Setzt man in den Term $\frac{0{,}35\cdot n+1}{n+2}$ für n beispielsweise den Wert 100 ein, so erhält man einen etwas größeren Wert als 0,35.
Daher wird die Differenz $\frac{0{,}35\cdot n+1}{n+2}-0{,}35$ auf Positivität hin untersucht.
Es gilt:

$$\frac{0{,}35\cdot n+1}{n+2}-0{,}35=\frac{0{,}35\cdot n+1}{n+2}-\frac{0{,}35\cdot(n+2)}{n+2}=\frac{1-0{,}7}{n+2}=\frac{0{,}3}{n+2}>0$$

Durch die beiden zusätzlichen Kugeln steigt also die Wahrscheinlichkeit, dass die gezogene Kugel mit „+1“ beschriftet ist, leicht an.

Alternative:
Zum Ergebnis $\frac{0{,}35\cdot n+1}{n+2}=0{,}35+\frac{0{,}3}{n+2}$ gelangt man auch auf direktem Weg durch eine Polynomdivision:

$$\begin{aligned}&(0{,}35\cdot n+1):(n+2)=0{,}35+\frac{0{,}3}{n+2}\\ &\underline{-(0{,}35\cdot n+0{,}7)}\\ &\qquad\quad 0{,}3\end{aligned}$$

Je größer die ursprüngliche Anzahl n der Kugeln ist, desto geringer wird aber der Unterschied der Wahrscheinlichkeiten.

Wahlteil (CAS/GTR) – Aufgabe 2 B

2 000 Personen besitzen eine Jahreskarte eines Schwimmbades. Für einen bestimmten Tag beschreibt die Zufallsgröße X die Anzahl der Jahreskartenbesitzer, die das Schwimmbad besuchen. Vereinfachend soll davon ausgegangen werden, dass X binomialverteilt ist. Dabei beträgt die Wahrscheinlichkeit dafür, dass ein zufällig ausgewählter Jahreskartenbesitzer an diesem Tag das Schwimmbad besucht, 10 %.

Punkte

a) Es gilt $P(X = 210) \approx 2{,}2\ \%$.
Interpretieren Sie diese Aussage im Sachzusammenhang.
Berechnen Sie die Wahrscheinlichkeit dafür, dass an diesem Tag mehr als 210 Jahreskartenbesitzer das Schwimmbad besuchen.
Bestimmen Sie die Wahrscheinlichkeit dafür, dass der Wert von X mindestens eine halbe Standardabweichung größer als der Erwartungswert der Zufallsgröße ist.
Bestimmen Sie die größte natürliche Zahl k, für die die Wahrscheinlichkeit dafür, dass an diesem Tag weniger als k Jahreskartenbesitzer das Schwimmbad besuchen, kleiner als 10 % ist. 11

Die Abbildung zeigt einen Ausschnitt der Verteilung der Zufallsgröße X.

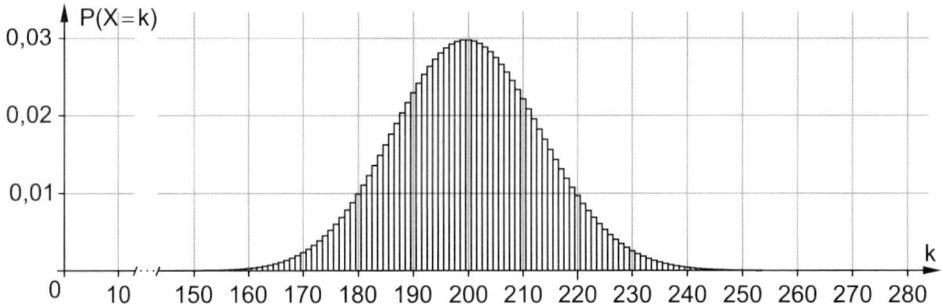

b) Begründen Sie mithilfe der Abbildung ohne weitere Berechnung die Abschätzung $P(X \leq 200) \approx 50\ \%$.
Geben Sie ganzzahlige Werte a und b mit $0 \leq a \leq 2\,000$ und $0 \leq b \leq 2\,000$ so an, dass $P(a \leq X \leq b) \leq 50\ \%$ und der Abstand der Werte a und b maximal ist.
Die Betreiber des Schwimmbades planen für das Folgejahr eine Erhöhung der Anzahl der Jahreskartenbesitzer auf 2 300. Die Wahrscheinlichkeit dafür, dass ein zufällig ausgewählter Jahreskartenbesitzer an einem bestimmten Tag das Schwimmbad besucht, soll weiterhin mit 10 % angenommen werden. Die Zufallsgröße Y beschreibt die Anzahl der Jahreskartenbesitzer, die das Schwimmbad an diesem Tag besuchen. Man geht davon aus, dass Y binomialverteilt ist. Der Erwartungswert von Y hat den Wert 230, die Standardabweichung beträgt etwa 14,4.
Weisen Sie mithilfe von σ-Umgebungen nach, dass nun $P(Y \leq 200) < 2{,}5\ \%$ gilt. 6

17

TIPP Lösungshinweise zum Wahlteil (CAS/GTR) – Aufgabe 2B

Teilaufgabe a

Interpretation der Aussage im Sachzusammenhang

Die Zufallsgröße X beschreibt die Anzahl der Jahreskartenbesitzer, die an einem bestimmten Tag das Schwimmbad besuchen.

Die angegebene Abschätzung gibt die Wahrscheinlichkeit für ein bestimmtes Ereignis an.

Berechnung der ersten Wahrscheinlichkeit

X ist binomialverteilt mit $n = 2\,000$ und $p = 0{,}1$.

Berechnen Sie die Wahrscheinlichkeit für mehr als 210 „Erfolge".

Nutzen Sie die **binomCdf**-Funktion des Rechners.

Berechnung der zweiten Wahrscheinlichkeit

Für den Erwartungswert μ und für die Standardabweichung σ einer binomialverteilten Zufallsgröße gilt $\mu = n \cdot p$ bzw. $\sigma = \sqrt{n \cdot p \cdot (1-p)}$.

Gesucht ist die Wahrscheinlichkeit für $X > \mu + \frac{1}{2}\sigma$. Nutzen Sie die **binomCdf**-Funktion des Rechners.

Bestimmen der größten natürlichen Zahl k mit der angegebenen Eigenschaft

Gesucht ist die größte natürliche Zahl k mit $P(X < k) < 0{,}1$.

Sie können den Wert von k durch systematisches Probieren mit dem Rechner finden.

Nutzen Sie wieder die **binomCdf**-Funktion des Rechners.

Beachten Sie dabei die Forderung $X < k$.

Teilaufgabe b

Begründung für die angegebene Abschätzung

Betrachten Sie die Form der Wahrscheinlichkeitsverteilung. Achten Sie insbesondere auf die Lage des Erwartungswertes $\mu = 200$.

Beachten Sie, dass die Gesamtsumme aller Wahrscheinlichkeiten 100 % beträgt.

Angabe der ganzzahligen Werte von a und b

Gesucht ist das Intervall [a; b] mit maximaler Breite und der Eigenschaft, dass die Zufallsgröße X mit einer Wahrscheinlichkeit von höchstens 50 % in diesem Intervall liegt.

Welchen Wert wird man für die rechte Intervallgrenze b wählen, wenn der Abstand der Werte a und b maximal sein soll?

Sie können die Intervallgrenzen a und b durch Probieren mit dem Rechner ermitteln.

Nachweis der Wahrscheinlichkeitsaussage mithilfe der σ-Regeln
Die Standardabweichung σ beträgt etwa 14,4. Sie ist größer als 3 und somit gelten nach der Laplace-Bedingung die σ-Regeln.

Der Erwartungswert von Y ist 230. Welche der σ-Regeln führt zur Folgerung $P(Y \leq 200) < 2{,}5\,\%$?

Lösungsvorschlag zum Wahlteil (CAS/GTR) – Aufgabe 2 B

a) Interpretation der Aussage im Sachzusammenhang:
Die Aussage $P(X=210) \approx 2{,}2\,\%$ beschreibt den folgenden Sachverhalt: Die Wahrscheinlichkeit dafür, dass an einem bestimmten Tag genau 210 Jahreskartenbesitzer das Schwimmbad besuchen, beträgt etwa 2,2 %.

Berechnung der ersten Wahrscheinlichkeit:
Die Zufallsgröße X: „Anzahl der Jahreskartenbesitzer, die das Schwimmbad an einem bestimmten Tag besuchen" kann als binomialverteilt mit $n=2\,000$ und $p=0{,}1$ angesehen werden. Es gilt dann:

$$P(X > 210)$$
$$= P(X \geq 211)$$
$$= \sum_{k=211}^{2\,000} \binom{2\,000}{k} \cdot 0{,}1^k \cdot 0{,}9^{2\,000-k}$$
$$= \text{binomcdf}\,(2\,000,\ 0.1,\ 211,\ 2\,000)$$

binomCdf(2000,0.1,211,2000)	0.215785

$$\approx 21{,}6\,\%$$

Mit einer Wahrscheinlichkeit von etwa 21,6 % besuchen mehr als 210 Jahreskartenbesitzer das Schwimmbad.

Berechnung der zweiten Wahrscheinlichkeit:
Für den Erwartungswert erhält man:
$$\mu = n \cdot p = 2\,000 \cdot 0{,}1 = 200$$
Für die halbe Standardabweichung folgt:
$$\frac{1}{2}\sigma = \frac{1}{2} \cdot \sqrt{n \cdot p \cdot (1-p)} = \frac{1}{2}\sqrt{200 \cdot 0{,}9} \approx 6{,}7$$
Wegen $\mu + \frac{1}{2}\sigma \approx 206{,}7$ ist also $P(207 \leq X \leq 2\,000)$ gesucht.

Der Rechner liefert:

$P(207 \le X \le 2\,000)$

$= \sum_{k=207}^{2\,000} \binom{2\,000}{k} \cdot 0{,}1^k \cdot 0{,}9^{2\,000-k}$

$=$ binomcdf (2 000, 0.1, 207, 2 000)

binomCdf(2000,0.1,207,2000)	0.311339

$\approx 31{,}1\,\%$

Mit einer Wahrscheinlichkeit von etwa 31,1 % ist die Zufallsgröße X mindestens eine halbe Standardabweichung größer als der Erwartungswert.

Bestimmen der größten natürlichen Zahl k mit der angegebenen Eigenschaft:
Gesucht ist die größte natürliche Zahl k mit $P(X < k) < 0{,}1$. Durch systematisches Probieren erhält man:

$P(X < 182) = P(X \le 181) \approx 0{,}08$

$P(X < 183) = P(X \le 182) \approx 0{,}09$

$P(X < 184) = P(X \le 183) \approx 0{,}11$

Daher ist $k = 183$ der gesuchte Wert.

binomCdf(2000,0.1,0,181)	0.082499
binomCdf(2000,0.1,0,182)	0.094791
binomCdf(2000,0.1,0,183)	0.108358

b) Begründung für die angegebene Abschätzung:
Der Graph der Wahrscheinlichkeitsverteilung ist annähernd achsensymmetrisch zum Erwartungswert $\mu = 200$. Der Wert $P(X \le 200)$ entspricht also etwa der Hälfte der Summe aller Wahrscheinlichkeiten. Da die Gesamtsumme aller Wahrscheinlichkeiten 100 % beträgt, ergibt $P(X \le 200)$ etwa 50 %.

Angabe der ganzzahligen Werte von a und b:
Da der Abstand der Werte von a und b maximal sein soll, wird $b = 2\,000$ gewählt. Gesucht ist also der kleinste Wert a mit $P(a \le X \le 2\,000) \le 50\,\%$.
Man erhält:

$P(200 \le X \le 2\,000) \approx 51{,}1\,\%$

$P(201 \le X \le 2\,000) \approx 48{,}1\,\%$

Daher ist $a = 201$ der zweite gesuchte Wert.

binomCdf(2000,0.1,200,2000)	0.510902
binomCdf(2000,0.1,201,2000)	0.48118

Nachweis der Wahrscheinlichkeitsaussage mithilfe der σ-Regeln:
Der Wert $\sigma \approx 14{,}4$ der Standardabweichung ist deutlich größer als 3. Nach der Laplace-Bedingung gelten daher für die vorgelegte Binomialverteilung die σ-Regeln.

Im vorliegenden Fall ist die 2σ-Regel anzuwenden: Mit einer Wahrscheinlichkeit von ca. 95,5 % liegt Y in der 2σ-Umgebung um den Erwartungswert $\mu = 230$. Auf die beiden verbleibenden Teilintervalle entfallen aufgrund der näherungsweisen Achsensymmetrie der Verteilung jeweils weniger als 2,5 %.

Man erhält $\mu - 2\sigma \approx 201{,}2$, d. h., der Wert $Y = 200$ liegt mehr als zwei Standardabweichungen unterhalb des Erwartungswertes von Y.
Daher folgt $P(Y \le 200) < 2{,}5\,\%$.

Wahlteil (CAS/GTR) – Aufgabe 3 A

Ein Unternehmen testet auf einer Strecke zwischen Festland und einer Insel die Paketzustellung mithilfe einer Drohne.
In einem kartesischen Koordinatensystem wird das horizontale Gelände, über dem sich die Drohne bewegt, modellhaft durch die xy-Ebene dargestellt, die Lage des Startplatzes durch den Punkt S(7 320 | –1 750 | 0) und die Lage des regulären Landeplatzes durch den Punkt L(–990 | 6 990 | 0). Eine Längeneinheit im Koordinatensystem entspricht einem Meter in der Realität.

Punkte

a) Die Drohne soll über dem Startplatz zunächst vertikal aufsteigen, bis sie eine Höhe von 50 m erreicht hat, und anschließend geradlinig in konstanter Höhe und mit konstanter Geschwindigkeit in die Richtung des Landeplatzes fliegen.
Begründen Sie, dass die vorgesehene horizontale Flugbahn der Drohne im Modell entlang der Gerade g: $\vec{x} = \begin{pmatrix} 7\,320 \\ -1\,750 \\ 50 \end{pmatrix} + r \cdot \begin{pmatrix} -8\,310 \\ 8\,740 \\ 0 \end{pmatrix}$, $r \in \mathbb{R}$, verläuft.
Der Parameter r gibt die Flugdauer in 1 000 Sekunden an.
Weisen Sie nach, dass der Punkt P mit den Koordinaten (4 827 | 872 | 50) die Position der Drohne nach 300 Sekunden Flugdauer beschreibt.
Bestimmen Sie die Geschwindigkeit der Drohne in Metern pro Sekunde während des horizontalen Flugs. 6

Während des Flugs auf der vorgesehenen Flugbahn entlang der Geraden g aus Aufgabenteil a) wird die Flugbahn von einer Bodenstation aus überwacht. Die Position der Bodenstation wird durch den Punkt B(0 | 0 | 0) dargestellt, ihre Reichweite beträgt 6 000 m.

b) Untersuchen Sie, ob sich die Drohne in der durch den Punkt T(6 489 | –876 | 50) dargestellten Position innerhalb oder außerhalb der Reichweite der Bodenstation befindet.
Bewegt sich die Drohne auf der vorgesehenen Flugbahn, so befindet sie sich von einem bestimmten Zeitpunkt an innerhalb der Reichweite der Bodenstation.
Ermitteln Sie die Position, in der sich die Drohne zu diesem Zeitpunkt befindet.

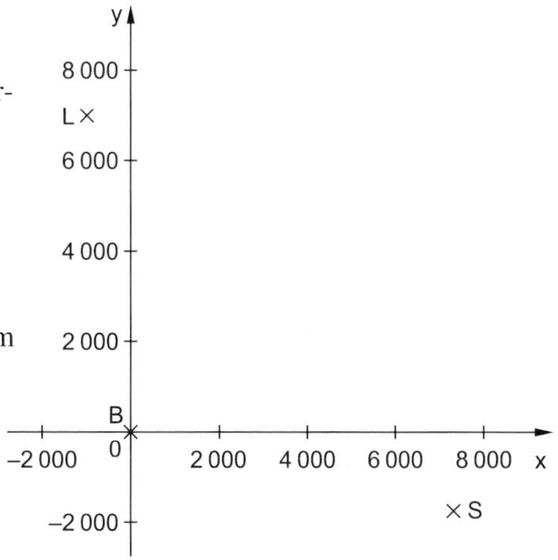

In einer Position auf der vorgesehenen Flugbahn hat die Drohne die geringste Entfernung zur Bodenstation. Diese Position wird durch den Punkt R beschrieben.
Beschreiben Sie ein Verfahren, mit dem unter Verwendung der Abbildung die Koordinaten von R ermittelt werden könnten. 8

c) Die Bodenstation ändert die Flugbahn der Drohne: Die Drohne weicht im Modell im Punkt Q(3 996 | 1 746 | 50) von der vorgesehenen Flugbahn ab und bewegt sich mit einer Geschwindigkeit von $5\,\frac{m}{s}$ geradlinig auf einen Ausweichlandeplatz zu, der durch den Punkt A(3 900 | 1 700 | 0) dargestellt wird.
Berechnen Sie, um wie viele Meter sich die Flughöhe pro Sekunde verringert. 3

17

TIPP Lösungshinweise zum Wahlteil (CAS/GTR) – Aufgabe 3 A

Teilaufgabe a

Nachweis, dass die Gerade g die Flugbahn der Drohne beschreibt

Beachten Sie, dass die horizontale Flugbahn 50 m oberhalb des Startpunktes S beginnt und 50 m oberhalb des Landepunktes L endet.

Geben Sie die Koordinaten des Anfangs- und des Endpunktes der horizontalen Flugbahn an.

Die Flugbahn verläuft entlang einer Geraden g durch diese beiden Punkte.

Bestimmen Sie einen Richtungsvektor von g und geben Sie eine Parametergleichung dieser Geraden an.

Nachweis der Position nach 300 Sekunden

Beachten Sie, dass die Geradengleichung für den Parameter r = 1 einen Punkt liefert, in dem sich die Drohne nach 1 000 Sekunden befindet.

Welchen Wert muss der Parameter r annehmen, damit die Geradengleichung für diesen Parameterwert die Position der Drohne nach 300 Sekunden liefert?

Weisen Sie die angegebene Position durch eine Rechnung nach.

Bestimmung der Geschwindigkeit der Drohne

Die Drohne bewegt sich mit konstanter Geschwindigkeit v. Es gilt $v = \frac{s}{t}$. Dabei stellt s eine Wegstrecke dar und t die hierfür benötigte Zeit.

Berechnen Sie die Länge der Wegstrecke, die die Drohne in 1 000 Sekunden zurücklegt.

Teilaufgabe b

Untersuchung, ob der Punkt T innerhalb der Reichweite der Bodenstation liegt

Zu bestimmen ist der Abstand des Punktes T vom Punkt B(0 | 0 | 0) der Bodenstation.

Sie können diesen Abstand auch durch eine einfache Überlegung abschätzen.

Ermittlung der Position der Drohne

Aus der Parametergleichung für die Gerade g lässt sich der allgemeine Punkt X von g ablesen. Seine Koordinaten sind vom Parameter r abhängig.

Bestimmen Sie den Abstand d(r) dieses Punktes X von der Bodenstation B.

Lösen Sie die Gleichung $d(r) = 6\,000$ mit den Rechnerwerkzeugen und bestimmen Sie die Position der Drohne beim Eintritt in den Reichweitebereich der Bodenstation.

Beschreibung des Verfahrens

Betrachten Sie die angegebene Abbildung mit dem Startpunkt S und dem Punkt L des Landeplatzes in der xy-Ebene.

Die Gerade h durch S und L stellt die Projektion der Drohnenflugbahn auf die xy-Ebene dar.

Beschreiben Sie, wie man den Punkt F auf h mit der geringsten Entfernung von der Bodenstation B bestimmen und schließlich die Koordinaten des gesuchten Punktes R ermitteln könnte.

Teilaufgabe c

Berechnung der Anzahl der Meter, um die sich die Flughöhe pro Sekunde verringert

Die Drohne bewegt sich bei ihrem Ausweichmanöver geradlinig mit der Geschwindigkeit von $v = 5\,\frac{m}{s}$ vom Punkt Q zum Punkt A.

Berechnen Sie die Länge der Flugstrecke $\overline{QA}$ und die dafür benötigte Flugdauer.

Beachten Sie, dass während dieser Flugdauer die Flughöhe von 50 m auf 0 m sinkt.

Lösungsvorschlag zum Wahlteil (CAS/GTR) – Aufgabe 3 A

a) Nachweis, dass die Gerade g die Flugbahn der Drohne beschreibt:

Der Vektor $\overrightarrow{OS'} = \begin{pmatrix} 7\,320 \\ -1\,750 \\ 50 \end{pmatrix}$ ist der Startvektor für die horizontale Flugbahn. Der dazugehörige Punkt S'(7 320 | –1 750 | 50) liegt 50 m über dem Startplatz S der Drohne.

Auf ihrer horizontalen Flugbahn bewegt sich die Drohne vom Punkt S' zum Punkt L'(–990 | 6 990 | 50), der 50 m über dem Landeplatz liegt. Als Richtungsvektor erhält man:

$$\overrightarrow{S'L'} = \begin{pmatrix} -990 \\ 6\,990 \\ 50 \end{pmatrix} - \begin{pmatrix} 7\,320 \\ -1\,750 \\ 50 \end{pmatrix} = \begin{pmatrix} -8\,310 \\ 8\,740 \\ 0 \end{pmatrix}$$

Die Flugbahn verläuft daher entlang der Geraden mit der Gleichung:

$$\vec{x} = \begin{pmatrix} 7\,320 \\ -1\,750 \\ 50 \end{pmatrix} + r \cdot \begin{pmatrix} -8\,310 \\ 8\,740 \\ 0 \end{pmatrix}, r \in \mathbb{R}$$

Nachweis der Position nach 300 Sekunden:

Zur Flugdauer 300 Sekunden gehören der Parameter r = 0,3 und der Ortsvektor:

$$\vec{p} = \begin{pmatrix} 7\,320 \\ -1\,750 \\ 50 \end{pmatrix} + 0{,}3 \cdot \begin{pmatrix} -8\,310 \\ 8\,740 \\ 0 \end{pmatrix} = \begin{pmatrix} 4\,827 \\ 872 \\ 50 \end{pmatrix}$$

Die Drohne befindet sich also nach 300 Sekunden im Punkt P(4 827 | 872 | 50).

Bestimmung der Geschwindigkeit der Drohne:

In 300 Sekunden legt die Drohne eine Strecke der Länge $|\overrightarrow{S'P}|$ zurück:

$$|\overrightarrow{S'P}| = \sqrt{(4\,827 - 7\,320)^2 + (872 + 1\,750)^2} \approx 3\,618$$

Es folgt für die Geschwindigkeit:

$$v \approx \frac{3\,618\text{ m}}{300\text{ s}} \approx 12{,}1\,\frac{\text{m}}{\text{s}}$$

Alternative:

Die Länge $|\overrightarrow{S'L'}|$ des Richtungsvektors der Flugbahn legt die Drohne offenbar in 1 000 Sekunden zurück:

$$|\overrightarrow{S'L'}| = \sqrt{(-8\,310)^2 + 8\,740^2} \approx 12\,060$$

Für die Geschwindigkeit folgt dann:

$$v \approx \frac{12\,060\text{ m}}{1\,000\text{ s}} \approx 12{,}1\,\frac{\text{m}}{\text{s}}$$

b) Untersuchung, ob der Punkt T innerhalb der Reichweite der Bodenstation liegt:

Die x-Koordinate des Punktes T ist bereits größer als 6 000. Daher ist der Abstand $|\overrightarrow{BT}|$ erst recht größer als 6 000. Der Punkt T liegt also außerhalb der Reichweite der Bodenstation.

Ermittlung der Position der Drohne:
Zu untersuchen ist der Abstand d(r) der Drohne von der Bodenstation B(0 | 0 | 0).
Der allgemeine Punkt X der Flugbahn lautet:
$X(7\,320 - r \cdot 8\,310 \mid -1\,750 + r \cdot 8\,740 \mid 50)$

Sein Abstand d von der Bodenstation ist gegeben durch:
$$d(r) = |\overrightarrow{OX}| = \sqrt{(7\,320 - r \cdot 8\,310)^2 + (-1\,750 + r \cdot 8\,740)^2 + 50^2}$$

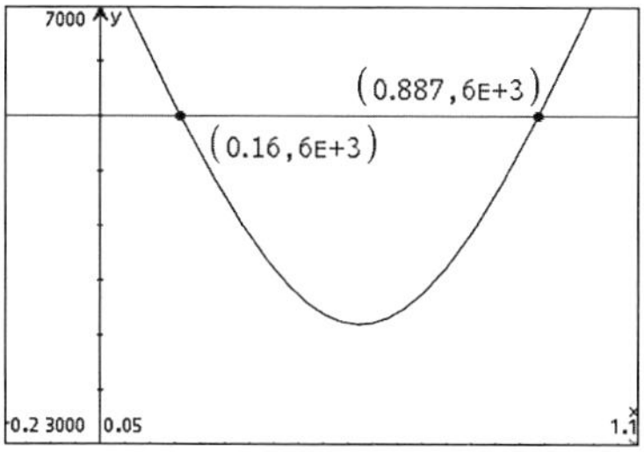

Im Screenshot ist der Abstand d(r) in Abhängigkeit vom Parameter r dargestellt. Zusätzlich ist der Graph der konstanten Funktion $k(r) = 6\,000$ eingezeichnet.
Der Rechner liefert für $d(r) = 6\,000$ die Lösungen $r_1 \approx 0{,}16$ und $r_2 \approx 0{,}887$.
Setzt man den Parameterwert r_1 in die Geradengleichung der Flugbahn ein, so erhält man:
$$\vec{x} = \begin{pmatrix} 7\,320 \\ -1\,750 \\ 50 \end{pmatrix} + 0{,}16 \cdot \begin{pmatrix} -8\,310 \\ 8\,740 \\ 0 \end{pmatrix} \approx \begin{pmatrix} 5\,990 \\ -352 \\ 50 \end{pmatrix}$$
Für die gesuchte Position ergibt sich näherungsweise der Punkt (5 990 | –352 | 50).

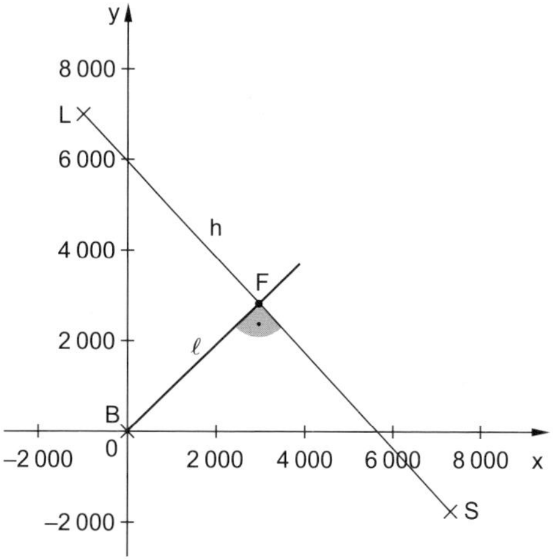

Beschreibung des Verfahrens:
Zur Ermittlung des Punktes R der Flugbahn mit der geringsten Entfernung zur Bodenstation könnte man wie folgt vorgehen:
Man bestimmt die Gleichung der Geraden h durch die Punkte S und L in der xy-Ebene. Diese Gerade stellt die Projektion der Drohnenflugbahn auf die xy-Ebene dar.
Dann wird die Gleichung einer zu h orthogonalen Ursprungsgeraden ℓ ermittelt. Der Schnittpunkt F beider Geraden ist der Fußpunkt des Lots von B auf h.
Er hat von allen Punkten auf h die geringste Entfernung von B.
F liefert die x- und y-Koordinate des gesuchten Punktes R. Die z-Koordinate von R ist 50.

c) Berechnung der Anzahl der Meter, um die sich die Flughöhe pro Sekunde verringert:

$$\overrightarrow{QA} = \begin{pmatrix} 3\,900 \\ 1\,700 \\ 0 \end{pmatrix} - \begin{pmatrix} 3\,996 \\ 1\,746 \\ 50 \end{pmatrix} = \begin{pmatrix} -96 \\ -46 \\ -50 \end{pmatrix}$$

$$\left|\overrightarrow{QA}\right| = \sqrt{(-96)^2 + (-46)^2 + (-50)^2} \approx 117{,}6$$

Bei ihrem Ausweichmanöver legt die Drohne eine Strecke von etwa 117,6 m zurück. Da sie mit einer Geschwindigkeit von $v = 5\,\frac{m}{s}$ fliegt, benötigt sie hierfür:

$$t = \frac{\left|\overrightarrow{QA}\right|}{v} \approx \frac{117{,}6\text{ m}}{5\,\frac{m}{s}} \approx 23{,}5\text{ s}$$

In dieser Zeit nimmt die Höhe um 50 m ab. Es gilt also:

$$v_h = \frac{50\text{ m}}{23{,}5\text{ s}} \approx 2{,}1\,\frac{m}{s}$$

Die Flughöhe verringert sich in jeder Sekunde also um etwa 2,1 m.

Wahlteil (CAS) – Aufgabe 3 B

Die Abbildung zeigt ein Gebäude des Flughafens von Palma de Mallorca. Im eingezeichneten kartesischen Koordinatensystem kann die 140 Meter lange Dachkonstruktion modellhaft durch einen halben Zylinder und drei Prismen zusammengesetzt werden. Die dreieckigen Grundflächen dieser Prismen sind kongruent. Der Boden des Gebäudes sowie die Startbahnen des Flughafens liegen im Modell in der xy-Ebene. Die Seitenkanten der Prismen verlaufen parallel zur y-Achse. Die Punkte $A(7\,|\,0\,|\,4)$, $B(0\,|\,0\,|\,4)$ und $C(3{,}5\,|\,0\,|\,7{,}5)$ sind Eckpunkte eines der Prismen. Eine Längeneinheit im Koordinatensystem entspricht einem Meter in der Realität.

Punkte

a) Weisen Sie nach, dass das Dreieck ABC gleichschenklig und im Punkt C rechtwinklig ist. 3

Der Abbildung liegt ein Foto zugrunde. Die Position der Kamera, mit der dieses Foto aufgenommen wurde, wird durch den Punkt $K(30\,|\,20\,|\,1{,}5)$ dargestellt. Die weiße Dachfläche, die mit dem Schriftzug „Aeropuerto de Palma de Mallorca" versehen ist, liegt im Modell in der Ebene E.

b) Ermitteln Sie eine Gleichung von E in Koordinatenform.
(Ein mögliches Ergebnis ist: E: $x + z = 11$.)
Eine Sichtlinie verläuft von der Kamera geradlinig zum Mittelpunkt der weißen Dachfläche.
Berechnen Sie die Größe des Winkels, den diese Sichtlinie mit der Dachfläche einschließt. [1] 7

Hinter dem Gebäude startet ein Flugzeug. Ab einer bestimmten Höhe über der Startbahn ist die Flugzeugspitze von der Position der Kamera aus oberhalb des Gebäudes sichtbar. Im Folgenden soll diese Höhe ermittelt werden.

c) Fertigen Sie eine beschriftete Skizze an, die die Gültigkeit folgender Aussage verdeutlicht:
Diejenigen Punkte der Dachkonstruktion, die am höchsten über dem Boden des Gebäudes liegen, spielen für die Ermittlung der gesuchten Höhe keine Rolle.

---

[1] Teilaufgabe b ist seit der Abiturprüfung 2021 nicht mehr prüfungsrelevant.

Von der Position der Kamera aus wird die Flugzeugspitze unmittelbar oberhalb derjenigen Punkte der Dachkonstruktion sichtbar, die im Modell näherungsweise die Koordinaten $D_r(1{,}1\,|-r\,|\,10{,}9)$, $0 \leq r \leq 140$, haben.
Die Spitze des startenden Flugzeugs bewegt sich im Modell entlang der Geraden mit der Gleichung $\vec{x} = \begin{pmatrix} -60 \\ -990 \\ 0 \end{pmatrix} + s \cdot \begin{pmatrix} -1\,000 \\ 0 \\ 350 \end{pmatrix}$, $s \in \mathbb{R}$.

Ermitteln Sie die gesuchte Höhe. 7/17

TIPP Lösungshinweise zum Wahlteil (CAS) – Aufgabe 3 B

Teilaufgabe a

Nachweis, dass das Dreieck ABC gleichschenklig ist und bei C einen rechten Winkel hat

Da bei C ein rechter Winkel liegen soll, müssen Sie nachweisen, dass die Strecken $\overline{CA}$ und $\overline{CB}$ gleich lang sind.

Das Dreieck ABC ist bei C genau dann rechtwinklig, wenn die beiden Vektoren $\overrightarrow{CA}$ und $\overrightarrow{CB}$ senkrecht aufeinander stehen.

Wenden Sie für den Nachweis des rechten Winkels bei C das Orthogonalitätskriterium mithilfe des Skalarproduktes an.

Teilaufgabe b

Ermittlung der Ebenengleichung von E in Koordinatenform

Sie können die Koordinatengleichung von E über eine Normalenform der Gleichung von E bestimmen.

Beachten Sie, dass E parallel zur y-Achse verläuft.

Berechnung des Winkels α zwischen der Sichtlinie und der Ebene E

Für den Schnittwinkel α zwischen einer Geraden und einer Ebene gilt $\sin\alpha = \frac{|\vec{u} \circ \vec{n}|}{|\vec{u}| \cdot |\vec{n}|}$. Dabei ist $\vec{u}$ ein Richtungsvektor der Geraden durch K und den Mittelpunkt M und $\vec{n}$ ein Normalenvektor von E.

Bestimmen Sie zunächst den Mittelpunkt M der Dachfläche. Beachten Sie dabei, dass die Dachlänge 140 m beträgt.

Bestimmen Sie einen Richtungsvektor $\vec{u}$ der Sichtlinie und einen Normalenvektor $\vec{n}$ der Ebene E.

Teilaufgabe c

Begründung der Aussage mithilfe einer Skizze

Skizzieren Sie die geometrische Situation mit der oberen Dachkonstruktion, indem Sie vom Kamerapunkt K ausgehen und eine Sichtlinie darstellen, mit der die Kamera die Flugzeugspitze gerade erfasst.

Kennzeichnen Sie in Ihrer Skizze den Punkt D_r des Daches, durch den die Sichtlinie verläuft, und begründen Sie, dass der höchste Punkt der Dachkonstruktion für diese Sichtlinie nicht relevant ist.

Ermittlung der Höhe

Im Moment ihrer Sichtung durch die Kamera befindet sich die Flugzeugspitze gerade in einem Punkt der Sichtlinie.

Sie können also die momentane Höhe der Flugzeugspitze ermitteln, indem Sie die z-Koordinate des Schnittpunktes der Sichtlinie mit der Geraden ihrer Flugbahn bestimmen.

Stellen Sie die Geradengleichung der Sichtlinie auf. Beachten Sie, dass die Sichtlinie durch die Punkte K und D_r verläuft.

Bestimmen Sie mithilfe der Rechnerfunktionen den Schnittpunkt der beiden Geraden und geben Sie die momentane Höhe der Flugzeugspitze an.

Lösungsvorschlag zum Wahlteil (CAS) – Aufgabe 3 B

a) Nachweis, dass das Dreieck ABC gleichschenklig ist und bei C einen rechten Winkel hat:
Man erhält:

$$\overrightarrow{CA} = \begin{pmatrix} 7 \\ 0 \\ 4 \end{pmatrix} - \begin{pmatrix} 3,5 \\ 0 \\ 7,5 \end{pmatrix} = \begin{pmatrix} 3,5 \\ 0 \\ -3,5 \end{pmatrix}$$

$$\overrightarrow{CB} = \begin{pmatrix} 0 \\ 0 \\ 4 \end{pmatrix} - \begin{pmatrix} 3,5 \\ 0 \\ 7,5 \end{pmatrix} = \begin{pmatrix} -3,5 \\ 0 \\ -3,5 \end{pmatrix}$$

Für die Seitenlängen folgt:

$$|\overrightarrow{CA}| = \sqrt{3,5^2 + (-3,5)^2} = \sqrt{2 \cdot 3,5^2}$$

$$|\overrightarrow{CB}| = \sqrt{(-3,5)^2 + (-3,5)^2} = \sqrt{2 \cdot 3,5^2}$$

Daraus folgt:

$$|\overrightarrow{CA}| = |\overrightarrow{CB}|$$

Das Dreieck ist genau dann rechtwinklig bei C, wenn $\overrightarrow{CA} \circ \overrightarrow{CB} = 0$ gilt.

$$\overrightarrow{CA} \circ \overrightarrow{CB} = \begin{pmatrix} 3,5 \\ 0 \\ -3,5 \end{pmatrix} \circ \begin{pmatrix} -3,5 \\ 0 \\ -3,5 \end{pmatrix} = -3,5^2 + 3,5^2 = 0$$

Das Dreieck ABC ist also gleichschenklig und rechtwinklig bei C.

b) Ermitteln der Ebenengleichung von E in Koordinatenform:
Da die Seitenkanten der Dachfläche parallel zur y-Achse verlaufen, liegt neben A und C beispielsweise auch der Punkt $D(7\,|\,{-1}\,|\,4)$ in der Ebene E. Daher wird E aufgespannt durch:

$$\overrightarrow{AD} = \begin{pmatrix} 0 \\ -1 \\ 0 \end{pmatrix} \text{ und } \overrightarrow{AC} = \begin{pmatrix} -3,5 \\ 0 \\ 3,5 \end{pmatrix}$$

Der Vektor $\vec{n} = \begin{pmatrix} 1 \\ 0 \\ 1 \end{pmatrix}$ ist also Normalenvektor von E, weil offensichtlich $\vec{n} \circ \overrightarrow{AD} = 0$ und $\vec{n} \circ \overrightarrow{AC} = 0$ ist.

Somit ist $\vec{n} \circ (\vec{x} - \overrightarrow{OA}) = 0$ eine Normalenform der Gleichung von E und man erhält:

$$\begin{pmatrix} 1 \\ 0 \\ 1 \end{pmatrix} \circ \left(\vec{x} - \begin{pmatrix} 7 \\ 0 \\ 4 \end{pmatrix} \right) = x + z - 11 = 0 \text{ bzw. } x + z = 11$$

Berechnen des Winkels α zwischen der Sichtlinie und der Ebene E:
Da die Dachlänge 140 m beträgt, hat die y-Koordinate des Mittelpunktes M den Wert –70. Für den Ortsvektor des Mittelpunktes M' der Strecke $\overline{AC}$ gilt:

$$\vec{m}' = \frac{1}{2}\cdot(\overrightarrow{OA}+\overrightarrow{OC}) = \frac{1}{2}\cdot\begin{pmatrix}10,5\\0\\11,5\end{pmatrix} = \begin{pmatrix}5,25\\0\\5,75\end{pmatrix}$$

Daher ist M(5,25 | –70 | 5,75) der Mittelpunkt der Dachfläche.

Die Gerade durch den Kamerapunkt K und den Mittelpunkt M stellt die Sichtlinie dar. Ein Richtungsvektor dieser Geraden ist gegeben durch:

$$\overrightarrow{MK} = \begin{pmatrix}30\\20\\1,5\end{pmatrix} - \begin{pmatrix}5,25\\-70\\5,75\end{pmatrix} = \begin{pmatrix}24,75\\90\\-4,25\end{pmatrix}$$

Ein Normalenvektor der Ebene E ist $\vec{n} = \begin{pmatrix}1\\0\\1\end{pmatrix}$.

Für den Winkel α, den die Sichtlinie mit der Dachfläche einschließt, gilt:

$$\sin\alpha = \frac{|\overrightarrow{MK}\circ\vec{n}|}{|\overrightarrow{MK}|\cdot|\vec{n}|} \approx \frac{20,5}{93,44\cdot\sqrt{2}} \approx 0,155 \quad\Rightarrow\quad \alpha \approx 8,9°$$

Die Sichtlinie schließt also mit der Dachfläche einen Winkel von ca. 8,9° ein.

c) Begründung der Aussage mithilfe einer Skizze:
Blickt man in die negative y-Richtung, so sieht die Situation wie folgt aus (siehe Abbildung). Der Halbkreis stellt einen Querschnitt der oberen Dachkonstruktion mit dem höchsten Punkt H dar und liegt parallel zur xz-Ebene.

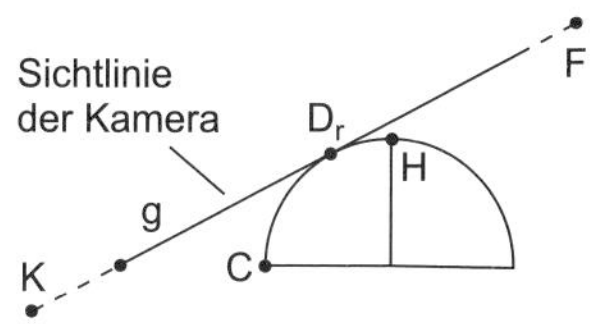

Wird die Flugzeugspitze F gerade von der Kamera erfasst, so gibt es einen Punkt D_r derart, dass sich F in einem Punkt der durch K und D_r verlaufenden Sichtlinie befindet. Der Punkt D_r liegt offensichtlich unterhalb des höchsten Punktes der Dachkonstruktion.

TIPP Die tatsächliche Sichtlinie verläuft nicht parallel zur xz-Ebene, wie man aus der Skizze entnehmen könnte, sondern sie durchdringt diese Ebene.

Ermittlung der Höhe:
Die Gerade g durch den Kamerapunkt K und den Punkt D_r, in dem die Flugzeugspitze gesichtet wird, hat folgenden Richtungsvektor:

$$\overrightarrow{KD_r} = \begin{pmatrix}1,1\\-r\\10,9\end{pmatrix} - \begin{pmatrix}30\\20\\1,5\end{pmatrix} = \begin{pmatrix}-28,9\\-r-20\\9,4\end{pmatrix}$$

Daraus folgt für die Gleichung der Geraden g:

$$\vec{x} = \begin{pmatrix} 30 \\ 20 \\ 1,5 \end{pmatrix} + t \cdot \begin{pmatrix} -28,9 \\ -r-20 \\ 9,4 \end{pmatrix}, \ t \in \mathbb{R}$$

Die gesuchte Höhe der Flugzeugspitze F ist gegeben durch die z-Koordinate des Schnittpunktes der Geraden g und der Geraden, auf der sich F bewegt.
Der Ansatz

$$\begin{pmatrix} 30 \\ 20 \\ 1,5 \end{pmatrix} + t \cdot \begin{pmatrix} -28,9 \\ -r-20 \\ 9,4 \end{pmatrix} = \begin{pmatrix} -60 \\ -990 \\ 0 \end{pmatrix} + s \cdot \begin{pmatrix} -1\,000 \\ 0 \\ 350 \end{pmatrix}$$

führt auf das lineare Gleichungssystem:

$$\begin{aligned} -28,9 \cdot t \quad &+ 1000 \cdot s = -90 \\ (-r-20) \cdot t \quad & \qquad\qquad = -1\,010 \\ 9,4 \cdot t \quad &- 350 \cdot s = -1,5 \end{aligned}$$

```
solve({-28.9·t+1000·s=-90
       {9.4·t-350·s=-1.5 ,{s,t})
                          s=1.24385 and t=46.1538
350·1.24385                               435.348
```

Aus der ersten und dritten Gleichung folgt $t \approx 46,154$ und $s \approx 1,244$.

Als z-Koordinate des Schnittpunktes erhält man:
$z = 350 \cdot s \approx 435,3$

Die gesuchte Höhe beträgt also ca. 435 m.

TIPP Die zweite Gleichung liefert $r \approx 1,883$, d. h., der Punkt D_r auf der Sichtlinie lautet $D_r(1,1 \mid \approx -1,883 \mid 10,9)$.

Niedersachsen Mathematik ▪ Abiturprüfung 2021
Grundlegendes Anforderungsniveau

Pflichtteil (keine Hilfsmittel)

Aufgabe P 1 Punkte

Eine Funktion f ist gegeben durch $f(x) = x^2 - 6x$, $x \in \mathbb{R}$.

a) Geben Sie die Koordinaten des Scheitelpunktes an. 2

b) Bestimmen Sie eine Gleichung der Tangente an den Graphen von f im Punkt $P(-2 \mid f(-2))$. 3

Aufgabe P 2

Gegeben ist die in $\mathbb{R}$ definierte Funktion f mit $f(x) = x^3 - x$.

a) Einer der folgenden Graphen I, II und III stellt f dar.
Geben Sie die Graphen an, die dafür nicht infrage kommen, und begründen Sie Ihre Angabe. 2

I II III

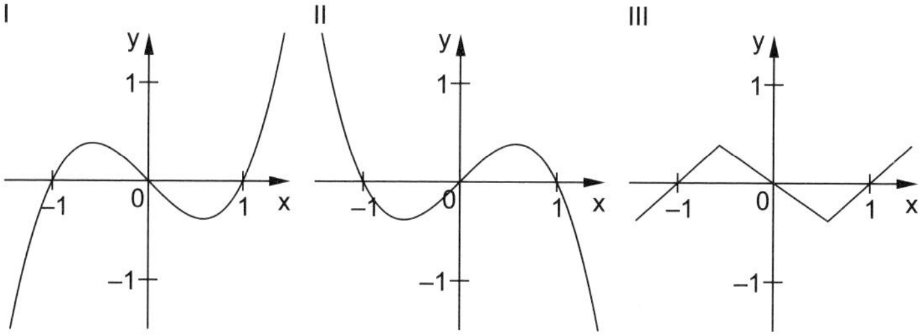

b) Berechnen Sie den Inhalt der Fläche, die der Graph von f und die x-Achse einschließen. 3

Aufgabe P 3

Gegeben ist die in $\mathbb{R}$ definierte Funktion f mit $f(x) = e^x + 1$.

a) Bestimmen Sie $\int_0^1 f(x)\,dx$. 3

b) Der Graph der Funktion g kann aus dem Graphen von f durch Spiegeln an der y-Achse und Verschieben um 3 in positive y-Richtung erzeugt werden.
Geben Sie einen Funktionsterm von g an. 2

Aufgabe P 4 (Stochastik)[1]

Von den Personen, die einen bestimmten Allergietest machen, haben 15 % Heuschnupfen. Der Test ist bei einer Person, die Heuschnupfen hat, mit einer Wahrscheinlichkeit von 90 % positiv. Die Wahrscheinlichkeit dafür, dass der Test bei einer Person positiv ist, obwohl diese Person keinen Heuschnupfen hat, beträgt 2 %.

a) Von den Personen, die den Test machen lassen, wird eine Person zufällig ausgewählt.
Berechnen Sie die Wahrscheinlichkeit dafür, dass diese Person keinen Heuschnupfen hat und der Test positiv ist. 2

b) Deuten Sie den Term $\frac{0{,}15 \cdot 0{,}9}{0{,}15 \cdot 0{,}9 + 0{,}85 \cdot 0{,}02}$ im Sachzusammenhang. 3

Aufgabe P 5 (Stochastik)

a) Die Zufallsgröße X ist binomialverteilt; die Trefferwahrscheinlichkeit beträgt $p = \frac{1}{4}$.
Vervollständigen Sie die folgende Gleichung zur Berechnung einer Wahrscheinlichkeit:

$$P(X = \quad) = \binom{\quad}{3}\left(\frac{1}{4}\right)^3 \cdot \left(\frac{\quad}{\quad}\right)^2$$ 2

b) Die Abbildung zeigt die symmetrische Wahrscheinlichkeitsverteilung einer binomialverteilten Zufallsgröße Y.

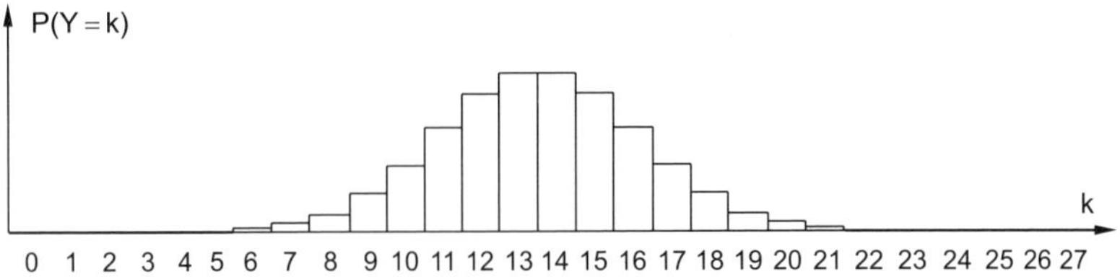

Gegeben sind die Wahrscheinlichkeitswerte $P(Y \leq 15) \approx 0{,}78$ und $P(Y = 12) \approx 0{,}13$. Berechnen Sie unter Verwendung dieser Werte einen Näherungswert für die Wahrscheinlichkeit $P(Y = 14)$. 3

25

[1] *Hinweis:* In der Prüfung 2021 konnten die Schülerinnen und Schüler entscheiden, ob sie Stochastik oder Analytische Geometrie / Lineare Algebra bearbeiten wollen. Daher gibt es die Aufgaben P4 und P5 jeweils aus beiden Teilbereichen.

Aufgabe P 4 (Analytische Geometrie / Lineare Algebra)

Gegeben sind die Punkte $A(5\,|\,0\,|\,a)$ und $B(2\,|\,4\,|\,5)$. Der Koordinatenursprung wird mit O bezeichnet.

a) Bestimmen Sie denjenigen Wert von a, für den A und B den Abstand 5 haben. 3

b) Ermitteln Sie denjenigen Wert von a, für den das Dreieck OAB im Punkt B rechtwinklig ist. 2

Aufgabe P 5 (Analytische Geometrie / Lineare Algebra)

Die Abbildung zeigt einen Quader sowie die Ortsvektoren der Eckpunkte A, B und D. Die Grundfläche OABC ist quadratisch.

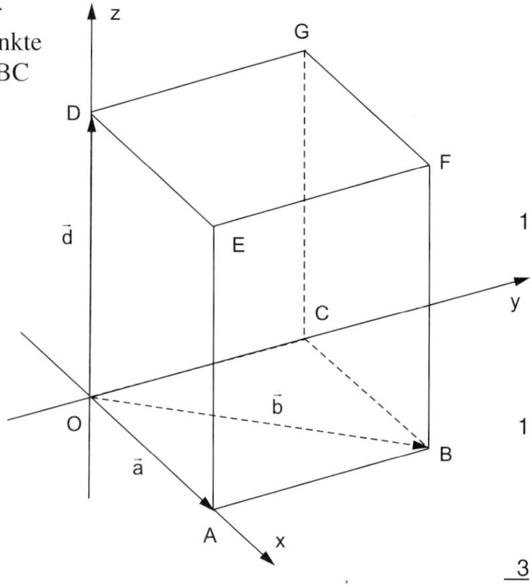

a) Beschreiben Sie die Lage des Punkts, zu dem der Ortsvektor $\frac{1}{2} \cdot (\vec{b} - \vec{a})$ gehört. 1

Der Punkt P hat den Ortsvektor $\frac{1}{2}\vec{b} + \vec{d}$.

b) Zeichnen Sie P in die Abbildung ein. 1

c) Begründen Sie, dass der Wert des Terms $\vec{b} \cdot \overrightarrow{OP}$ nur von der Seitenlänge der Grundfläche abhängt. 3

25

Lösungsvorschlag zum Pflichtteil

Aufgabe P 1

a) Der Graph von f ist eine nach oben geöffnete Parabel. Die Umformung der Funktionsgleichung von f führt auf:

$f(x) = x^2 - 6x + 9 - 9 = (x-3)^2 - 9$

Dies ist die Scheitelpunktform der Parabelgleichung. Der Scheitelpunkt lautet: $S(3\,|\,-9)$

Alternative:
Für die x-Koordinate des Scheitelpunktes gilt: $f'(x) = 0$
Aus $f'(x) = 2x - 6$ folgt:
$f'(x) = 0 \quad \Leftrightarrow \quad 2x - 6 = 0 \quad \Leftrightarrow \quad x = 3$
Wegen $f(3) = 3^2 - 6 \cdot 3 = -9$ ist $S(3\,|\,-9)$ der gesuchte Scheitelpunkt.

b) Als Tangentensteigung m_t an der Stelle $x = -2$ erhält man:
$m_t = f'(-2) = 2 \cdot (-2) - 6 = -10$

Für die y-Koordinate von P gilt:

$f(-2) = (-2)^2 - 6 \cdot (-2) = 16$

Der Ansatz für die Gleichung der Tangente im Punkt P lautet somit:
$y = -10x + b$
Der y-Achsenabschnitt b ist noch zu bestimmen. $P(-2\,|\,16)$ liegt auf der Tangente, d. h., es gilt:
$16 = -10 \cdot (-2) + b \quad \Leftrightarrow \quad b = -4$

Die Tangentengleichung ist daher gegeben durch:
$y = -10x - 4$

Aufgabe P 2

a) Graph II hat an der Stelle $x = \frac{1}{2}$ einen positiven Funktionswert. Es gilt aber:
$f\left(\frac{1}{2}\right) = \frac{1}{8} - \frac{1}{2} = -\frac{3}{8} < 0$

Daher kommt Graph II nicht infrage.

Graph III hat für $-0{,}5 \le x \le 0{,}5$ eine konstante negative Steigung. Der Graph von f hat dagegen in diesem Bereich keine konstante Steigung. Also kommt auch Graph III nicht infrage.

b) Der Graph von f ist punktsymmetrisch zum Ursprung. Daher gilt für den gesuchten Flächeninhalt A:

$$A = 2 \cdot \int_{-1}^{0} (x^3 - x)\,dx$$

Nach dem Hauptsatz der Differenzial- und Integralrechnung folgt:

$$A = 2\cdot \int_{-1}^{0} (x^3 - x)\,dx = 2\cdot\left[\frac{1}{4}x^4 - \frac{1}{2}x^2\right]_{-1}^{0} = 2\cdot\left[0-\left(\frac{1}{4}-\frac{1}{2}\right)\right] = 2\cdot\frac{1}{4} = \frac{1}{2}$$

Der eingeschlossene Flächeninhalt beträgt $\frac{1}{2}$ Flächeneinheiten.

Aufgabe P 3

a) Nach dem Hauptsatz der Differenzial- und Integralrechnung folgt:

$$\int_{0}^{1} (e^x + 1)\,dx = [e^x + x]_0^1 = e^1 + 1 - (e^0 + 0) = e + 1 - 1 = e$$

b) Der an der y-Achse gespiegelte Graph von f hat die Funktionsgleichung $h(x) = e^{-x} + 1$, denn für alle $x \in \mathbb{R}$ gilt:

$h(-x) = e^{-(-x)} + 1 = e^x + 1 = f(x)$

Die Funktionsgleichung des um 3 Einheiten in positiver y-Richtung verschobenen Graphen von h lautet daher:

$g(x) = e^{-x} + 4$

Die Skizze der drei Funktionsgraphen veranschaulicht den Sachverhalt, ist für die Lösung der Aufgabe jedoch nicht verlangt.

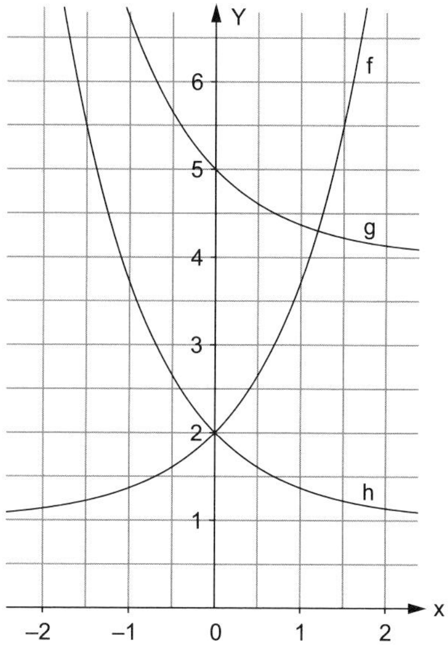

Aufgabe P 4 (Stochastik)

a) Das nebenstehende Baumdiagramm stellt die Testsituation dar. Der dick dargestellte Zweig des Baumdiagramms führt zum Ereignis E, bei dem eine zufällig ausgewählte Person keinen Heuschnupfen hat ($\overline{H}$) und positiv getestet ist.
Mit der Pfadregel erhält man:

$$P(E) = \frac{85}{100}\cdot\frac{2}{100} = \frac{170}{10\,000} = 0{,}017$$

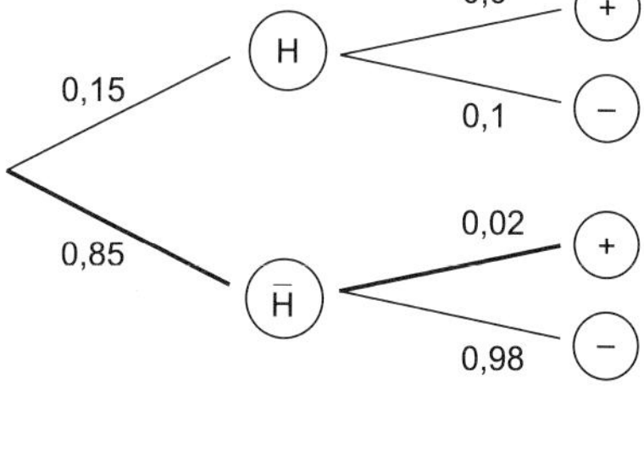

b) Der Zähler $0{,}15 \cdot 0{,}9$ des angegebenen Terms gibt die Wahrscheinlichkeit dafür an, dass eine getestete Person tatsächlich Heuschnupfen hat und positiv getestet wurde.
Der Nenner $0{,}15 \cdot 0{,}9 + 0{,}85 \cdot 0{,}02$ des Terms gibt die Wahrscheinlichkeit dafür an, dass eine zufällig ausgewählte Person positiv getestet wurde.
Der gesamte Term gibt die Wahrscheinlichkeit dafür an, dass eine zufällig ausgewählte Person, die positiv getestet wurde, tatsächlich Heuschnupfen hat.

Aufgabe P 5 (Stochastik)

a) Die Wahrscheinlichkeit, dass bei einem n-stufigen Bernoulli-Versuch mit der Erfolgswahrscheinlichkeit p genau X = k Treffer erzielt werden, lautet:

$$P(X=k) = \binom{n}{k} \cdot p^k \cdot (1-p)^{n-k}$$

In der vorgelegten Gleichung gilt:

$k = 3,\ p = \frac{1}{4}$ und $n = 3 + 2 = 5$

Die vollständige Gleichung lautet also:

$$P(X=3) = \binom{5}{3} \cdot \left(\frac{1}{4}\right)^3 \cdot \left(\frac{3}{4}\right)^2$$

b) Da es sich um eine symmetrische Wahrscheinlichkeitsverteilung handelt, gilt:
$P(Y=12) = P(Y=15) \approx 0{,}13$ und $P(Y \le 13) = 0{,}5$

Hieraus folgt:
$P(Y=14) = P(Y \le 15) - P(Y=15) - P(Y \le 13) = 0{,}78 - 0{,}13 - 0{,}5 \approx 0{,}15$

Aufgabe P 4 (Analytische Geometrie/Lineare Algebra)

a) Man erhält:

$$\overrightarrow{AB} = \begin{pmatrix} 2 \\ 4 \\ 5 \end{pmatrix} - \begin{pmatrix} 5 \\ 0 \\ a \end{pmatrix} = \begin{pmatrix} -3 \\ 4 \\ 5-a \end{pmatrix}$$

Für den Abstand d zwischen den beiden Punkten A und B folgt:

$$d = |\overrightarrow{AB}| = \sqrt{(-3)^2 + 4^2 + (5-a)^2} = \sqrt{25 + (5-a)^2}$$

Der Abstand d soll 5 betragen:

$$\sqrt{25 + (5-a)^2} = 5 \quad \Leftrightarrow \quad 25 + (5-a)^2 = 25 \quad \Leftrightarrow \quad (5-a)^2 = 0 \quad \Leftrightarrow \quad a = 5$$

Für den Wert a = 5 haben die Punkte A und B den Abstand 5.

b) Das Dreieck ist genau dann rechtwinklig bei B, wenn $\overrightarrow{OB} \circ \overrightarrow{AB} = 0$ gilt.

$$\overrightarrow{OB} \circ \overrightarrow{AB} = \begin{pmatrix} 2 \\ 4 \\ 5 \end{pmatrix} \circ \begin{pmatrix} -3 \\ 4 \\ 5-a \end{pmatrix} = -6 + 16 + 5 \cdot (5-a) = 0$$

Aus der letzten Gleichung folgt:

$10 + 5 \cdot (5 - a) = 0 \quad \Leftrightarrow \quad 5 - a = -2 \quad \Leftrightarrow \quad a = 7$

Für den Wert $a = 7$ ist das Dreieck bei B rechtwinklig.

Aufgabe P 5 (Analytische Geometrie/Lineare Algebra)

a) Der nebenstehenden Abbildung kann man entnehmen:

$-\vec{a} = \overrightarrow{BC}$, $\vec{b} - \vec{a} = \overrightarrow{OC}$ und

$\frac{1}{2}(\vec{b} - \vec{a}) = \overrightarrow{OH}$

Der Vektor $\frac{1}{2}(\vec{b} - \vec{a})$ ist also der Ortsvektor des Punktes H, der in der Mitte der Kante $\overline{OC}$ liegt.

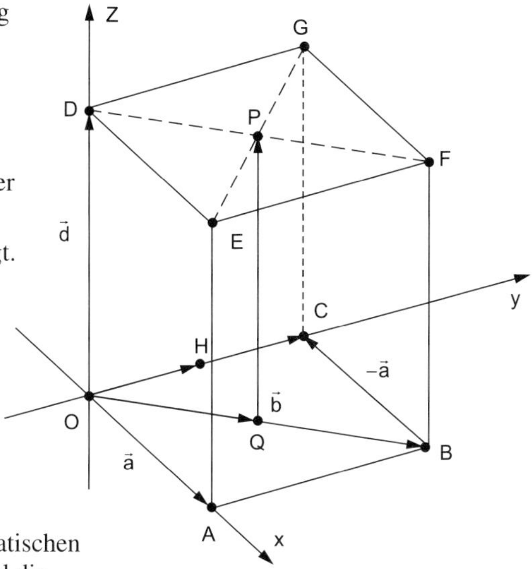

b) Laut Abbildung gilt:

$\frac{1}{2} \cdot \vec{b} = \overrightarrow{OQ}$ und $\vec{d} = \overrightarrow{QP}$

Der Punkt P ist somit der Diagonalenschnittpunkt der Deckfläche DEFG.

c) Ist a die Seitenlänge der quadratischen Grundfläche des Quaders und d die Quaderhöhe, so gilt:

$\vec{b} = \begin{pmatrix} a \\ a \\ 0 \end{pmatrix}$ und $\overrightarrow{OP} = \begin{pmatrix} \frac{a}{2} \\ \frac{a}{2} \\ d \end{pmatrix}$

Daher folgt:

$$\vec{b} \circ \overrightarrow{OP} = \begin{pmatrix} a \\ a \\ 0 \end{pmatrix} \circ \begin{pmatrix} \frac{a}{2} \\ \frac{a}{2} \\ d \end{pmatrix} = \frac{1}{2} \cdot a^2 + \frac{1}{2} \cdot a^2 = a^2$$

Damit ist gezeigt, dass $\vec{b} \circ \overrightarrow{OP}$ nur von der Seitenlänge a der Grundfläche abhängt.

Wahlteil (GTR/CAS) – Aufgabe 1 A

Die auf $\mathbb{R}$ definierte Funktion f mit $f(x) = 5 \cdot (e^{-0,3x} - e^{-4x})$ modelliert für $0 \leq x \leq 12$ die Konzentration eines Medikamentenwirkstoffes im Blut. Dabei beschreibt x die Zeit in Stunden (h) nach der Einnahme des Medikamentes und f(x) die Konzentration im Blut in Milligramm pro Liter $\left(\frac{mg}{\ell}\right)$.

Ohne Nachweis dürfen Sie verwenden, dass $f'(x) = 5 \cdot (-0,3e^{-0,3x} + 4e^{-4x})$ gilt.[2]

		Punkte
a)	Berechnen Sie die Konzentration eine Stunde nach der Einnahme des Medikamentes. Geben Sie den Zeitpunkt an, zu dem die Konzentration erstmals den Wert $2{,}8 \left(\frac{mg}{\ell}\right)$ annimmt. Bestimmen Sie, wie lange die Konzentration mindestens $0{,}5 \frac{mg}{\ell}$ beträgt.	6
b)	Bestimmen Sie f'(0,5) und interpretieren Sie den Wert im Sachzusammenhang.	2
c)	Bestimmen[3] Sie den Zeitpunkt, zu dem die Konzentration am stärksten abnimmt.	3
d)	Die Konzentration im Blut sollte möglichst eine Stunde vor dem Schlafengehen am größten sein. Ermitteln[4] Sie, wie viele Stunden vor dem Schlafengehen das Medikament optimalerweise eingenommen werden sollte.	4
e)	Für $1 \leq x \leq 12$ hat die Gleichung $f(x) = \frac{1}{2} f(x-1)$ keine Lösung. Interpretieren Sie diese Aussage im Sachkontext.	2
f)	Untersuchen Sie, ob es ein Zeitintervall [x; 12] gibt, in dem die durchschnittliche Änderungsrate der Konzentration so groß ist wie die momentane Änderungsrate der Konzentration 0,75 Stunden nach der Einnahme.	4
g)	Vier Stunden nach der ersten Einnahme wird das Medikament in der gleichen Dosierung erneut eingenommen. Die Gesamtkonzentration ist zu jedem Zeitpunkt die Summe der Konzentrationen, die sich aus der ersten und zweiten Einnahme ergeben. Ermitteln Sie die Gesamtkonzentration eine Stunde nach der zweiten Einnahme. Die Gesamtkonzentration soll $6 \frac{mg}{\ell}$ nicht übersteigen. Untersuchen Sie, ob diese Vorgabe eingehalten wird.	6

---

[2] Die Angabe der ersten Ableitung fehlt in der CAS-Variante.
[3] In der CAS-Variante lautet der Operator „berechnen".
[4] In der CAS-Variante lautet der Operator „berechnen".

Eine vereinfachte Modellierung geht davon aus, dass die Konzentration ab einem bestimmten Zeitpunkt z durch die Tangente an den Graphen von f im Punkt $P(z \mid f(z))$ beschrieben werden kann.

h) Bestimmen Sie für $z = 5$ den Zeitpunkt nach der Einnahme des Medikamentes, zu dem die Konzentration nach diesem vereinfachten Modell null ist. 4

i) Untersuchen Sie, ob es nach dieser vereinfachten Modellierung einen Zeitpunkt z gibt, sodass die Konzentration genau 6 Stunden nach der Einnahme null ist. 4

35

TIPP **Lösungshinweise zum Wahlteil (GTR/CAS) – Aufgabe 1 A**

Teilaufgabe a

Berechnung der Konzentration eine Stunde nach der Einnahme

Da der Funktionsterm f(x) die Konzentration eines Medikamentenwirkstoffs im Blut x Stunden nach der Einnahme des Medikamentes angibt, stellt der Funktionswert f(1) die Konzentration eine Stunde nach der Einnahme dar.

Geben Sie den Funktionswert f(1) an.

Ermittlung des erstmaligen Zeitpunktes für die Konzentration $2{,}8\,\frac{mg}{\ell}$

Verschaffen Sie sich mithilfe des Rechners einen Überblick über den Verlauf des Graphen von f für die ersten 12 Stunden nach der Medikamenteneinnahme.

Bestimmen Sie mithilfe des Rechners den Zeitpunkt, an dem die Konzentration erstmals $2{,}8\,\frac{mg}{\ell}$ erreicht.

Berechnung des Zeitintervalls für eine Konzentration von mindestens $0{,}5\,\frac{mg}{\ell}$

Stellen Sie zusätzlich zum Graphen von f auch den Graphen von g mit $g(x) = 0{,}5$ dar.

Bestimmen Sie mit den Rechnerfunktionen die Schnittstellen der Graphen und geben Sie die gesuchte Zeitdauer an.

Teilaufgabe b

Bestimmung und Interpretation von $f'(0{,}5)$ im Sachzusammenhang

Bestimmen Sie $f'(0{,}5)$.

Die Ableitung $f'(x)$ an einer bestimmten Stelle x gibt die momentane Änderungsrate des Funktionswertes f(x) an dieser Stelle an.

Beachten Sie die Bedeutung von f(x) im Sachzusammenhang und achten Sie bei der Interpretation des Ergebnisses für f'(0,5) auf den korrekten Gebrauch der Einheiten.

Teilaufgabe c

Ermittlung des Zeitpunktes der stärksten Konzentrationsabnahme

Der Graph von f zeigt, dass nach einem Konzentrationsmaximum die Konzentration immer mehr abnimmt und daher f'(x) negativ wird.

Die stärkste Abnahme der Konzentration liegt an der Wendestelle vor. An dieser Wendestelle hat der Graph von f' einen Tiefpunkt.

Ermitteln Sie die Stelle des Tiefpunktes von f' mit den Rechnerfunktionen.

Beachten Sie, dass der Term f'(x) der Ableitungsfunktion von f angegeben ist.

Teilaufgabe d

Ermittlung des Zeitpunktes der Medikamenteneinnahme

Der Graph von f zeigt, dass es ein Maximum in der Nähe von $x = 1$ gibt. Für diese Stelle muss $f'(x) = 0$ gelten.

Bestimmen Sie die Maximalstelle mit den Rechnerfunktionen.

Ermitteln Sie den Zeitpunkt für eine optimale Einnahme des Medikamentes.

Teilaufgabe e

Interpretation der Aussage

Beachten Sie, dass f(x) die Konzentration x Stunden nach Einnahme des Medikamentes bedeutet.

Interpretieren Sie entsprechend den Term $f(x-1)$ und die Gleichung $f(x) = \frac{1}{2} \cdot f(x-1)$ im Sachkontext.

Deuten Sie im Sachkontext, dass die angegebene Gleichung keine Lösung hat.

(Die Voraussetzung $1 \le x$ ist notwendig, damit der Term $x-1$ nicht negativ wird und $f(x-1)$ grundsätzlich definiert ist.)

Teilaufgabe f

Untersuchung zur Existenz eines Zeitintervalls [x; 12]

Die durchschnittliche Änderungsrate im Zeitintervall [x; 12] wird durch den Quotienten $\frac{f(12) - f(x)}{12 - x}$ berechnet.

Die momentane Änderungsrate 0,75 Stunden nach der Medikamenteneinnahme entspricht der ersten Ableitung an der Stelle $x = 0{,}75$.

Untersuchen Sie mithilfe der Rechnerfunktionen, ob es eine Stelle x gibt, für die diese beiden Änderungsraten übereinstimmen.

Teilaufgabe g

Gesamtkonzentration eine Stunde nach der zweiten Einnahme

Beachten Sie, dass eine Stunde nach der zweiten Einnahme fünf Stunden nach der ersten Einnahme bedeutet.

Sie erhalten die Gesamtkonzentration als Summe zweier Funktionswerte von f.

Untersuchung zur Frage der Einhaltung der Vorgabe

Für den Zeitpunkt $x \geq 4$ wird die Gesamtkonzentration h(x) durch die Gleichung $h(x) = f(x) + f(x-4)$ beschrieben.

Untersuchen Sie mithilfe des Rechners, ob die Vorgabe $h(x) \leq 6$ eingehalten wird.

Teilaufgabe h

Bestimmung des Zeitpunktes mit der Wirkstoffkonzentration null

Im vereinfachten Modell wird der Verlauf des Graphen von f für $x > 5$ durch den Verlauf der Tangente im Punkt $P(5 \mid f(5))$ beschrieben.

Bestimmen Sie die Steigung m der Tangente im Punkt $P(5 \mid f(5))$ und geben Sie die Gleichung dieser Tangente an.

Sie können die Tangentengleichung im Punkt $P(5 \mid f(5))$ über den Ansatz $t(x) = mx + b$ bestimmen. Beachten Sie, dass die Koordinaten des Berührpunktes P die Tangentengleichung erfüllen.

Bestimmen Sie den Zeitpunkt, bei dem die Konzentration null ist, indem Sie die Schnittstelle der Tangente mit der x-Achse berechnen.

Teilaufgabe i

Untersuchung auf Wirkstoffkonzentration null nach 6 Stunden

Gefragt ist, ob es einen Punkt $(z \mid f(z))$ auf dem Graphen von f gibt, dessen Tangente die x-Achse bei $x = 6$ schneidet.

Bestimmen Sie die Tangentengleichung im Punkt $(z \mid f(z))$.

Der Term t(x) der Tangentengleichung soll an der Stelle $x = 6$ den Wert null annehmen.

Untersuchen Sie mithilfe des Rechners, ob die Gleichung $t(6) = 0$ für einen Wert von z erfüllt wird.

Lösungsvorschlag zum Wahlteil (GTR/CAS) – Aufgabe 1 A

a) Berechnung der Konzentration eine Stunde nach der Einnahme:
Der Funktionsterm f(x) beschreibt den zeitlichen Verlauf der Konzentration eines Medikamentenwirkstoffs im Blut in Milligramm pro Liter. Dabei ist x die Zeit in Stunden nach Einnahme des Medikamentes.
Der Funktionswert f(1) stellt die Konzentration eine Stunde nach Einnahme des Medikamentes dar.

$5 \cdot \left(e^{-0.3 \cdot x} - e^{-4 \cdot x}\right) \to f(x)$	*Fertig*
$f(1)$	3.61251

$f(1) \approx 3{,}6$
Eine Stunde nach der Einnahme des Medikamentes beträgt die Konzentration etwa $3{,}6\,\frac{\text{mg}}{\ell}$.

Ermittlung des erstmaligen Zeitpunktes für die Konzentration $2{,}8\,\frac{\text{mg}}{\ell}$:
Der Graph von f zeigt, dass der Zeitpunkt, zu dem die Konzentration erstmals den Wert $2{,}8\,\frac{\text{mg}}{\ell}$ erreicht, deutlich weniger als eine Stunde beträgt.

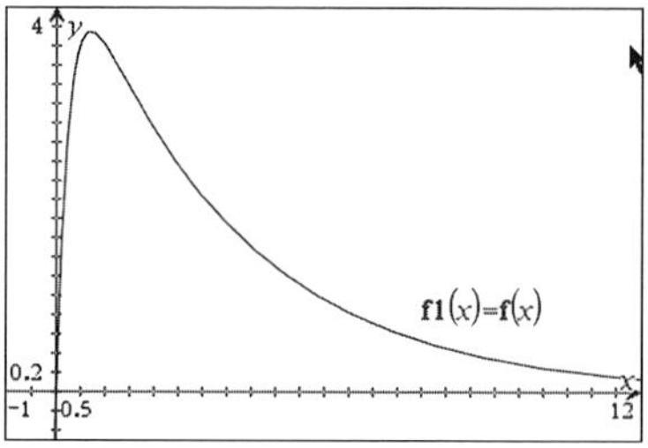

Mit dem Rechner erhält man:
$f(x) = 2{,}8 \quad \Leftrightarrow \quad x \approx 0{,}25$

nSolve(f(x)=2.8,x)|x<1	0.250114

Nach etwa einer Viertelstunde ist die Konzentration auf $2{,}8\,\frac{\text{mg}}{\ell}$ angewachsen.

Berechnung des Zeitintervalls für eine Konzentration von mindestens $0{,}5\,\frac{\text{mg}}{\ell}$:
Die Abbildung zeigt neben dem Graphen von f auch den Graphen der konstanten Funktion g mit $g(x) = 0{,}5$.
Der Rechner liefert die Schnittstellen der Graphen von f und g:
$x_1 = 0{,}029$ und $x_2 = 7{,}68$
Zwischen den beiden Schnittstellen verläuft der Graph von f oberhalb des Graphen von g.

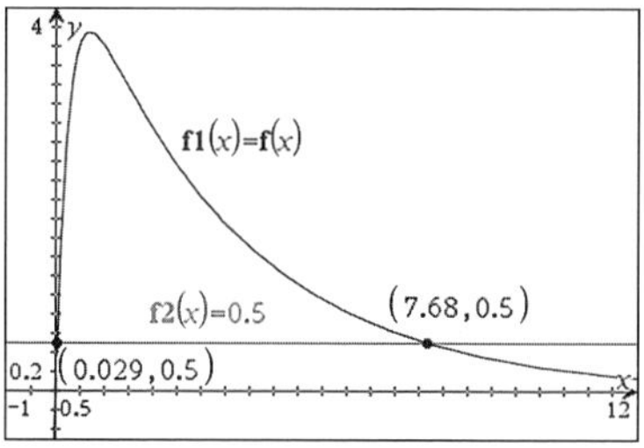

Aus $x_2 - x_1 \approx 7{,}7$ folgt, dass die Konzentration für etwa 7,7 Stunden mindestens $0{,}5\,\frac{\text{mg}}{\ell}$ beträgt.

b) Bestimmung und Interpretation von f'(0,5) im Sachzusammenhang:

$\frac{d}{dx}(f(x))\|x=0.5$	1.41564

Der Rechner liefert:
$f'(0{,}5) \approx 1{,}4$
Eine halbe Stunde nach der Einnahme des Medikamentes nimmt die Konzentration des Wirkstoffs im Blut um etwa $1{,}4\,\frac{\text{mg}}{\ell}$ pro Stunde zu.

c) Bestimmung des Zeitpunktes der stärksten Konzentrationsabnahme:

Die stärkste Abnahme der Konzentration findet zu einem Zeitpunkt statt, bei dem der Graph von f' einen Tiefpunkt hat. An dieser Stelle besitzt der Graph von f eine Wendestelle, bei der eine Rechtskurve in eine Linkskurve übergeht.
Der Rechner liefert einen Tiefpunkt von f' bei $x \approx 1,4$.
Etwa 1,4 Stunden nach der Einnahme nimmt die Konzentration am stärksten ab.

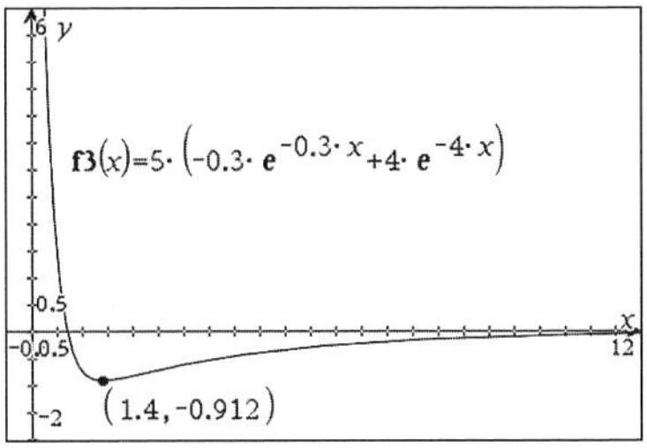

d) Ermittlung des Zeitpunktes der Medikamenteneinnahme:
Der Zeitpunkt maximaler Konzentration liegt vor, wenn der Graph von f ein Maximum hat. Der Graph von f zeigt, dass es eine Maximalstelle in der Nähe von $x = 1$ gibt.
Für diese Stelle muss $f'(x) = 0$ gelten.
Mit den Rechnerfunktionen erhält man:
$f'(x) = 0 \quad \Leftrightarrow \quad x \approx 0,7$

$5\cdot\left(-0.3\cdot e^{-0.3\cdot x}+4\cdot e^{-4\cdot x}\right)\rightarrow df(x)$	*Fertig*
nSolve$(df(x)=0,x)$	0.700072

Da das Maximum der Konzentration etwa 0,7 Stunden nach der Medikamenteneinnahme vorliegt, sollte das Medikament 1,7 Stunden vor dem Schlafengehen eingenommen werden.

e) Interpretation der Aussage:
Dass die Gleichung $f(x) = \frac{1}{2} f(x-1)$ für $1 \le x \le 12$ keine Lösung hat, bedeutet:
Es gibt im betrachteten Zeitraum keinen Zeitpunkt x, bei dem die Konzentration des Medikamentenwirkstoffes genau halb so groß ist wie eine Stunde zuvor.

f) Untersuchung zur Existenz eines Zeitintervalls [x; 12]:
Die momentane Änderungsrate 0,75 Stunden nach der Medikamenteneinnahme stellt die erste Ableitung an der Stelle $x = 0,75$ dar.
Die durchschnittliche Änderungsrate im Zeitintervall [x; 12] ist $\frac{f(12) - f(x)}{12 - x}$.
Zu untersuchen ist, ob es für die Gleichung
$\frac{f(12) - f(x)}{12 - x} = f'(0,75)$ eine Lösung gibt.
Der Rechner liefert die Lösung $x \approx 0,21$.

nSolve$\left(\frac{f(12)-f(x)}{12-x}=df(0.75),x\right)$	0.207646

Im Intervall [0,21; 12] stimmt die durchschnittliche Änderungsrate der Konzentration mit der momentanen Änderungsrate der Konzentration an der Stelle $x = 0,75$ überein.

g) Gesamtkonzentration eine Stunde nach der zweiten Einnahme:
Eine Stunde nach der zweiten Einnahme bedeutet fünf Stunden nach der ersten Einnahme. Die Gesamtkonzentration ergibt sich daher aus der Summe der Funktionswerte an den Stellen $x = 5$ und $x = 1$.

Man erhält:
$f(5) + f(1) \approx 4{,}7$

```
f(5)+f(1)                                    4.72816
```

Eine Stunde nach der zweiten Einnahme beträgt die Gesamtkonzentration des Medikamentenwirkstoffs etwa $4{,}7\ \frac{\text{mg}}{\ell}$.

Untersuchung zur Frage der Einhaltung der Vorgabe:

Die Gesamtkonzentration h(x) zum Zeitpunkt $x \geq 4$ wird durch die Gleichung $h(x) = f(x) + f(x-4)$ beschrieben.
Dem Graphen von h kann man entnehmen, dass die maximale Gesamtkonzentration bei ungefähr $4{,}98\ \frac{\text{mg}}{\ell}$ liegt. Dieser Wert liegt unterhalb der Marke von $6\ \frac{\text{mg}}{\ell}$.
Die Vorgabe wird eingehalten.

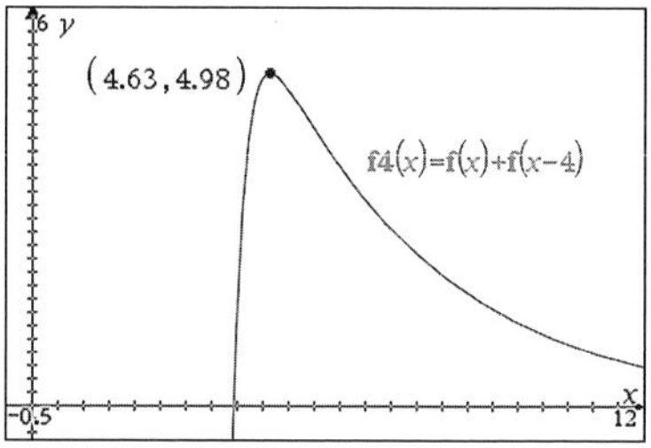

h) Bestimmung des Zeitpunktes mit der Wirkstoffkonzentration null:
Der Verlauf des Graphen von f soll für $x > 5$ vereinfacht werden durch den Verlauf der Tangente im Punkt $P(5\,|\,f(5))$.

Als Steigung m der Tangente im Punkt P erhält man:
$m = f'(5) \approx -0{,}335$

```
df(5)                                      -0.334695
```

Der Ansatz für die Tangentengleichung im Punkt P lautet daher:
$t(x) = -0{,}335 \cdot x + b$
Der Berührpunkt P liegt auf der Tangente und erfüllt die Tangentengleichung:
$f(5) = -0{,}335 \cdot 5 + b$
Hieraus folgt der Wert $b \approx 2{,}789$.

```
nSolve(f(5)=-0.33469519899958· 5+b,b)
                                             2.78913
```

Gesucht ist nun die Schnittstelle der Tangente mit der x-Achse, also die Nullstelle von t(x).
$t(x) = -0{,}335 \cdot x + 2{,}789 = 0$
Der Rechner liefert als Nullstelle $x \approx 8{,}3$.

```
nSolve(-0.33469519899958· x+2.78912678
                                             8.33333
```

Wird ab dem Zeitpunkt $z = 5$ der weitere Verlauf der Wirkstoffkonzentration in vereinfachter Weise durch den Verlauf der Tangente im Punkt $P(5\,|\,f(5))$ beschrieben, so ist etwa 8,3 Stunden nach Einnahme des Medikaments die Konzentration auf null gesunken.

Alternative 1:

Die expliziten Berechnungen für die Tangentensteigung m und den y-Achsenabschnitt b sind nicht notwendig:

Für den y-Achsenabschnitt b gilt:

$b = f(5) - f'(5) \cdot 5$

Die Gleichung der Tangente im Punkt $P(5 \mid f(5))$ des Graphen der Funktion f ist also gegeben durch:

$t(x) = f'(5) \cdot (x - 5) + f(5)$

Es wird die Nullstelle der Tangente berechnet:

$t(x) = f'(5) \cdot (x - 5) + f(5) = 0$

Der Rechner liefert als Nullstelle wieder $x \approx 8{,}3$.

nSolve(df(5)· (x−5)+f(5)=0,x)	8.33333

Alternative 2:

Man kann auch ganz auf die Tangentengleichung verzichten und geometrisch über die Steigung m der Tangente im Punkt $P(5 \mid f(5))$ argumentieren:

Die nebenstehende Abbildung zeigt das Steigungsdreieck der Tangente t im Punkt $P(5 \mid f(5))$ mit der Nullstelle x der Tangente. Für die Tangentensteigung m gilt:

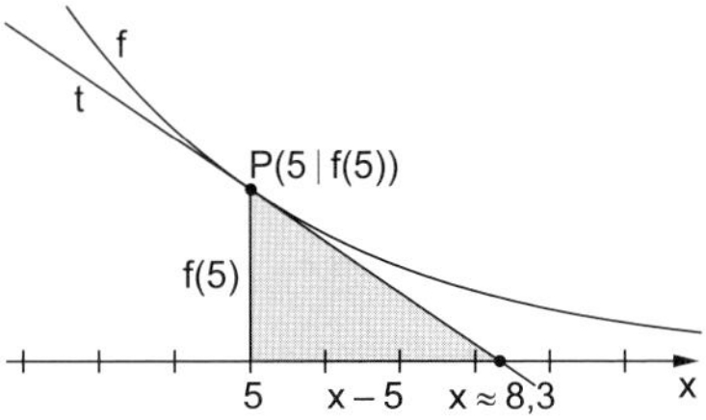

$$m = -\frac{f(5)}{x-5} = \frac{f(5)}{5-x}$$

Der Rechner liefert wieder $x \approx 8{,}3$.

$\text{nSolve}\left(\frac{f(5)}{5-x}=df(5),x\right)$	8.33333

i) Untersuchung auf Wirkstoffkonzentration null nach 6 Stunden:

Zu untersuchen ist, ob es einen Zeitpunkt z gibt, für den die vereinfachte Modellierung des Konzentrationsverlaufs 6 Stunden nach der Einnahme die Konzentration null anzeigt. Mit anderen Worten: Gefragt ist, ob es einen Punkt $(z \mid f(z))$ auf dem Graphen von f gibt, dessen Tangente die x-Achse bei $x = 6$ schneidet.

Arbeitet man mit der Tangentengleichung $t(x) = f'(z) \cdot (x - z) + f(z)$, die als Alternative 1 in Teilaufgabe h für den Fall $z = 5$ erläutert wird, so ist die folgende Gleichung zu lösen:

$f'(z) \cdot (6 - z) + f(z) = 0$

Der Rechnereinsatz führt zu der Lösung $z \approx 0{,}98$.

nSolve(df(z)· (6−z)+f(z)=0,z)	0.981164

Es gibt also einen solchen Zeitpunkt.

Wahlteil (CAS/GTR) – Aufgabe 1 B

Für einen Tag wird die in einen Stausee zufließende Wassermenge betrachtet. Die momentane Zuflussrate wird durch die auf $\mathbb{R}$ definierte Funktion f mit $f(x) = 0{,}005x^3 - 0{,}18x^2 + 1{,}55x + 2$ für $0 \le x \le 24$ beschrieben.
Dabei gibt x die Zeit nach Beobachtungsbeginn in Stunden (h) und f(x) die Zuflussrate des Wassers in 1 000 Kubikmeter pro Stunde $\left(1\,000\,\frac{m^3}{h}\right)$ an.
Der Stausee verfügt auch über einen künstlichen Wasserablauf. Gehen Sie zunächst davon aus, dass der Ablauf am Tag der Beobachtung geschlossen ist.
Die Abbildung stellt den Graphen der Funktion f dar.

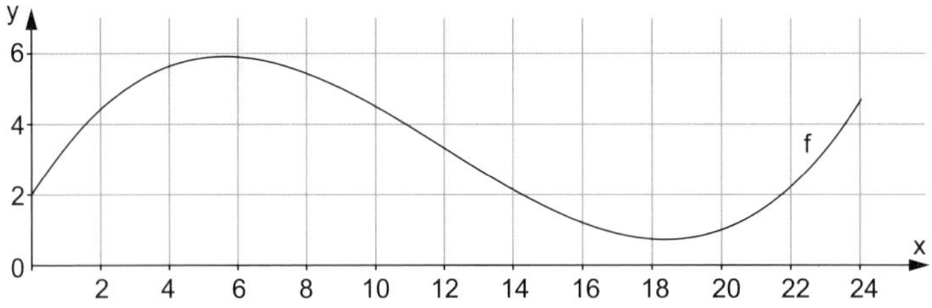

Punkte

a) Geben Sie f(2) an und interpretieren Sie den Wert im Sachzusammenhang.
Begründen Sie mithilfe des Graphen von f, dass der Wasserstand im Stausee ständig ansteigt. — 4

b) Berechnen Sie die Länge des Zeitraums, in dem die Zuflussrate geringer als $1\,000\,\frac{m^3}{h}$ ist. — 3

c) Berechnen[5] Sie die maximale Zuflussrate im Beobachtungszeitraum. — 3

d) Bestimmen Sie die Zeitpunkte, an denen die Zuflussrate
- am stärksten abnimmt.
- am stärksten zunimmt. — 5

e) Untersuchen Sie, ob es eine Zuflussrate gibt, die sich eine Stunde später verdoppelt hat. — 3

f) Vereinfacht wird die Form des Stausees als Quader mit einer Länge von 1 000 m und einer Breite von 200 m angenommen.
Berechnen Sie den Anstieg der Wasserhöhe innerhalb der 24 Stunden. — 4

g) Von Beobachtungsbeginn bis zum Zeitpunkt t ist eine bestimmte Wassermenge zugeflossen. In den folgenden drei Stunden fließt noch einmal genauso viel Wasser dazu.
Berechnen Sie den Zeitpunkt t. — 4

---

[5] In der GTR-Variante ist der Operator „bestimmen“.

Bei dem künstlichen Wasserablauf können konstante Abflussraten eingestellt werden.

h) 6 Stunden nach Beobachtungsbeginn wird der Ablauf geöffnet. Bestimmen Sie die Abflussrate des Stausees so, dass sich 24 Stunden nach Beobachtungsbeginn genauso viel Wasser im Stausee befindet wie zu Beobachtungsbeginn. 4

i) Der Wasserablauf wird zu Beobachtungsbeginn mit einer Abflussrate von $2\,000\,\frac{m^3}{h}$ geöffnet.
Begründen Sie auch mithilfe einer Skizze und ohne Rechnung, dass etwa zum Zeitpunkt 14,3 h die Wassermenge im Stausee maximal ist. 5

35

TIPP Lösungshinweise zum Wahlteil (CAS/GTR) – Aufgabe 1 B

Teilaufgabe a

Berechnung von f(2) und Interpretation im Sachzusammenhang

Berechnen Sie den Funktionswert von f an der Stelle $x = 2$ und deuten Sie ihn im Sachzusammenhang.

Begründung für den Anstieg des Wasserstands

Richten Sie einen genauen Blick auf den Graphen von f.

Beachten Sie, dass f(x) die momentane Zuflussrate darstellt. Für positive Werte von f(x) fließt also Wasser zu und für negative Werte fließt Wasser ab.

Teilaufgabe b

Berechnung des Zeitraums

Zu berechnen ist das Zeitintervall, in dem $f(x) \leq 1$ gilt.

Setzen Sie bei der Berechnung den Rechner ein und beachten Sie dabei den Definitionsbereich von f.

Teilaufgabe c

Berechnung der maximalen Zuflussrate

Der Graph von f zeigt, dass im Intervall [4; 8] ein Hochpunkt vorliegt. An der Stelle des Hochpunktes liegt der Zeitpunkt mit maximaler Zuflussrate.

Ermitteln Sie die Stelle mit dem maximalen Funktionswert von f mithilfe des Rechners.

Geben Sie die maximale Zuflussrate an.

Teilaufgabe d

Bestimmung des Zeitpunktes mit der stärksten Abnahme der Zuflussrate

Der Graph von f zeigt, dass es zwischen dem Hochpunkt und dem Tiefpunkt einen Wendepunkt gibt.

Die stärkste Abnahme der Zuflussrate liegt an dieser Wendestelle des Graphen von f vor. An dieser Wendestelle hat der Graph von f' einen Tiefpunkt.

Ermitteln Sie die Stelle des Tiefpunktes von f' mit den Rechnerfunktionen.

Bestimmung des Zeitpunktes mit der stärksten Zunahme der Zuflussrate

Die Zeitpunkte mit der stärksten Zunahme der Zuflussrate sind diejenigen Stellen des Graphen von f, bei denen f'(x) im vorliegenden Definitionsbereich [0; 24] am größten ist.

Die vorgelegte Funktion f ist eine ganzrationale Funktion 3. Grades. Schließen Sie hieraus auf den Grad der Ableitungsfunktion f' und auf die Form des Graphen von f'.

Eine Skizze des Graphen von f' könnte helfen, die Zeitpunkte zu finden, an denen f'(x) am größten ist.

Teilaufgabe e

Untersuchung zur Existenz einer speziellen Zuflussrate

Untersuchen Sie mithilfe des Rechners, ob es einen Zeitpunkt x gibt, für den sich der Funktionswert $f(x+1)$ gegenüber dem Funktionswert f(x) verdoppelt hat.

Beachten Sie, dass die Forderung nur dann sinnvoll bleibt, wenn der Zeitpunkt x im Intervall [0; 23] liegt.

Teilaufgabe f

Berechnung des Anstiegs der Wasserhöhe

Sie müssen zunächst die gesamte Wassermenge berechnen, die in 24 Stunden in den Stausee fließt.

Die gesuchte Wassermenge lässt sich als bestimmtes Integral berechnen.

Die Form des Stausees wird als Quader angesehen. Das quaderförmige Volumen V des in 24 Stunden zugeflossenen Wassers berechnet sich aus dem Produkt aus Grundfläche G des Quaders und dem Anstieg h der Wasserhöhe: $V = G \cdot h$

Sie können den Wasseranstieg h berechnen, indem Sie die Gleichung $V = G \cdot h$ nach h auflösen.

Teilaufgabe g

Berechnung des Zeitpunkts t

Geben Sie einen Term an, der die bis zum Zeitpunkt t zugeflossene Wassermenge darstellt.

Geben Sie auch einen Term an, der diejenige Wassermenge beschreibt, die in den drei Stunden nach dem Zeitpunkt t in den Stausee fließt.

Berechnen Sie mithilfe des Rechners denjenigen Zeitpunkt t, bei dem diese beiden Wassermengen gleich groß sind.

Teilaufgabe h

Bestimmung der Abflussrate

Wenn 6 Stunden nach Beobachtungsbeginn der Ablauf geöffnet wird, verbleiben noch 18 Stunden zum Abfließen des Wassers.

Soll sich 24 Stunden nach Beobachtungsbeginn im Stausee wieder genauso viel Wasser befinden wie zu Beginn der Beobachtung, so muss in den 18 Stunden die gesamte in 24 Stunden zugeflossene Wassermenge wieder abfließen.

Die zu bestimmende Abflussrate ergibt sich als Quotient aus Wassermenge und Zeit.

Teilaufgabe i

Begründung für den angegebenen Zeitpunkt des maximalen Wasserstandes

Beachten Sie, dass von Beobachtungsbeginn an der Wasserabfluss geöffnet wird. Es liegt dann 24 Stunden lang eine zeitlich konstante Abflussrate von $2\,000\,\frac{m^3}{h}$ vor.

Sie können sich das Zusammenspiel von Zufluss und Abfluss des Wassers veranschaulichen, indem Sie den Graphen der Abflussrate zusätzlich in das angegebene Koordinatensystem einzeichnen.

In welchen Zeitintervallen ist der Zufluss an Wasser größer als der Abfluss? In welchem Zeitintervall ist der Zufluss kleiner als der Abfluss? Beachten Sie dabei auch den angegebenen Zeitpunkt 14,3 h.

Der Graph von f schließt mit dem Graphen der konstanten Abflussrate Flächen ein. Deuten Sie die Inhalte dieser Flächen im Sachzusammenhang und geben Sie eine zusammenfassende Begründung für den maximalen Wasserstand zum Zeitpunkt 14,3 h.

Lösungsvorschlag zum Wahlteil (CAS/GTR) – Aufgabe 1 B

a) Berechnung von f(2) und Interpretation im Sachzusammenhang:

Man erhält $f(2) = 4{,}42$.
Zwei Stunden nach Beobachtungsbeginn beträgt die Zuflussrate etwa 4 420 $\frac{m^3}{h}$.

$0.005 \cdot x^3 - 0.18 \cdot x^2 + 1.55 \cdot x + 2 \rightarrow f(x)$	*Fertig*
$f(2)$	4.42

Begründung für den Anstieg des Wasserstands:
Der Graph von f liegt im betrachteten Zeitintervall oberhalb der x-Achse, d. h., die Zuflussrate ist stets positiv. Daher nimmt die Wassermenge ständig zu und der Wasserstand im Stausee steigt an.

b) Berechnung des Zeitraums:

Der Ansatz $f(x) \leq 1$ führt für das Intervall [0; 24] auf die Lösung $16{,}6023 \leq x \leq 20$.

$\text{solve}(f(x) \leq 1, x) \mid 0 \leq x \leq 24$	$16.6023 \leq x \leq 20.$

Im Zeitraum von etwa 16,6 h bis 20 h nach Beobachtungsbeginn ist die Zuflussrate geringer als 1 000 $\frac{m^3}{h}$. Die Länge dieses Zeitraums beträgt ca. 3,4 h.

c) Berechnung der maximalen Zuflussrate:
An der Stelle des Hochpunktes des Graphen von f liegt die Stelle mit dem maximalen Zufluss. Der Graph von f zeigt, dass im Intervall [4; 8] ein Hochpunkt und im Intervall [16; 20] ein Tiefpunkt vorliegt.

Für eine Extremstelle muss $f'(x) = 0$ gelten.
Mit den Rechnerfunktionen erhält man einen Hochpunkt an der Stelle $x \approx 5{,}6$ mit $f(5{,}6) \approx 5{,}91$.
Die maximale Zuflussrate beträgt also etwa 5 910 $\frac{m^3}{h}$.

$\frac{d}{dx}(f(x)) \rightarrow df(x)$	*Fertig*
$\text{solve}(df(x) = 0, x)$	$x = 5.62296$ or $x = 18.377$
$f(5.62296)$	5.91333

d) Bestimmung des Zeitpunktes für die stärkste Abnahme der Zuflussrate:
Die stärkste Abnahme der Zuflussrate findet zu einem Zeitpunkt statt, bei dem der Graph von f' einen Tiefpunkt hat.
Für den Tiefpunkt des Graphen von f' muss $f''(x) = 0$ gelten. Der Rechner liefert einen Tiefpunkt an der Stelle $x = 12$. Dies ist die Wendestelle des Graphen von f.

$\frac{d}{dx}(df(x)) \rightarrow ddf(x)$	*Fertig*
$\text{solve}(ddf(x) = 0, x)$	$x = 12.$

Nach 12 h nimmt die Zuflussrate am stärksten ab.

Bestimmung des Zeitpunktes für die stärkste Zunahme der Zuflussrate:
Die erste Ableitung f' ist eine quadratische Funktion und ihr Graph stellt eine nach oben geöffnete Parabel dar, die bei $x = 12$ ihren Scheitelpunkt hat (da eben berechnet wurde, dass der Tiefpunkt an der Stelle $x = 12$ liegt). Weil $x = 12$ genau in der Mitte des betrachteten Zeitintervalls [0; 24] liegt, sind die Funktionswerte von $f'(x)$ bei $x = 0$ und $x = 24$ am größten. Zu Beginn der Beobachtung und nach 24 h nimmt somit die Zuflussrate am stärksten zu.

e) Untersuchung zur Existenz einer speziellen Zuflussrate:
Die Gleichung $f(x+1) = 2 \cdot f(x)$ hat im Intervall [0; 23] keine Lösung.

$\text{solve}(f(x+1)=2\cdot f(x),x)|0\leq x\leq 23 \quad \text{false}$

Eine Zuflussrate, die sich eine Stunde später verdoppelt, gibt es also im betrachteten Zeitraum nicht.

f) Berechnung des Anstiegs der Wasserhöhe:
Die Wassermenge, die in 24 Stunden in den Stausee fließt, berechnet sich als bestimmtes Integral über $f(x)$ in den Grenzen von $x = 0$ bis $x = 24$.
Der Rechner liefert für die zugeflossene Wassermenge den Wert von 79 680 m^3.

$\int_0^{24} f(x)\,dx \quad 79.68$

$\text{solve}(1000\cdot 200\cdot h=79680,h) \quad h=0.3984$

Dieses Wasservolumen soll vereinfacht als Volumen V eines Quaders mit den Seitenlängen 1 000 m und 200 m und der Höhe h angesehen werden:
$V = 1\,000\text{ m} \cdot 200\text{ m} \cdot h$
Der Rechner liefert für den Anstieg der Wasserhöhe $h \approx 0{,}4$.
Innerhalb von 24 Stunden steigt also die Wasserhöhe des Stausees um ca. 0,4 m.

g) Berechnung des Zeitpunkts t:
Für die Wassermenge, die vom Beobachtungsbeginn bis zum Zeitpunkt t zugeflossen ist, gilt:

$$\int_0^t f(x)\,dx$$

Für die Wassermenge, die in den folgenden drei Stunden dazu fließt, gilt:

$$\int_t^{t+3} f(x)\,dx$$

Diese beiden Terme sollen gleich groß sein. Der Rechner gibt die Gleichheit dieser Wassermengen für $t \approx 4{,}1$ an.
In den ersten 4,1 Stunden fließt somit genauso viel Wasser in den Stausee wie in den folgenden drei Stunden.

$\text{solve}\left(\int_0^t f(x)\,dx=\int_t^{t+3} f(x)\,dx,t\right)|t\geq 0 \quad t=4.11387$

h) Bestimmung der Abflussrate:

Wenn der Ablauf 6 Stunden nach Beobachtungsbeginn geöffnet wird, bleiben 18 Stunden Zeit, in der das Wasser abfließen kann.

Soll sich nach 24 Stunden genauso viel Wasser im Stausee befinden wie zu Beobachtungsbeginn, so muss in den 18 Stunden die gesamte Wassermenge von 79 680 m^3, die in 24 Stunden zugeflossen ist (siehe Teilaufgabe f), wieder abfließen.

Die gesuchte Abflussrate ergibt sich also als Quotient aus Wassermenge $V = 79\,680\ m^3$ und Zeit $t = 18$ h.

Die Rechnung liefert eine Abflussrate von ca. 4 427 $\frac{m^3}{h}$.

i) Begründung für den angegebenen Zeitpunkt des maximalen Wasserstandes:

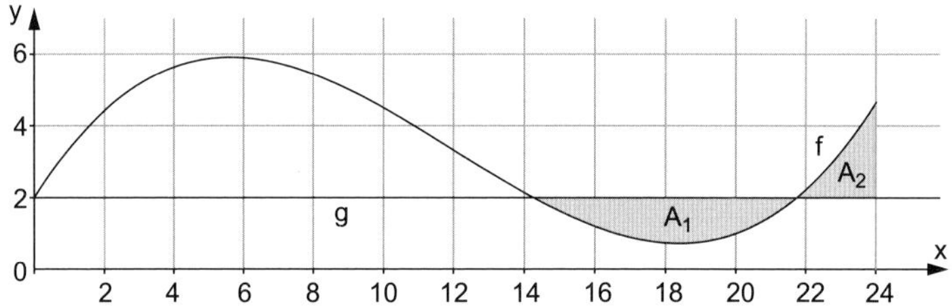

Die Abbildung zeigt neben dem Graphen von f auch den Graphen der Abflussfunktion g mit $g(x) = 2$. Von Beobachtungsbeginn bis etwa zum Zeitpunkt 14,3 h verläuft der Graph von f oberhalb des Graphen von g. In diesem Zeitintervall nimmt die Wassermenge im Stausee also ständig zu.

Im Zeitintervall von 14,3 h bis ungefähr 21,7 h verläuft der Graph von f unterhalb des Graphen von g. Es fließt hier also mehr Wasser ab, als hinzukommt. Folglich nimmt in diesem Zeitintervall die Wassermenge im Stausee ab.

Der Inhalt der Fläche A_1 ist ein Maß für die abgeflossene Wassermenge. Ab etwa 21,7 h ist der Zufluss an Wasser wieder größer als der Abfluss. Der Inhalt der Fläche A_2 ist ein Maß für die hinzugeflossene Wassermenge.

Da der Inhalt von A_1 aber größer ist als der Inhalt von A_2, ist nach dem Zeitpunkt 14,3 h mehr Wasser abgeflossen als zugeflossen. Folglich ist die Wassermenge nach etwa 14,3 h maximal.

Wahlteil (GTR/CAS) – Aufgabe 2 A

In einem Bundesland wird die Bevölkerungsgruppe derjenigen, die im Jahr 2000 geboren wurden, im Hinblick auf Schulabschlüsse untersucht. In dieser Bevölkerungsgruppe beträgt der Anteil der Personen mit Abitur 36 %. Unter den Personen mit Abitur sind 54 % weiblich. 34 % der Bevölkerungsgruppe sind nicht weiblich und haben kein Abitur.

Punkte

a) Weisen Sie nach, dass unter allen Personen ohne Abitur der Anteil derjenigen, die nicht weiblich sind, etwa 53 % beträgt. 2

b) Stellen Sie den Sachzusammenhang in einem beschrifteten Baumdiagramm dar. 3

c) Zur betrachteten Bevölkerungsgruppe gehören 27 000 Personen. Ermitteln Sie, wie viele dieser Personen weiblich sind. 3

Für eine Online-Befragung werden aus der betrachteten Bevölkerungsgruppe 100 Personen zufällig ausgewählt. Es soll davon ausgegangen werden, dass unter den ausgewählten Personen die Anzahl derjenigen mit Abitur binomialverteilt ist.

d) Bestimmen Sie die Wahrscheinlichkeit dafür, dass unter den ausgewählten Personen 30 mit Abitur sind. 1

e) Bestimmen Sie die Wahrscheinlichkeit dafür, dass die Anzahl der ausgewählten Personen mit Abitur kleiner als der Erwartungswert dieser Anzahl ist. 3

f) Die Wahrscheinlichkeit dafür, dass die Anzahl der ausgewählten Personen mit Abitur im Intervall [a; b] liegt, beträgt etwa 65 %. Bestimmen Sie die Werte für a und b so, dass das Intervall symmetrisch um den Erwartungswert liegt. 4

g) Aus der anfangs betrachteten Bevölkerungsgruppe werden n Personen zufällig ausgewählt. Die Wahrscheinlichkeit dafür, dass sich darunter mehr als 20 mit Abitur befinden, ist größer als 0 % und kleiner als 10 % Ermitteln Sie alle Werte, die für n infrage kommen. 4

20

TIPP Lösungshinweise zum Wahlteil (GTR/CAS) – Aufgabe 2 A

Teilaufgabe a

Nachweis für den angegebenen Anteil

Veranschaulichen Sie sich die gegebenen Informationen in einem Baumdiagramm.

Dieses Baumdiagramm muss noch nicht vollständig sein. Betrachten Sie den für diese Teilaufgabe relevanten Pfad und nutzen Sie die Pfadregel.

Teilaufgabe b

Darstellung des Baumdiagramms

Fertigen Sie ein Baumdiagramm an, das die Untersuchungsergebnisse zusammenfasst.

Beschriften Sie dabei die einzelnen Pfade mit den entsprechenden Anteilen bzw. Wahrscheinlichkeiten.

Teilaufgabe c

Ermittlung der Anzahl der weiblichen Personen

Die Gesamtzahl der weiblichen Personen der betrachteten Bevölkerungsgruppe setzt sich zusammen aus der Anzahl der weiblichen Personen mit Abitur und der Anzahl der weiblichen Personen ohne Abitur.

Sie können die dazugehörigen Anteile mithilfe der Pfadregel bestimmen. Orientieren Sie sich am Baumdiagramm.

Beachten Sie, dass insgesamt 27 000 Personen zur untersuchten Bevölkerungsgruppe gehören. Runden Sie Ihr Ergebnis in sachlich angemessener Weise.

Teilaufgabe d

Bestimmung der ersten Wahrscheinlichkeit

Die Zufallsgröße X: „Anzahl der Personen mit Abitur" ist binomialverteilt mit $p = 0{,}36$ und $n = 100$.

Berechnen Sie die Wahrscheinlichkeit für genau 30 „Erfolge" und nutzen Sie dabei die **binompdf**-Funktion des Rechners.

Teilaufgabe e

Bestimmung des Erwartungswertes und der zweiten Wahrscheinlichkeit

Bestimmen Sie zunächst den Erwartungswert E(X) für die Zufallsgröße X.

Bestimmen Sie die Wahrscheinlichkeit für weniger als E(X) „Erfolge" und nutzen Sie die **binomcdf**-Funktion des Rechners.

Teilaufgabe f

Bestimmung der Intervallgrenzen

Die zu bestimmenden Intervallgrenzen a und b sollen die Forderung $P(a \leq X \leq b) \approx 0{,}65$ erfüllen.

Beachten Sie, dass dabei das Intervall [a; b] symmetrisch um den Erwartungswert E(X) liegen soll.

Nutzen Sie zur Berechnung der Wahrscheinlichkeit $P(a \leq X \leq b)$ die **binomcdf**-Funktion des Rechners.

Ermitteln Sie durch systematisches Probieren, für welche Intervallgrenzen die Wahrscheinlichkeit $P(a \leq X \leq b)$ ungefähr den Wert 0,65 annimmt.

Teilaufgabe g

Bestimmung der möglichen Werte für den Stichprobenumfang n

Beachten Sie, dass in dieser Teilaufgabe die Zufallsgröße X und die „Trefferwahrscheinlichkeit" p unverändert bleiben.

Die möglichen Anzahlen n der zufällig auszuwählenden Personen sind so zu bestimmen, dass die Forderung $0 < P(X > 20) < 0{,}1$ erfüllt wird.

Nutzen Sie bei Ihrer Untersuchung die **binomcdf**-Funktion des Rechners.

Verwenden Sie wieder die Methode des systematischen Probierens.

Lösungsvorschlag zum Wahlteil (GTR/CAS) – Aufgabe 2 A

a) Nachweis für den angegebenen Anteil:
Das Baumdiagramm zeigt den für diese Teilaufgabe relevanten unteren Pfad. Dabei bedeutet:
$\overline{A}$: „eine Person hat kein Abitur“ und
m: „eine Person ist männlich“

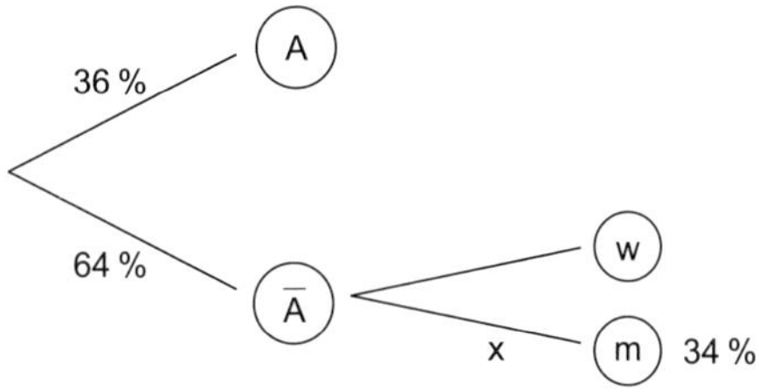

Zu zeigen ist, dass der Anteil x etwa 53 % beträgt.

Der Anteil der Personen ohne Abitur beträgt 64 %.

Die Information „34 % der Bevölkerungsgruppe sind nicht weiblich und haben kein Abitur“ bedeutet nach der Pfadregel:

$$64\,\% \cdot x = 34\,\% \quad \Leftrightarrow \quad x = \frac{34\,\%}{64\,\%} \approx 53\,\%$$

Der beschriebene Anteil von Personen beträgt tatsächlich etwa 53 %.

b) Darstellung des Baumdiagramms:
Das nebenstehende Baudiagramm beschreibt den Sachzusammenhang.

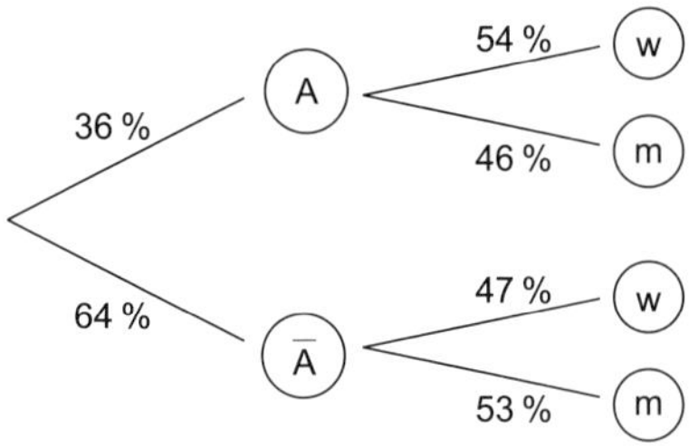

c) Ermittlung der Anzahl der weiblichen Personen:
Der Anteil der weiblichen Personen setzt sich zusammen aus den weiblichen Personen mit Abitur und den weiblichen Personen ohne Abitur. Mithilfe der Pfadregeln erhält man:
$0{,}36 \cdot 0{,}54 + 0{,}64 \cdot 0{,}47 \approx 0{,}495 = 49{,}5\,\%$

Der Anteil aller weiblichen Personen in der Bevölkerungsgruppe ist also ungefähr 49,5 %.

Für die Gesamtzahl der weiblichen Personen gilt:
$0{,}495 \cdot 27\,000 \approx 13\,400$

In der betrachteten Bevölkerungsgruppe sind ungefähr 13 400 Personen weiblich.

d) Bestimmung der ersten Wahrscheinlichkeit:
Die Zufallsgröße X: „Anzahl der Personen mit Abitur" ist binomialverteilt mit $p=0{,}36$ und $n=100$.

$$P(X=30)=\binom{100}{30}\cdot 0{,}36^{30}\cdot 0{,}64^{70}$$
$$=\text{binomPdf}(100,\,0.36,\,30)$$
$$\approx 0{,}039$$

binomPdf(100,0.36,30)	0.03887

Mit einer Wahrscheinlichkeit von etwa 3,9 % befinden sich unter den zufällig ausgewählten 100 Personen 30 mit Abitur.

e) Bestimmung des Erwartungswertes und der zweiten Wahrscheinlichkeit:
Für den Erwartungswert der Zufallsgröße X gilt:
$E(X)=n\cdot p=100\cdot 0{,}36=36$

Zu berechnen ist $P(X<36)=P(X\le 35)$.
Es gilt:

$$P(X\le 35)=\sum_{k=0}^{35}\binom{100}{k}\cdot 0{,}36^{k}\cdot 0{,}64^{100-k}$$
$$=\text{binomCdf}(100,\,0.36,\,0,\,35)$$
$$\approx 46{,}2\,\%$$

binomCdf(100,0.36,0,35)	0.462394

Mit einer Wahrscheinlichkeit von etwa 46,2 % ist die Anzahl der ausgewählten Personen mit Abitur kleiner als der Erwartungswert 36.

f) Bestimmung der Intervallgrenzen:
Zu bestimmen sind die Intervallgrenzen a und b mit $P(a\le X\le b)\approx 0{,}65$.
Es gilt:

$$P(a\le X\le b)=\sum_{k=a}^{b}\binom{100}{k}\cdot 0{,}36^{k}\cdot 0{,}64^{100-k}=\text{binomCdf}(100,\,0.36,\,a,\,b)$$

Dabei soll das Intervall [a; b] symmetrisch um den Erwartungswert 36 liegen.

Durch systematisches Probieren erhält man mithilfe des Rechners:

a	b	$P(a\le X\le b)$
34	38	0,39727…
33	39	0,53392…
32	40	0,65149…

binomCdf(100,0.36,34,38)	0.39727
binomCdf(100,0.36,33,39)	0.533928
binomCdf(100,0.36,32,40)	0.651497

Das gesuchte Intervall lautet $[a;\,b]=[32;\,40]$.

g) Bestimmung der möglichen Werte für den Stichprobenumfang n:
Zu ermitteln sind alle Werte von n, die die Forderung $0 < P(X > 20) < 0{,}1$ erfüllen.
Es gilt:

$$P(X > 20) = P(X \geq 21) = \sum_{k=21}^{n} \binom{n}{k} \cdot 0{,}36^{k} \cdot 0{,}64^{n-k} = \text{binomCdf}(100, 0.36, 21, n)$$

Durch systematisches Probieren ergibt sich:

n	$P(X \geq 21)$
21	$4{,}81 \cdot 10^{-10}\ldots$
30	0,00015...
40	0,02400...
44	0,07340...
45	0,09230...
46	0,11407...

binomCdf(n,0.36,21,n)|n=21	4.81229E-10
binomCdf(n,0.36,21,n)|n=30	0.000159
binomCdf(n,0.36,21,n)|n=40	0.024004
binomCdf(n,0.36,21,n)|n=44	0.073408
binomCdf(n,0.36,21,n)|n=45	0.092307
binomCdf(n,0.36,21,n)|n=46	0.114079

Alle Werte für n mit $21 \leq n \leq 45$ erfüllen die Forderung.

Wahlteil (CAS/GTR) – Aufgabe 2 C

Ein Unternehmen produziert Leiterplatten zum Einbau in elektronische Geräte. Aus Erfahrung weiß man, dass 3 % der Leiterplatten fehlerhaft sind.
600 Leiterplatten werden zufällig ausgewählt. Die Anzahl der fehlerhaften Leiterplatten unter den ausgewählten kann durch eine binomialverteilte Zufallsgröße X beschrieben werden.

Punkte

a) Bestimmen Sie die Wahrscheinlichkeit dafür, dass unter den ausgewählten Leiterplatten
- 25 Leiterplatten fehlerhaft sind.
- maximal 20 Leiterplatten fehlerhaft sind.
- mehr als 15, aber weniger als 30 Leiterplatten fehlerhaft sind. 5

b) Geben Sie die Bedeutung des folgenden Terms im Sachzusammenhang an:

$$\binom{600}{550} \cdot 0{,}97^{550} \cdot 0{,}03^{50} + \binom{600}{551} \cdot 0{,}97^{551} \cdot 0{,}03^{49}$$ 2

Jede fehlerhafte Leiterplatte wird untersucht. Sie weist entweder Fehler 1 oder Fehler 2 auf. Die Wahrscheinlichkeit für Fehler 1 beträgt 80 %, die für Fehler 2 beträgt 20 %.
Beim Standardverfahren wird der vorliegende Fehler mit absoluter Sicherheit gefunden. Es wird zunächst Fehler 1 gesucht. Falls dieser an keiner Stelle vorliegt, muss die Stelle gesucht werden, an der Fehler 2 vorliegt. Die Suche von Fehler 1 kostet 12 €, die Suche von Fehler 2 kostet 3 €.

c) Geben Sie die Kosten an, die dem Unternehmen entstehen, wenn bei einer Leiterplatte der Fehler 2 gefunden wird.
Weisen Sie nach, dass die zu erwartenden Kosten für das Standardverfahren 12,60 € pro Leiterplatte betragen. 4

Um Kosten einzusparen, wird für die fehlerhaften Leiterplatten ein Schnelltest vorgeschlagen: In diesem wird bei den fehlerhaften Leiterplatten ausschließlich Fehler 1 gesucht. Dieser Schnelltest kostet nur 2 €, allerdings wird ein vorhandener Fehler 1 nur in 50 % der Fälle gefunden.
Wird mit diesem Schnelltest der Fehler 1 nicht gefunden, wird anschließend das Standardverfahren durchgeführt.

d) Begründen Sie, dass die Wahrscheinlichkeit dafür, dass Fehler 1 in diesem Schnelltest nicht gefunden wird, 60 % beträgt.
Bestimmen Sie unter der Bedingung, dass bei dem Schnelltest Fehler 1 nicht gefunden wurde, die Wahrscheinlichkeit dafür, dass der vorhandene Fehler trotzdem Fehler 1 ist. 4

e) Untersuchen Sie, ob sich die zu erwartenden Kosten pro Leiterplatte für die Fehlersuche mit Schnelltest und Standardverfahren tatsächlich verringern. 5

20

TIPP **Lösungshinweise zum Wahlteil (CAS/GTR) – Aufgabe 2C**

Teilaufgabe a

Bestimmung der Wahrscheinlichkeiten

Die Zufallsgröße X: „Anzahl der fehlerhaften Leiterplatten unter den 600 ausgewählten" ist binomialverteilt mit $p = 0{,}03$ und $n = 600$.

Berechnen Sie die Wahrscheinlichkeit für genau 25 „Erfolge" und verwenden Sie dabei die **binompdf**-Funktion des Rechners.

Berechnen Sie im zweiten Fall die Wahrscheinlichkeit für höchstens 20 „Erfolge" und nutzen Sie die **binomcdf**-Funktion des Rechners.

Berechnen Sie beim dritten Arbeitsauftrag die Wahrscheinlichkeit für mehr als 15, aber weniger als 30 „Erfolge" und nutzen Sie die **binomcdf**-Funktion des Rechners.

Teilaufgabe b

Angabe der Bedeutung des Terms im Sachzusammenhang

Die Wahrscheinlichkeit, bei einem n-stufigen Bernoulli-Versuch mit der „Erfolgswahrscheinlichkeit" p genau k „Erfolge" zu erzielen, ist gegeben durch $\binom{n}{k} \cdot p^k \cdot (1-p)^{n-k}$.

Deuten Sie mithilfe dieser Information zunächst jeden der beiden Summanden im Sachzusammenhang und geben Sie dann die Bedeutung des Gesamtterms an.

Teilaufgabe c

Berechnung der Kosten für das Auffinden von Fehler 2

Das Auffinden von Fehler 2 bedeutet, dass bei einer fehlerhaften Leiterplatte der Fehler 1 nicht gefunden wurde.

Es müssen also die Kosten für die Suche nach Fehler 1 und nach Fehler 2 berücksichtig werden.

Berechnung der zu erwartenden Kosten für das Standardverfahren

Lesen Sie die Beschreibung des Standardverfahrens in der Aufgabenstellung sorgfältig durch.

Beachten Sie, dass die Fehler 1 und 2 jeweils mit Sicherheit gefunden werden.

Zu berechnen ist der Erwartungswert E(Y) der Zufallsgröße Y: „Höhe der Kosten für das Standardverfahren pro Leiterplatte“.

Der Erwartungswert E(Y) ergibt sich aus der Summe der Produkte von Zufallsgröße und zugehöriger Wahrscheinlichkeit.

Weisen Sie nach, dass der Erwartungswert 12,6 € beträgt.

Teilaufgabe d

Begründung für die angegebene Wahrscheinlichkeit

Lesen Sie die Beschreibung des neuen Suchverfahrens bestehend aus Schnelltest und Standardverfahren sorgfältig durch.

Veranschaulichen Sie sich die Situation bei der Suche nach Fehler 1 mit dem Schnelltest in Form eines Baumdiagramms.

Beschriften Sie die einzelnen Pfade mit den entsprechenden Wahrscheinlichkeiten und geben Sie für die einzelnen Pfade an, ob Fehler 1 gefunden bzw. nicht gefunden wird.

Bestimmung der zweiten Wahrscheinlichkeit

Nutzen Sie auch hier das Baumdiagramm.

Nutzen Sie das Ergebnis aus dem ersten Abschnitt dieser Teilaufgabe und stellen Sie eine Zuordnung zwischen den Pfaden und den im Aufgabentext beschriebenen Wahrscheinlichkeiten her.

Teilaufgabe e

Berechnung der zu erwartenden Kosten mit Schnelltest und Standardverfahren

Betrachten Sie auch hier das Baumdiagramm aus der letzten Teilaufgabe.

Beachten Sie, dass das neue Verfahren zur Fehlersuche immer mit dem Schnelltest beginnt.

Wird im Schnelltest der Fehler 1 nicht gefunden, wird das Standardverfahren eingeleitet.

Betrachten Sie die Zufallsgröße Z: „Höhe der Kosten pro Leiterplatte, wenn mit dem Schnelltest Fehler 1 nicht gefunden wird“.

Geben Sie die zu erwartenden Gesamtkosten pro Leiterplatte für das neue Verfahren an und untersuchen Sie, ob sich diese Kosten tatsächlich verringern.

a) Die Zufallsgröße X: „Anzahl der fehlerhaften Leiterplatten unter den 600 ausgewählten“ ist binomialverteilt mit $p = 0{,}03$ und $n = 600$.

Berechnung der ersten Wahrscheinlichkeit:

$$P(X = 25) = \binom{600}{25} \cdot 0{,}03^{25} \cdot 0{,}97^{575}$$
$$= \text{binompdf } (600, 0.03, 25)$$
$$\approx 0{,}023$$

```
binomPdf(600,0.03,25)        0.023161
```

Mit einer Wahrscheinlichkeit von etwa 2,3 % befinden sich unter den zufällig ausgewählten 600 Leiterplatten 25 fehlerhafte.

Berechnung der zweiten Wahrscheinlichkeit:

$$P(X \le 20) = \sum_{k=0}^{20} \binom{600}{k} \cdot 0{,}03^{k} \cdot 0{,}97^{600-k}$$
$$= \text{binomcdf } (600, 0.03, 0, 20)$$
$$\approx 0{,}733$$

```
binomCdf(600,0.03,0,20)      0.733173
```

Mit einer Wahrscheinlichkeit von etwa 73,3 % sind unter den zufällig entnommenen 600 Leiterplatten maximal 20 fehlerhaft.

Berechnung der dritten Wahrscheinlichkeit:

$$P(15 < X < 30)$$
$$= P(16 \le X \le 29)$$
$$= \sum_{k=16}^{29} \binom{600}{k} \cdot 0{,}03^{k} \cdot 0{,}97^{600-k}$$
$$= \text{binomcdf } (600, 0.03, 16, 29)$$
$$\approx 0{,}712$$

```
binomCdf(600,0.03,16,29)     0.7117
```

Mit einer Wahrscheinlichkeit von etwa 71,2 % sind unter den zufällig entnommenen 600 Leiterplatten mehr als 15, aber weniger als 30 fehlerhaft.

b) Der erste Summand gibt die Wahrscheinlichkeit dafür an, dass von 600 zufällig entnommenen Leiterplatten 550 fehlerfrei sind. Der zweite Summand liefert die Wahrscheinlichkeit, dass von den entnommenen Leiterplatten 551 fehlerfrei sind. Der gesamte Term stellt somit die Wahrscheinlichkeit dar, dass von den entnommenen 600 Leiterplatten 550 oder 551 fehlerfrei sind.

c) Berechnung der Kosten für das Auffinden von Fehler 2:
Wenn bei einer Leiterplatte der Fehler 2 gefunden wird, bedeutet dies, dass beim Standardverfahren im ersten Schritt der Fehler 1 nicht gefunden wurde. Die Kosten für diesen ersten Teil des Suchverfahrens betragen bereits 12 €. Im zweiten Schritt wird Fehler 2 gesucht mit einem Kostenaufwand von 3 €. Die Kosten dafür, bei einer Leiterplatte den Fehler 2 zu finden, betragen also insgesamt 15 €.

Zu erwartende Kosten für das Standardverfahren:
Unter der Zufallsgröße Y soll die Höhe der Kosten für das Standardverfahren pro Leiterplatte verstanden werden. Für die Ermittlung der zu erwartenden Kosten für das Standardverfahren pro Leiterplatte ist der Erwartungswert E(Y) der Zufallsgröße Y zu berechnen. Der Erwartungswert ergibt sich aus der Summe der Produkte von Zufallsgröße und zugehöriger Wahrscheinlichkeit.

Mit einer Wahrscheinlichkeit von 0,8 weist eine fehlerhafte Leiterplatte den Fehler 1 auf. Dieser Fehler wird mit dem Standardverfahren entdeckt, d. h., die Kosten betragen dann $Y = 12$ €.
Mit einer Wahrscheinlichkeit von 0,2 weist eine fehlerhafte Leiterplatte den Fehler 2 auf. Dieser Fehler wird entdeckt und die Kosten betragen dann 15 €.

Für den Erwartungswert E(Y) folgt:
$E(Y) = 12\text{ €} \cdot 0{,}8 + 15\text{ €} \cdot 0{,}2 = 12{,}6\text{ €}$
Die zu erwartenden Kosten für das Standardverfahren betragen für das Unternehmen 12,60 €.

d) Begründung für die angegebene Wahrscheinlichkeit:
Das nebenstehende Baumdiagramm veranschaulicht die Suche nach Fehler 1 mithilfe des Schnelltests.

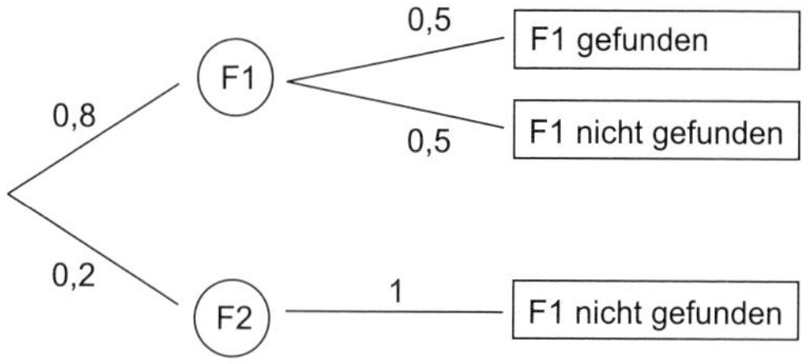

Nach der Pfadregel beträgt die Wahrscheinlichkeit dafür, dass Fehler 1 mit dem Schnelltest nicht gefunden wird, obwohl er tatsächlich vorliegt:
$0{,}8 \cdot 0{,}5 = 0{,}4$
Zusätzlich wird Fehler 1 mit einer Wahrscheinlichkeit von 0,2 nicht gefunden, da er in der Leiterplatte nicht vorliegt. Insgesamt wird somit Fehler 1 mit einer Wahrscheinlichkeit von $40\,\% + 20\,\% = 60\,\%$ nicht gefunden.

Bestimmung der zweiten Wahrscheinlichkeit:
Wie bereits im ersten Abschnitt dieser Teilaufgabe begründet wurde, beträgt die Wahrscheinlichkeit 40 %, dass Fehler 1 beim Schnelltest nicht gefunden wurde, obwohl er vorlag.
Unter der Bedingung, dass beim Schnelltest einer Leiterlatte der Fehler 1 nicht gefunden wurde, gilt also für die Wahrscheinlichkeit, dass der vorhandene Fehler trotzdem Fehler 1 ist:

$$\frac{0{,}4}{0{,}6} = \frac{2}{3} \approx 0{,}667$$

Die gesuchte Wahrscheinlichkeit beträgt etwa 66,7 %.

e) Bei der Fehlersuche mit Schnelltest und Standardverfahren fallen in jedem Fall 2 € als „Fixkosten“ an, da die Untersuchung der fehlerhaften Leiterplatten mit dem Schnelltest beginnt.
Nach der Pfadregel wird mit einer Wahrscheinlichkeit von $0{,}8 \cdot 0{,}5$ mit dem Schnelltest ein vorhandener Fehler 1 nicht gefunden. In diesem Fall wird das Standardverfahren durchgeführt und Fehler 1 wird gefunden. Die Kosten für diesen Fall betragen 12 €.
Mit einer Wahrscheinlichkeit von 0,2 liegt bei der defekten Leiterplatte Fehler 1 nicht vor. Dann wird nach dem Standardverfahren nach Fehler 2 gesucht. Dieser wird dann auch gefunden. Die Kosten hierfür betragen 15 € (siehe Teilaufgabe c).

Für die zu erwartenden Kosten erhält man:
$2\,€ + 0{,}8 \cdot 0{,}5 \cdot 12\,€ + 0{,}2 \cdot 15\,€ = 9{,}8\,€$
Gegenüber dem Standardverfahren haben sich die zu erwartenden Kosten tatsächlich verringert.

Wahlteil (GTR/CAS) – Aufgabe 3 A

Die Abbildung zeigt die Pyramide ABCDS mit A(0|0|0), B(2|0|0), C(2|2|0), D(0|2|0) und S(1|1|4).
Die Grundfläche ABCD ist quadratisch.
Der Schnittpunkt der Diagonalen der Grundfläche ABCD wird mit T bezeichnet.

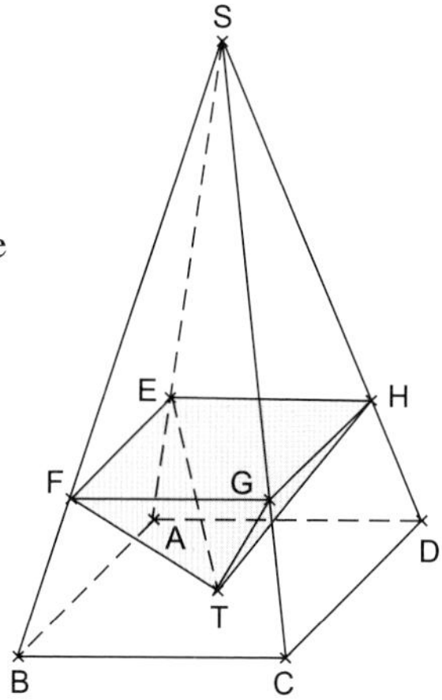

Punkte

a) Geben Sie die Koordinaten des Punktes T an. Berechnen Sie den Inhalt der Oberfläche der Pyramide ABCDS. 6

b) Bestimmen Sie die Größe des Winkels zwischen den Kanten $\overline{AS}$ und $\overline{AB}$. 3

c) Der Mittelpunkt der Kante $\overline{CD}$ wird mit M bezeichnet.
Untersuchen Sie, ob es einen Punkt P auf der Kante $\overline{DS}$ gibt, für den das Dreieck BMP im Punkt M rechtwinklig ist. 5

Die vier Punkte E, F, G und H liegen jeweils auf einer der vier vom Punkt S ausgehenden Kanten und haben alle die *z*-Koordinate 1 (vgl. Abbildung).

d) Gegeben ist die folgende Lösung einer Aufgabe im Zusammenhang mit den betrachteten geometrischen Objekten:

$$\begin{pmatrix} 2 \\ 0 \\ 0 \end{pmatrix} + k \cdot \begin{pmatrix} -1 \\ 1 \\ 4 \end{pmatrix} = \begin{pmatrix} x \\ y \\ 1 \end{pmatrix} \text{ liefert } k = \frac{1}{4} \text{ und damit } x = 1{,}75 \text{ und } y = 0{,}25.$$

Geben Sie eine passende Aufgabenstellung an und erläutern Sie den Ansatz der gegebenen Lösung. 3

e) Ermitteln Sie das Volumen der Pyramide EFGHT. 3

20

TIPP Lösungshinweise zum Wahlteil (GTR/CAS) – Aufgabe 3 A

Teilaufgabe a

Angabe der Koordinaten des Punktes T

Beachten Sie, dass die Grundfläche ABCD quadratisch ist.

Die Diagonalen eines Quadrates schneiden sich in ihren Mitten.

Berechnung der Oberfläche der Pyramide

Die Oberfläche der Pyramide besteht aus der quadratischen Grundfläche und aus vier gleich großen Dreiecksflächen.

Der Inhalt einer Dreiecksfläche ergibt sich aus der Hälfte des Produktes von Dreiecksgrundseite und Dreieckshöhe.

Aus den Koordinaten der fünf Pyramideneckpunkte können Sie die Pyramidenhöhe und die Seitenlänge der Grundfläche entnehmen.

Mithilfe des Satzes von Pythagoras lässt sich die Höhe der dreieckigen Seitenflächen berechnen.

Teilaufgabe b

Bestimmung der Winkelgröße

Zu bestimmen ist der Winkel zwischen den Vektoren $\overrightarrow{AS}$ und $\overrightarrow{AB}$.

Verwenden Sie für die Winkelbestimmung die Formel $\cos\alpha = \frac{\overrightarrow{AS} \circ \overrightarrow{AB}}{|\overrightarrow{AS}| \cdot |\overrightarrow{AB}|}$.

Der Rechner muss auf das Gradmaß eingestellt sein.

Teilaufgabe c

Untersuchung zur Existenz des Punktes P

Der Punkt P liegt auf der Kante $\overline{DS}$ und somit auch auf der Geraden g durch D und S.

Stellen Sie die Parametergleichung von g auf und geben Sie die allgemeinen Koordinaten von P in Abhängigkeit des Geradenparameters an. Da P auf der Kante $\overline{DS}$ liegt, muss der auftretende Parameter geeignet eingeschränkt werden.

Geben Sie auch die Koordinaten des Punktes M an und bestimmen Sie die Vektoren $\overrightarrow{MB}$ und $\overrightarrow{MP}$.

Drücken Sie die Rechtwinkligkeit im Punkt M mithilfe des Skalarproduktes der Vektoren $\overrightarrow{MB}$ und $\overrightarrow{MP}$ in Form einer Gleichung aus und berechnen Sie damit den in den Koordinaten von P auftretenden Parameter.

Begründen Sie Ihr Endergebnis im Kontext der Aufgabenstellung.

Teilaufgabe d

Aufgabenstellung und Lösungsansatz

Beachten Sie, dass die Punkte E, F, G und H die z-Koordinate 1 haben. Die x- und die y-Koordinate dieser Punkte sind zunächst unbekannt.

Die angegebene Vektorgleichung mit den Unbekannten k, x und y stellt auf der linken Seite den Term einer Geradengleichung dar. Um welche Gerade handelt es sich dabei?

Der Vektor $\begin{pmatrix} x \\ y \\ 1 \end{pmatrix}$ auf der rechten Seite der Vektorgleichung stellt den Ortsvektor eines bestimmten Punktes dar.

Mit den angegebenen Lösungen für x und y sind alle drei Koordinaten dieses Punktes bekannt.

Formulieren Sie die Aufgabenstellung und erläutern Sie den Ansatz, der zur angegebenen Lösung führt.

Teilaufgabe e

Ermittlung des Pyramidenvolumens

Das Volumen V der Pyramide EFGHT wird berechnet mit der Formel $V = \frac{1}{3} \cdot \overline{G} \cdot \overline{h}$. Dabei ist $\overline{G}$ der Inhalt der Grundfläche und $\overline{h}$ die Höhe der Pyramide.

Auch diese Pyramide besitzt eine quadratische Grundfläche.

Beachten Sie für die Höhe der Pyramide die z-Koordinate der Punkte E, F, G und H.

Bestimmen Sie die Seitenlänge der Pyramidengrundfläche. Beachten Sie dabei die in Teilaufgabe d angegebene Lösung für x und y.

Vergleichen Sie die y-Koordinate von F mit der von B und ziehen Sie daraus Rückschlüsse auf die y-Koordinate von G.

Die Seitenlänge der Pyramidengrundfläche erhalten Sie aus der Differenz der y-Koordinaten der Punkte G und F.

Lösungsvorschlag zum Wahlteil (GTR/CAS) – Aufgabe 3 A

a) Angabe der Koordinaten des Punktes T:
Die Diagonalen der quadratischen Grundfläche schneiden sich in ihren Mitten.
Daher gilt für den Diagonalenschnittpunkt T:

$$\overrightarrow{AT} = \frac{1}{2} \cdot \overrightarrow{AC} = \frac{1}{2} \cdot \begin{pmatrix} 2 \\ 2 \\ 0 \end{pmatrix} = \begin{pmatrix} 1 \\ 1 \\ 0 \end{pmatrix}$$

Der Punkt T hat die Koordinaten $T(1\,|\,1\,|\,0)$.

Berechnung der Oberfläche der Pyramide:
Die Oberfläche O der Pyramide setzt sich aus der quadratischen Grundfläche und aus den Seitenflächen in Form von vier kongruenten gleichschenkligen Dreiecken zusammen.
Die Seitenlänge der Grundfläche beträgt 2 Längeneinheiten. Die Grundfläche hat daher einen Inhalt von 4 Flächeneinheiten.
Die Grundfläche der Pyramide liegt in der xy-Ebene des Koordinatensystems.
Die Spitze S der Pyramide liegt senkrecht über dem Punkt T.
Die z-Koordinate von S gibt die Pyramidenhöhe h an mit $h = 4$ LE.
Die Mitte M der Seite CD hat vom Punkt T den Abstand 1 LE.
Für die Höhe h' des Dreiecks CDS folgt nach dem Satz des Pythagoras:

$$(h')^2 = 1^2 + h^2 = 1 + 16 = 17$$

Die Höhe einer Seitenfläche beträgt also $\sqrt{17}$ LE.
Der Term $\frac{1}{2} \cdot |\overline{CD}| \cdot h'$ beschreibt den Flächeninhalt des Dreiecks CDS.
Für die gesamte Oberfläche folgt:

$$O = 4 + 4 \cdot \frac{1}{2} \cdot |\overline{CD}| \cdot h' = 4 + 2 \cdot 2 \cdot \sqrt{17} \approx 20{,}5$$

Der Inhalt der Pyramidenoberfläche beträgt etwa 20,5 FE.

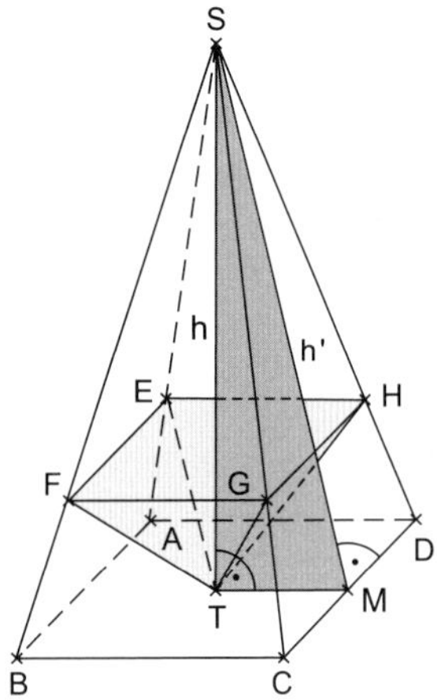

b) Bestimmung der Winkelgröße:
Die Kanten $\overline{AS}$ und $\overline{AB}$ lassen sich durch die Vektoren $\overrightarrow{AS} = \begin{pmatrix} 1 \\ 1 \\ 4 \end{pmatrix}$ und $\overrightarrow{AB} = \begin{pmatrix} 2 \\ 0 \\ 0 \end{pmatrix}$ beschreiben.
Für den gesuchten Winkel α gilt:

$$\cos\alpha = \frac{\overrightarrow{AS} \circ \overrightarrow{AB}}{|\overrightarrow{AS}| \cdot |\overrightarrow{AB}|} = \frac{\begin{pmatrix} 1 \\ 1 \\ 4 \end{pmatrix} \circ \begin{pmatrix} 2 \\ 0 \\ 0 \end{pmatrix}}{\sqrt{1^2 + 1^2 + 4^2} \cdot 2} = \frac{2}{\sqrt{18} \cdot 2} = \frac{1}{3\sqrt{2}} = \frac{\sqrt{2}}{6} \;\Rightarrow\; \alpha \approx 76{,}4^\circ$$

Der Winkel zwischen den beiden Kanten beträgt ungefähr 76,4 °.

c) Untersuchung zur Existenz des Punktes P:

Die Kante $\overline{DS}$ liegt auf der Geraden g durch D und S. Wählt man D als Stützpunkt und $\overrightarrow{DS} = \begin{pmatrix}1\\1\\4\end{pmatrix} - \begin{pmatrix}0\\2\\0\end{pmatrix} = \begin{pmatrix}1\\-1\\4\end{pmatrix}$ als Richtungsvektor der Geraden g, so lautet ihre Gleichung:

$$g:\ \vec{x} = \begin{pmatrix}0\\2\\0\end{pmatrix} + t\cdot\begin{pmatrix}1\\-1\\4\end{pmatrix},\ t\in\mathbb{R}$$

Ein Punkt P auf g hat dann die Koordinaten $P(t\,|\,2-t\,|\,4t)$. Da P auf der Kante $\overline{DS}$ liegt, muss $0\le t\le 1$ gelten.

Das Dreieck BMP ist bei M genau dann rechtwinklig, wenn das Skalarprodukt der Vektoren $\overrightarrow{MB}$ und $\overrightarrow{MP}$ null ergibt.

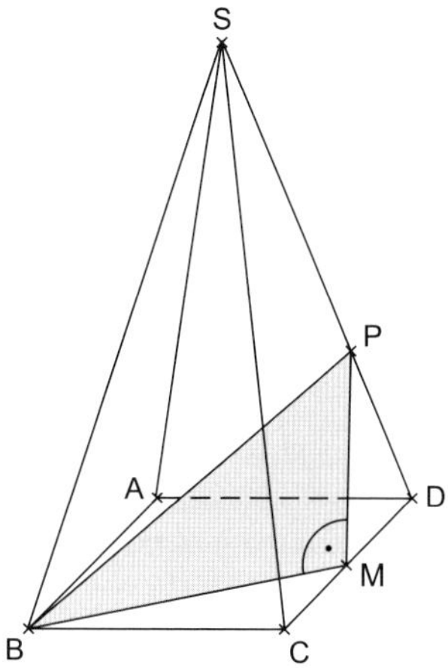

Der Mittelpunkt der Kante $\overline{CD}$ ist $M(1\,|\,2\,|\,0)$.

Man erhält:

$$\overrightarrow{MB} = \begin{pmatrix}2\\0\\0\end{pmatrix} - \begin{pmatrix}1\\2\\0\end{pmatrix} = \begin{pmatrix}1\\-2\\0\end{pmatrix} \text{ und } \overrightarrow{MP} = \begin{pmatrix}t\\2-t\\4t\end{pmatrix} - \begin{pmatrix}1\\2\\0\end{pmatrix} = \begin{pmatrix}t-1\\-t\\4t\end{pmatrix}$$

Für das Skalarprodukt der Vektoren $\overrightarrow{MB}$ und $\overrightarrow{MP}$ gilt:

$$\overrightarrow{MB}\circ\overrightarrow{MP} = \begin{pmatrix}1\\-2\\0\end{pmatrix}\circ\begin{pmatrix}t-1\\-t\\4t\end{pmatrix} = t-1+2t = 0 \iff 3t = 1 \iff t = \frac{1}{3}$$

Es gibt also einen Punkt P der verlangten Art, er lautet $P\left(\frac{1}{3}\,\middle|\,\frac{5}{3}\,\middle|\,\frac{4}{3}\right)$.

d) Aufgabenstellung und Lösungsansatz:

Aufgabenstellung:

Bestimmen Sie die x- und die y-Koordinate des Punktes F.

Zum Lösungsansatz:

Der Punkt F liegt auf der Kante $\overline{BS}$ und hat die Koordinaten $F(x\,|\,y\,|\,1)$.

Die Kante $\overline{BS}$ liegt auf der Geraden m durch B und S. Wählt man B als Stützpunkt und $\overrightarrow{BS} = \begin{pmatrix}1\\1\\4\end{pmatrix} - \begin{pmatrix}2\\0\\0\end{pmatrix} = \begin{pmatrix}-1\\1\\4\end{pmatrix}$ als Richtungsvektor der Geraden m, so folgt für die Gleichung von m:

$$\vec{x} = \begin{pmatrix}2\\0\\0\end{pmatrix} + k\cdot\begin{pmatrix}-1\\1\\4\end{pmatrix},\ k\in\mathbb{R}$$

Da F auf m liegt, muss sein Ortsvektor $\begin{pmatrix}x\\y\\1\end{pmatrix}$ die Gleichung von m erfüllen.

Genau dieser Ansatz ist in der Aufgabenstellung dargestellt.

e) Ermittlung des Pyramidenvolumens:

Das Volumen V der Pyramide EFGHT wird berechnet mit der Formel:

$$V = \frac{1}{3} \cdot \overline{G} \cdot \overline{h}$$

Dabei ist $\overline{G}$ der Inhalt der quadratischen Grundfläche und $\overline{h}$ die Höhe der Pyramide.

Hier gilt:

$\overline{h} = 1$ LE

Der Punkt F hat die Koordinaten F(1,75 | 0,25 | 1). Die y-Koordinate von F ist also gegenüber der y-Koordinate von B um den Betrag 0,25 vergrößert. Entsprechend ist die y-Koordinate von G gegenüber der y-Koordinate von C um den gleichen Betrag 0,25 verkleinert.

Da die Kanten $\overline{BC}$ und $\overline{FG}$ parallel verlaufen, haben F und G neben der gleichen z-Koordinate auch die gleiche x-Koordinate: G(1,75 | 1,75 | 1)

Aus der Differenz der y-Koordinaten von G und F erhält man die Länge der Seitenkante $\overline{FG}$:

$$|\overline{FG}| = 1{,}75 - 0{,}25 = 1{,}5$$

Die Kantenlängen der Pyramidengrundfläche betragen 1,5 LE.

Für das Pyramidenvolumen folgt:

$$V = \frac{1}{3} \cdot |\overline{FG}|^2 \cdot \overline{h} = \frac{1}{3} \cdot \left(\frac{3}{2}\right)^2 \cdot 1 = \frac{3}{4}$$

Die Pyramide EFGHT hat ein Volumen von 0,75 VE.

Wahlteil (CAS/GTR) – Aufgabe 3 C

In einem Koordinatensystem mit Ursprung O(0 | 0 | 0) sind die folgenden Vektoren gegeben:

$\overrightarrow{OA} = \begin{pmatrix} 4 \\ 0 \\ -2 \end{pmatrix}$, $\overrightarrow{OB} = \begin{pmatrix} 4 \\ 1,5 \\ -0,5 \end{pmatrix}$ und $\overrightarrow{OC} = \begin{pmatrix} 2 \\ -2 \\ -3 \end{pmatrix}$

Punkte

a) Zeigen Sie die Gültigkeit folgender Aussagen:
- Es gibt Werte für a und b, sodass gilt: $\overrightarrow{OC} = a \cdot \overrightarrow{OA} + b \cdot \overrightarrow{OB}$
- $\overrightarrow{OC}$ und $\overrightarrow{AB}$ sind nicht kollinear. 4

Die Gerade durch die Punkte A(4 | 0 | –2) und B(4 | 1,5 | –0,5) wird mit g bezeichnet.
Die Gerade durch die Punkte O und C(2 | –2 | –3) wird mit h bezeichnet.

b) Begründen Sie nur mit den Aussagen aus Teilaufgabe a), dass sich g und h in genau einem Punkt schneiden. 3

Die Geraden g und h liegen in der Ebene E mit der Gleichung

$$\vec{x} = \begin{pmatrix} 4 \\ 0 \\ -2 \end{pmatrix} + s \cdot \begin{pmatrix} 0 \\ 1,5 \\ 1,5 \end{pmatrix} + t \cdot \begin{pmatrix} -2 \\ -2 \\ -1 \end{pmatrix}, s \in \mathbb{R}, t \in \mathbb{R}$$

Für jeden Wert von $a \in \mathbb{R}$ wird ein Punkt $D_a\left(a \mid 1 \mid 1 - \frac{a}{2}\right)$ betrachtet.

c) Geben Sie eine Gleichung der Geraden durch B und D_1 an. 2

d) Zeigen Sie, dass der Punkt D_a für jeden Wert von a in der Ebene E liegt. 4

e) Berechnen Sie den Wert von a, sodass sich die Gerade g und die Gerade durch die Punkte B und D_a orthogonal schneiden. 3

f) Bestimmen Sie den Wert von a, für den der Abstand von A und D_a minimal ist. 4

20

TIPP Lösungshinweise zum Wahlteil (CAS/GTR) – Aufgabe 3C

Teilaufgabe a

Nachweis der ersten Aussage

Schreiben Sie die angegebene Vektorgleichung ausführlich auf, indem Sie die vorgegebenen Ortsvektoren $\overrightarrow{OC}$, $\overrightarrow{OA}$ und $\overrightarrow{OB}$ in die Gleichung einsetzen.

Diese Vektorgleichung stellt ein lineares Gleichungssystem mit den Unbekannten a und b dar. Das Gleichungssystem besteht aus drei Gleichungen.

Sie müssen zeigen, dass es Lösungen a und b gibt, die alle drei Gleichungen erfüllen.

Sie können das Gleichungssystem per Hand oder mithilfe des Rechners lösen. Beachten Sie, dass eine der drei Gleichungen besonders einfach ist.

Nachweis der zweiten Aussage

Bestimmen Sie zunächst den Vektor $\overrightarrow{AB}$.

Beachten Sie, dass zwei Vektoren genau dann kollinear sind, wenn der eine ein Vielfaches des anderen ist.

Sie müssen also zeigen, dass es keinen Wert $k \in \mathbb{R}$ gibt, der die Vektorgleichung $\overrightarrow{OC} = k \cdot \overrightarrow{AB}$ erfüllt.

Teilaufgabe b

Begründung

Die erste Aussage aus Teilaufgabe a besagt, dass der Vektor $\overrightarrow{OC}$ eine Linearkombination der Vektoren $\overrightarrow{OA}$ und $\overrightarrow{OB}$ darstellt. Überlegen Sie, welche Folgerung sich daraus für die geometrische Lage der Geraden g und h ergibt.

Die Vektoren $\overrightarrow{OC}$ und $\overrightarrow{AB}$ sind die Richtungsvektoren der Geraden h und g.

Die zweite Aussage aus Teilaufgabe a bedeutet, dass die Richtungsvektoren der Geraden h und g nicht kollinear sind. Leiten Sie hieraus eine Aussage über die geometrische Lagebeziehung der beiden Richtungsvektoren ab.

Teilaufgabe c

Angabe der Gleichung der Geraden durch B und D_1

Die Gleichung einer Geraden in Parameterform ist gegeben durch $\vec{x} = \vec{p} + r \cdot \vec{u}$, $r \in \mathbb{R}$. Dabei ist $\vec{p}$ der Ortsvektor eines Punktes der Geraden und $\vec{u}$ ein Richtungsvektor der Geraden.

Beachten Sie beim Aufstellen der Geradengleichung, dass die Gerade durch den Punkt B verläuft und dass $\overrightarrow{BD_1}$ der Richtungsvektor ist.

Teilaufgabe d

Nachweis, dass der Punkt D_a für jeden Wert von a in der Ebene E liegt

Zu zeigen ist, dass der Ortsvektor $\overrightarrow{OD_a}$ für jeden Wert von a die Gleichung der Ebene E erfüllt.

Das Gleichsetzen des Vektors $\overrightarrow{OD_a}$ mit der rechten Seite der Ebenengleichung von E führt auf ein lineares Gleichungssystem mit drei Gleichungen und den Unbekannten s und t.

Sie müssen wie unter Teilaufgabe a zeigen, dass es Lösungen s und t gibt, die für jeden Wert von a alle drei Gleichungen erfüllen.

Sie können das Gleichungssystem per Hand oder mithilfe des Rechners lösen. Beachten Sie, dass auch hier eine der drei Gleichungen besonders einfach ist.

Teilaufgabe e

Berechnung des Wertes von a

Die Gerade g und die Gerade durch B und D_a schneiden sich genau dann orthogonal, wenn das Skalarprodukt ihrer Richtungsvektoren null ergibt.

Berechnen Sie zunächst die Richtungsvektoren $\overrightarrow{AB}$ und $\overrightarrow{BD_a}$ der beiden Geraden.

Sie können das Skalarprodukt per Hand oder mithilfe der Rechnerfunktionen ermitteln.

Bestimmen Sie denjenigen Wert für a, für den das Skalarprodukt null ergibt.

Teilaufgabe f

Bestimmung des Wertes von a, für den der Abstand von A und D_a minimal ist

Berechnen Sie zunächst den Vektor $\overrightarrow{AD_a}$. Der Abstand der beiden Punkte A und D_a entspricht der Länge von $\overrightarrow{AD_a}$.

Die Länge von $\overrightarrow{AD_a}$ ist eine Funktion von a. Bestimmen Sie mithilfe der Differenzialrechnung denjenigen Wert von a, für den die Länge von $\overrightarrow{AD_a}$ minimal wird.

Lösungsvorschlag zum Wahlteil (CAS/GTR) – Aufgabe 3 C

a) Nachweis der ersten Aussage:
Durch Einsetzen der vorgegebenen Ortsvektoren in die Vektorgleichung
$\overrightarrow{OC} = a \cdot \overrightarrow{OA} + b \cdot \overrightarrow{OB}$ erhält man:

$$\begin{pmatrix} 2 \\ -2 \\ -3 \end{pmatrix} = a \cdot \begin{pmatrix} 4 \\ 0 \\ -2 \end{pmatrix} + b \cdot \begin{pmatrix} 4 \\ 1{,}5 \\ -0{,}5 \end{pmatrix}$$

Dies ist ein lineares Gleichungssystem mit den Unbekannten a und b:

$$2 = 4 \cdot a + 4 \cdot b$$
$$-2 = 1{,}5 \cdot b$$
$$-3 = -2 \cdot a - 0{,}5 \cdot b$$

$$\text{solve}\left(\begin{cases} 2=4\cdot a+4\cdot b \\ -3=-2\cdot a-0.5\cdot b \end{cases},\{a,b\}\right)$$
$$a=\frac{11}{6} \text{ and } b=\frac{-4}{3}$$

Aus der ersten und dritten Gleichung folgt:

$$a = \frac{11}{6} \text{ und } b = -\frac{4}{3}$$

Der Wert $b = -\frac{4}{3}$ erfüllt auch die zweite Gleichung, denn:

$$-2 = \frac{3}{2} \cdot \left(-\frac{4}{3}\right)$$

Der Vektor $\overrightarrow{OC}$ lässt sich also als Linearkombination der Vektoren $\overrightarrow{OA}$ und $\overrightarrow{OB}$ darstellen.

Nachweis der zweiten Aussage:
Man erhält:

$$\overrightarrow{AB} = \overrightarrow{OB} - \overrightarrow{OA} = \begin{pmatrix} 4 \\ 1{,}5 \\ -0{,}5 \end{pmatrix} - \begin{pmatrix} 4 \\ 0 \\ -2 \end{pmatrix} = \begin{pmatrix} 0 \\ 1{,}5 \\ 1{,}5 \end{pmatrix}$$

Die Vektoren $\overrightarrow{OC}$ und $\overrightarrow{AB}$ sind genau dann kollinear, wenn es einen Wert $k \in \mathbb{R}$ gibt mit $\overrightarrow{OC} = k \cdot \overrightarrow{AB}$. Dafür müsste gelten:

$$\begin{pmatrix} 2 \\ -2 \\ -3 \end{pmatrix} = k \cdot \begin{pmatrix} 0 \\ 1{,}5 \\ 1{,}5 \end{pmatrix}$$

Die Gleichung kann nicht erfüllt werden. Dies zeigt bereits die erste Koordinatengleichung:

$$k \cdot 0 = 0 \neq 2$$

$\overrightarrow{OC}$ und $\overrightarrow{AB}$ sind also nicht kollinear.

b) Begründung:
Unter Teilaufgabe a wurde festgestellt, dass der Vektor $\overrightarrow{OC}$ eine Linearkombination der Vektoren $\overrightarrow{OA}$ und $\overrightarrow{OB}$ darstellt. $\overrightarrow{OC}$ liegt daher in der durch $\overrightarrow{OA}$ und $\overrightarrow{OB}$ aufgespannten Ebene. Insgesamt liegen somit auch die durch O und C verlaufende Gerade h und die Gerade g durch A und B in dieser Ebene.
Da in Teilaufgabe a außerdem festgestellt wurde, dass der Richtungsvektor $\overrightarrow{AB}$ von g und der Richtungsvektor $\overrightarrow{OC}$ von h nicht kollinear sind, müssen sich g und h in genau einem Punkt schneiden.

c) Angabe der Gleichung der Geraden durch B und D_1:
Für $a = 1$ ergibt sich der Punkt $D_1(1\,|\,1\,|\,0{,}5)$. Mit dem Stützvektor $\overrightarrow{OB} = \begin{pmatrix} 4 \\ 1{,}5 \\ -0{,}5 \end{pmatrix}$ und dem Richtungsvektor $\overrightarrow{BD_1} = \begin{pmatrix} 1 \\ 1 \\ 0{,}5 \end{pmatrix} - \begin{pmatrix} 4 \\ 1{,}5 \\ -0{,}5 \end{pmatrix} = \begin{pmatrix} -3 \\ -0{,}5 \\ 1 \end{pmatrix}$ folgt für die Gleichung der Geraden durch B und D_1:

$$\vec{x} = \begin{pmatrix} 4 \\ 1{,}5 \\ -0{,}5 \end{pmatrix} + r \cdot \begin{pmatrix} -3 \\ -0{,}5 \\ 1 \end{pmatrix},\ r \in \mathbb{R}$$

d) Nachweis, dass der Punkt D_a für jeden Wert von a in der Ebene E liegt:
Der Punkt D_a liegt genau dann für jeden Wert von a in der Ebene E, wenn es für die folgende Vektorgleichung für jeden Wert von a Lösungen s und t gibt:

$$\begin{pmatrix} a \\ 1 \\ 1-\frac{a}{2} \end{pmatrix} = \begin{pmatrix} 4 \\ 0 \\ -2 \end{pmatrix} + s \cdot \begin{pmatrix} 0 \\ 1{,}5 \\ 1{,}5 \end{pmatrix} + t \cdot \begin{pmatrix} -2 \\ -2 \\ -1 \end{pmatrix}$$

Dies ist ein lineares Gleichungssystem mit den Unbekannten a, s und t:

$$a = 4 - 2 \cdot t$$
$$1 = 1{,}5 \cdot s - 2 \cdot t$$
$$1 - \frac{a}{2} = -2 + 1{,}5 \cdot s - t$$

$$\text{solve}\left(\begin{cases} 1=1.5\cdot s-2\cdot t \\ 1-\frac{a}{2}=-2+1.5\cdot s-t \end{cases}, \{s,t\}\right)$$
$$s=\frac{-2\cdot(a-5)}{3} \text{ and } t=\frac{-(a-4)}{2}$$

Aus der zweiten und dritten Koordinatengleichung folgt:

$$s = -\frac{2}{3} \cdot (a-5) \text{ und } t = -\frac{1}{2} \cdot (a-4)$$

Der Wert $t = -\frac{1}{2} \cdot (a-4)$ erfüllt auch die erste Koordinatengleichung, denn:

$$a = 4 - 2 \cdot \left(-\frac{1}{2}\right) \cdot (a-4) = 4 + (a-4) = a$$

Daher besitzt die obige Vektorgleichung für jeden Wert von a eine Lösung für s und t. Alle Punkte D_a liegen also in der Ebene E.

e) Berechnung des Wertes von a:

Der Vektor $\overrightarrow{BD_a} = \begin{pmatrix} a \\ 1 \\ 1-\frac{a}{2} \end{pmatrix} - \begin{pmatrix} 4 \\ 1,5 \\ -0,5 \end{pmatrix} = \begin{pmatrix} a-4 \\ -0,5 \\ 1,5-\frac{a}{2} \end{pmatrix}$ ist ein Richtungsvektor der Geraden durch B und D_a. Für die Gerade g ist $\overrightarrow{AB} = \begin{pmatrix} 0 \\ 1,5 \\ 1,5 \end{pmatrix}$ ein Richtungsvektor.

Die Gerade g und die Gerade durch B und D_a schneiden sich genau dann orthogonal, wenn das Skalarprodukt ihrer Richtungsvektoren null ergibt.

$$\begin{pmatrix} 0 \\ 1,5 \\ 1,5 \end{pmatrix} \circ \begin{pmatrix} a-4 \\ -0,5 \\ 1,5-\frac{a}{2} \end{pmatrix} = -0,75 + 1,5\left(1,5 - \frac{a}{2}\right) = 0$$

$$\text{solve}\left(\text{dotP}\left(\begin{bmatrix} 0 \\ 1.5 \\ 1.5 \end{bmatrix}, \begin{bmatrix} a-4 \\ -0.5 \\ 1.5-\frac{a}{2} \end{bmatrix}\right)=0,a\right) \qquad a=2$$

Der Rechner liefert die Lösung $a=2$.

Die beiden Geraden schneiden sich somit genau dann orthogonal, wenn $a=2$ gilt.

f) Bestimmung des Wertes von a, für den der Abstand von A und D_a minimal ist:
Der Abstand d der Punkte A und D_a ist gleich der Länge des Vektors:

$$\overrightarrow{AD_a} = \begin{pmatrix} a \\ 1 \\ 1-\frac{a}{2} \end{pmatrix} - \begin{pmatrix} 4 \\ 0 \\ -2 \end{pmatrix} = \begin{pmatrix} a-4 \\ 1 \\ 3-\frac{a}{2} \end{pmatrix}$$

Man erhält:

$$d = |\overrightarrow{AD_a}| = \sqrt{(a-4)^2 + 1^2 + \left(3 - \frac{a}{2}\right)^2}$$
$$= \sqrt{\frac{5}{4} \cdot a^2 - 11 \cdot a + 26}$$

$$\text{expand}\left((a-4)^2+1+\left(3-\frac{a}{2}\right)^2\right) \qquad \frac{5 \cdot a^2}{4} - 11 \cdot a + 26$$

$$\text{solve}\left(\frac{d}{da}\left(\frac{5 \cdot a^2}{4} - 11 \cdot a + 26\right)=0,a\right) \qquad a=\frac{22}{5}$$

Der Abstand ist minimal, wenn der Term unter der Wurzel minimal ist.
Dieser Term ist der Funktionsterm einer quadratischen Funktion f mit:

$$f(a) = \frac{5}{4} \cdot a^2 - 11 \cdot a + 26$$

Der Graph von f ist eine nach oben geöffnete Parabel.
Für die Abszisse des Scheitelpunktes der Parabel muss $f'(a) = 0$ gelten. Der Rechner liefert $a = \frac{22}{5} = 4,4$ als Lösung.
Der Abstand von A und D_a ist daher für $a=4,4$ minimal.

Niedersachsen Mathematik ▪ Abiturprüfung 2022
Grundlegendes Anforderungsniveau

Pflichtteil (keine Hilfsmittel)

Aufgabe P 1 — Punkte

a) Die Abbildung zeigt den Graphen der Funktion f mit $f(x) = a \cdot b^x$ mit $a > 0$ und $b > 0$. Bestimmen Sie die passenden Werte von a und b. — 3

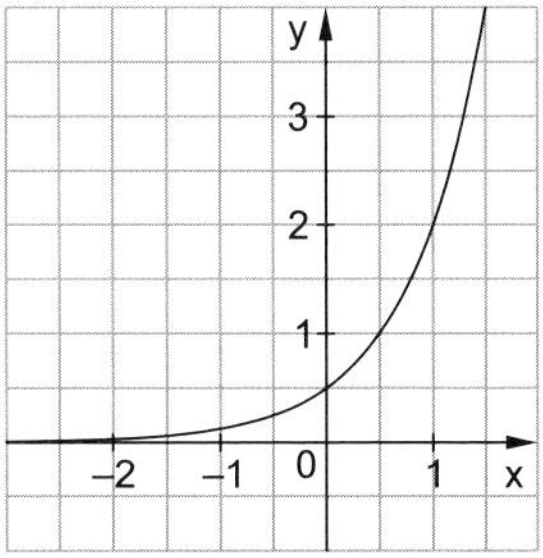

b) Der Graph der in $\mathbb{R}$ definierten Funktion g mit $g(x) = 3^x$ wird um 2 in negative x-Richtung verschoben.
Zeigen Sie, dass der dadurch entstehende Graph auch durch eine Streckung des Graphen von g in y-Richtung erzeugt werden kann. — 2

Aufgabe P 2

a) Eine ganzrationale Funktion f hat die Nullstellen 1, 2 und –3.
Geben Sie eine Funktionsgleichung für f an. — 2

b) Für eine Funktion h gilt: $h'(x) = x^2 - 2x - 24$
Bestimmen Sie die Extremstellen des Graphen von h. — 3

Aufgabe P 3

Gegeben ist die in $\mathbb{R}$ definierte Funktion f mit $f(x) = x^2$.
Bestimmen Sie diejenige reelle Zahl m mit $m < 0$, für die der Graph von f und die Gerade mit der Gleichung $y = m \cdot x$ eine Fläche mit dem Inhalt 36 einschließen. — 5

Aufgabe P 4 (Stochastik)[1]

In einer Gemeinde gab es beim Streit um ein neues Bauprojekt eine Befragung. Von den Teilnehmenden waren 70 % älter als 35 Jahre. 60 % der höchstens 35-Jährigen und 20 % der über 35-Jährigen, die an der Befragung teilnahmen, stimmten gegen das Bauprojekt.

a) Bestimmen Sie das Ergebnis der Befragung. 3

b) Bestimmen Sie unter den Teilnehmenden, die für das Projekt stimmten, den Anteil der höchstens 35-Jährigen. 2

Aufgabe P 5 (Stochastik)

Für ein Zufallsexperiment wird eine Zufallsgröße X festgelegt, welche die drei Werte 2, 5 und 8 annehmen kann. In der Abbildung ist die Wahrscheinlichkeitsverteilung von X dargestellt.

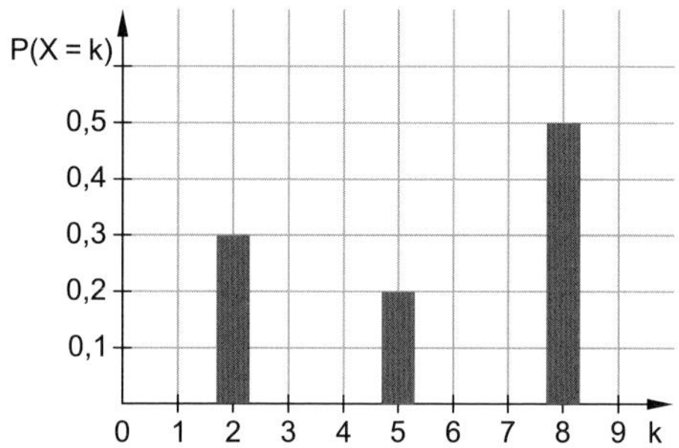

k	2	5	8
P(X = k)		0,2	

a) Geben Sie die in der Tabelle fehlenden Werte an.
Berechnen Sie den Erwartungswert von X. 3

b) Das Zufallsexperiment wird zweimal unter gleichen Bedingungen durchgeführt. Dabei wird jeweils der Wert der Zufallsgröße X notiert.
Bestimmen Sie die Wahrscheinlichkeit dafür, dass das Produkt dieser beiden Werte den Wert 10 ergibt. 2

25

1 *Hinweis:* In der Prüfung 2022 konnten die Schülerinnen und Schüler entscheiden, ob sie Stochastik oder Analytische Geometrie/Lineare Algebra bearbeiten wollen. Daher gibt es die Aufgaben P4 und P5 jeweils aus beiden Teilbereichen.

Aufgabe P 4 (Analytische Geometrie/Lineare Algebra)

Gegeben sind die Punkte $A(0|0|0)$, $B(8|6|0)$ und $C(4|3|z)$, wobei z eine positive reelle Zahl ist.

a) Zeigen Sie, dass es sich bei dem Dreieck ABC um ein gleichschenkliges Dreieck mit der Basis $\overline{AB}$ handelt. 2

b) Das Dreieck ABC hat den Flächeninhalt 35.
Bestimmen Sie den Wert von z. 3

Aufgabe P 5 (Analytische Geometrie/Lineare Algebra)

Gegeben sind die Punkte $P(2|0|1)$ und $Q(2|4|9)$ sowie die parallelen Geraden $g\colon \vec{x} = \overrightarrow{OP} + s \cdot \begin{pmatrix} 3 \\ -1 \\ 2 \end{pmatrix}$ und $h\colon \vec{x} = \overrightarrow{OQ} + t \cdot \begin{pmatrix} 3 \\ -1 \\ 2 \end{pmatrix}$ mit $s, t \in \mathbb{R}$.

a) Zeigen Sie, dass g und h nicht identisch sind. 2

b) Bestimmen Sie eine Gleichung der Gerade, die parallel zu g und h ist und die Strecke $\overline{PQ}$ im Punkt T schneidet, wobei $3 \cdot \left|\overline{PT}\right| = \left|\overline{QT}\right|$ ist. 3

25

Lösungsvorschlag zum Pflichtteil

Aufgabe P 1

a) Dem Graphen von f kann man folgende Funktionswerte entnehmen:

$f(0) = \frac{1}{2}$

$f(1) = 2$

Durch Einsetzen in $f(x) = a \cdot b^x$ folgt:

$$f(0) = \frac{1}{2} \quad \Leftrightarrow \quad a \cdot b^0 = \frac{1}{2} \quad \Leftrightarrow \quad a = \frac{1}{2} \quad \Rightarrow \quad f(x) = \frac{1}{2} \cdot b^x$$

$$f(1) = 2 \quad \Leftrightarrow \quad \frac{1}{2} \cdot b^1 = 2 \quad \Leftrightarrow \quad b = 4$$

b) Die Funktionsgleichung des um 2 in negativer x-Richtung verschobenen Graphen von g lautet:

$h(x) = 3^{x+2} = g(x+2)$

Man erhält:

$h(x) = 3^{x+2} = 3^x \cdot 3^2 = 9 \cdot 3^x = 9 \cdot g(x)$

Der Graph von h entsteht aus dem Graphen von g durch eine Streckung in y-Richtung mit dem Faktor 9.

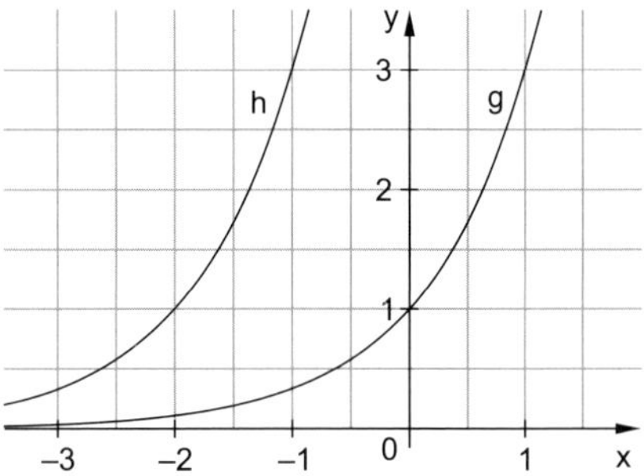

TIPP Die Skizze zeigt den Graphen von h, sie ist für die Lösung der Aufgabe jedoch nicht verlangt.

Aufgabe P 2

a) Aus den angegebenen Nullstellen lässt sich der Funktionsterm als Produkt der dazugehörigen Linearfaktoren angeben. Eine Funktionsgleichung lautet z. B.:

$f(x) = (x-1) \cdot (x-2) \cdot (x+3)$

b) Für die Extremstellen des Graphen von h muss $h'(x) = 0$ gelten.

$$\begin{aligned} h'(x) = 0 \quad &\Leftrightarrow \quad x^2 - 2x - 24 = 0 \\ &\Leftrightarrow \quad x^2 - 2x = 24 \\ &\Leftrightarrow \quad x^2 - 2x + 1 = 25 \\ &\Leftrightarrow \quad (x-1)^2 = 25 \\ &\Leftrightarrow \quad x_1 = 6 \vee x_2 = -4 \end{aligned}$$

Die quadratische Funktion h' hat die zwei Nullstellen $x = 6$ und $x = -4$. Dies sind die Extremstellen des Graphen von h.

Alternative zur Lösung der Gleichung von $h'(x)=0$:

Aus der pq-Formel für $x^2+px+q=0$ mit $p=-2$, $q=-24$ folgt:

$$h'(x)=0 \;\Leftrightarrow\; x_{1/2}=1\pm\sqrt{(-1)^2+24}$$
$$\Leftrightarrow\; x_1=1+\sqrt{1+24} \;\vee\; x_2=1-\sqrt{25}$$
$$\Leftrightarrow\; x_1=6 \;\vee\; x_2=-4$$

Aufgabe P 3

Der Graph von f ist eine Normalparabel und die Gleichung $y=m\cdot x$ mit $m<0$ beschreibt eine Ursprungsgerade mit negativer Steigung m. Die Schnittstellen der Normalparabel und der Ursprungsgeraden ergeben sich durch Gleichsetzen der Funktionsterme:

$$x^2=m\cdot x \;\Leftrightarrow\; x^2-m\cdot x=0 \;\Leftrightarrow\; x\cdot(x-m)=0 \;\Leftrightarrow\; x=0 \vee x=m$$

Die Skizze veranschaulicht den Sachverhalt und zeigt die eingeschlossene Fläche.

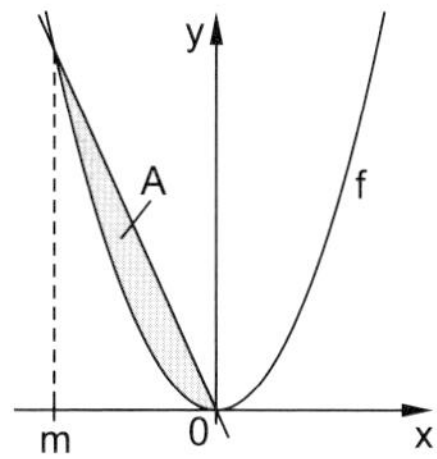

Nach dem Hauptsatz der Differenzial- und Integralrechnung folgt für den Flächeninhalt A:

$$A=\int_m^0 (m\cdot x-x^2)\,dx=\left[\frac{1}{2}m\cdot x^2-\frac{1}{3}x^3\right]_m^0$$
$$=0-\left(\frac{1}{2}m^3-\frac{1}{3}m^3\right)$$
$$=-\frac{1}{6}m^3$$

Aus der Vorgabe $A=36$ folgt:

$$-\frac{1}{6}m^3=36 \;\Leftrightarrow\; m=-6$$

Die Steigung der Ursprungsgeraden muss den Wert $m=-6$ annehmen, damit der eingeschlossene Flächeninhalt 36 ist.

Aufgabe P 4 (Stochastik)

a) Von den Teilnehmenden waren 30 % höchstens 35 Jahre alt.
Das Produkt $0{,}6\cdot 0{,}3=0{,}18$ stellt daher den Anteil unter den Teilnehmenden dar, die gegen das Bauprojekt stimmten und höchstens 35 Jahre alt sind.

Entsprechend ist $0{,}2\cdot 0{,}7=0{,}14$ der Anteil unter den Teilnehmenden, die gegen das Bauprojekt stimmten und älter als 35 Jahre sind.

Die Summe $0{,}6\cdot 0{,}3+0{,}2\cdot 0{,}7=0{,}32$ stellt also den gesamten Anteil der Gegenstimmen bei der Abstimmung dar.

Insgesamt stimmten somit 32 % der Teilnehmenden dagegen und 68 % dafür.

b) Von den höchstens 35-Jährigen stimmten 40 % für das Projekt.
Das Produkt $0,4 \cdot 0,3$ stellt daher den Anteil unter den Teilnehmenden dar, die für das Projekt stimmten und höchstens 35 Jahre alt sind.

Unter den Teilnehmenden, die für das Projekt stimmten, ist somit der Quotient $\frac{0,4 \cdot 0,3}{0,68}$ der Anteil der höchstens 35-Jährigen. Man erhält:

$$\frac{0,4 \cdot 0,3}{0,68} = \frac{12}{68} = \frac{3}{17}$$

Aufgabe P 5 (Stochastik)

a) Dem Graphen der Wahrscheinlichkeitsverteilung werden die Wahrscheinlichkeiten für X = 2 und X = 8 entnommen:

k	2	5	8
P(X = k)	**0,3**	0,2	**0,5**

Der Erwartungswert E(X) ergibt sich als Summe der Produkte von Zufallsgröße und zugehöriger Wahrscheinlichkeit:
$E(X) = 2 \cdot 0,3 + 5 \cdot 0,2 + 8 \cdot 0,5 = 5,6$

b) Die zweimalige Durchführung des Zufallsexperiments lässt sich durch das folgende Baumdiagramm veranschaulichen:

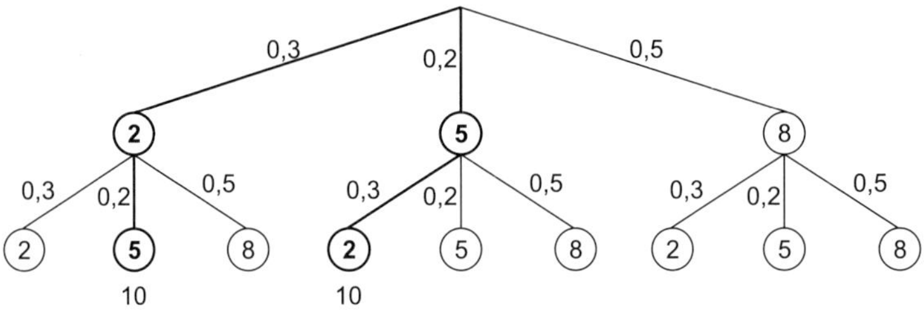

Das Produkt 10 kann nur durch die beiden Werte 2 und 5 der Zufallsgröße X realisiert werden. Die beiden dazugehörigen Pfade sind im Baumdiagramm hervorgehoben und führen zum Ereignis E. Mithilfe der Produkt- und Summenregel erhält man:
$P(E) = 0,3 \cdot 0,2 + 0,2 \cdot 0,3 = 0,12$

Die Wahrscheinlichkeit, dass das Produkt der beiden Werte 10 ergibt, beträgt also 12 %.

Aufgabe P 4 (Analytische Geometrie/Lineare Algebra)

a) Die Abbildung zeigt das Dreieck ABC. Der Punkt C'(4 | 3 | 0) ist der Mittelpunkt der Strecke $\overline{AB}$ und die Gerade C'C stellt die Mittelsenkrechte von $\overline{AB}$ dar.

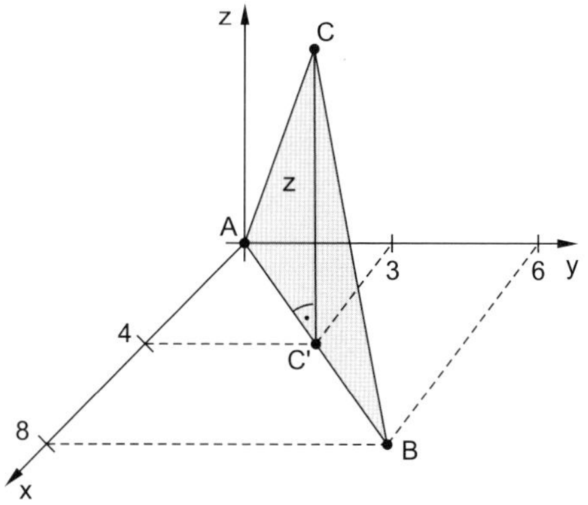

C liegt also auf dieser Mittelsenkrechten und hat daher von den Punkten A und B den gleichen Abstand. Das Dreieck ist also gleichschenklig mit $|\overline{AC}| = |\overline{BC}|$.

Alternative:
Die Längen der Strecken $\overline{AC}$ und $\overline{BC}$ werden berechnet. Man erhält:

$$|\overrightarrow{AC}| = \left|\begin{pmatrix} 4 \\ 3 \\ z \end{pmatrix}\right| = \sqrt{4^2 + 3^2 + z^2} = \sqrt{25 + z^2}$$

Mit $\overrightarrow{BC} = \begin{pmatrix} 4 \\ 3 \\ z \end{pmatrix} - \begin{pmatrix} 8 \\ 6 \\ 0 \end{pmatrix} = \begin{pmatrix} -4 \\ -3 \\ z \end{pmatrix}$ folgt:

$$|\overrightarrow{BC}| = \left|\begin{pmatrix} -4 \\ -3 \\ z \end{pmatrix}\right| = \sqrt{(-4)^2 + (-3)^2 + z^2} = \sqrt{25 + z^2}$$

Da die Strecken $\overline{AC}$ und $\overline{BC}$ gleich lang sind, ist das Dreieck ABC gleichschenklig.

b) Der Flächeninhalt F des Dreiecks ABC ist durch $F = \frac{1}{2} \cdot g \cdot h$ gegeben. Die Länge der Strecke $\overline{AB}$ ist die Länge g der Grundseite und z stellt die Höhenlänge h dar.

Mit $g = |\overrightarrow{AB}| = \left|\begin{pmatrix} 8 \\ 6 \\ 0 \end{pmatrix}\right| = \sqrt{8^2 + 6^2} = \sqrt{100} = 10$ folgt:

$$F = \frac{1}{2} \cdot g \cdot h = \frac{1}{2} \cdot 10 \cdot z = 5 \cdot z$$

Die Vorgabe $F = 35$ führt auf:
$5 \cdot z = 35 \quad \Leftrightarrow \quad z = 7$

Für $z = 7$ beträgt der Flächeninhalt des Dreiecks 35.

Aufgabe P 5 (Analytische Geometrie/Lineare Algebra)

a) Die Gleichungen der beiden Geraden lauten:

$$g: \vec{x} = \begin{pmatrix} 2 \\ 0 \\ 1 \end{pmatrix} + s \cdot \begin{pmatrix} 3 \\ -1 \\ 2 \end{pmatrix}, s \in \mathbb{R} \text{ und } h: \vec{x} = \begin{pmatrix} 2 \\ 4 \\ 9 \end{pmatrix} + t \cdot \begin{pmatrix} 3 \\ -1 \\ 2 \end{pmatrix}, t \in \mathbb{R}$$

Wären die beiden Geraden g und h identisch, so müsste der Stützpunkt P(2 | 0 | 1) von g auch auf h liegen. Dann müsste es einen Wert für t geben, der die folgende Vektorgleichung erfüllt:

$$\begin{pmatrix} 2 \\ 0 \\ 1 \end{pmatrix} = \begin{pmatrix} 2 \\ 4 \\ 9 \end{pmatrix} + t \cdot \begin{pmatrix} 3 \\ -1 \\ 2 \end{pmatrix}$$

Die dazugehörigen Koordinatengleichungen lauten:

$2 = 2 + 3 \cdot t$
$0 = 4 - t$
$1 = 9 + 2 \cdot t$

Aus der ersten Gleichung folgt $t = 0$. Dieser Wert erfüllt jedoch nicht die zweite und dritte Gleichung. Die Geraden g und h sind also nicht identisch.

Alternative:
Die Geraden g und h sind genau dann identisch, wenn der Vektor $\overrightarrow{PQ}$ ein Vielfaches des Richtungsvektors $\begin{pmatrix} 3 \\ -1 \\ 2 \end{pmatrix}$ ist.
Man erhält:

$$\overrightarrow{PQ} = \begin{pmatrix} 2 \\ 4 \\ 9 \end{pmatrix} - \begin{pmatrix} 2 \\ 0 \\ 1 \end{pmatrix} = \begin{pmatrix} 0 \\ 4 \\ 8 \end{pmatrix}$$

Die Gleichung $\begin{pmatrix} 0 \\ 4 \\ 8 \end{pmatrix} = r \cdot \begin{pmatrix} 3 \\ -1 \\ 2 \end{pmatrix}$ ist nicht lösbar: Aus der ersten Koordinatengleichung folgt $r = 0$. Dieser Wert erfüllt aber nicht die zweite und dritte Gleichung.

b) Der Punkt T teilt die Strecke $\overline{PQ}$ im Verhältnis 1 : 3. Der Ansatz zur Bestimmung des Ortsvektors von T lautet daher (siehe Abbildung):

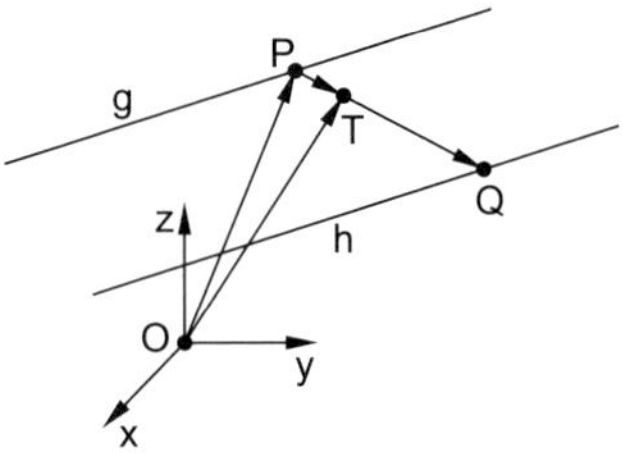

$$\overrightarrow{OT} = \overrightarrow{OP} + \frac{1}{4} \cdot \overrightarrow{PQ}$$

Mit $\overrightarrow{PQ} = \begin{pmatrix} 0 \\ 4 \\ 8 \end{pmatrix}$ folgt:

$$\overrightarrow{OT} = \begin{pmatrix} 2 \\ 0 \\ 1 \end{pmatrix} + \frac{1}{4} \cdot \begin{pmatrix} 0 \\ 4 \\ 8 \end{pmatrix} = \begin{pmatrix} 2 \\ 1 \\ 3 \end{pmatrix}$$

Der Punkt T hat also die Koordinaten T(2 | 1 | 3).

Die gesuchte Gerade verläuft durch T und hat den gleichen Richtungsvektor wie g und h. Ihre Gleichung lautet:

$$\vec{x} = \begin{pmatrix} 2 \\ 1 \\ 3 \end{pmatrix} + r \cdot \begin{pmatrix} 3 \\ -1 \\ 2 \end{pmatrix}, \; r \in \mathbb{R}$$

Wahlteil (GTR/CAS) – Aufgabe 1 B

Die Grafik zeigt die Schulden Deutschlands zu Beginn eines Jahres für die Jahre 1950 bis 2010 in Mrd. Euro.

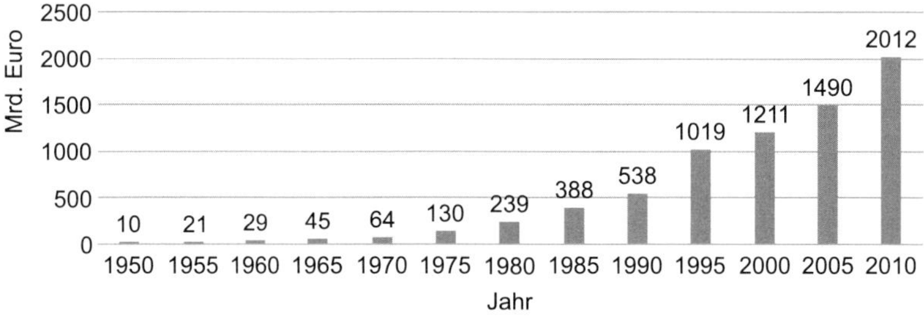

Punkte

a) Geben Sie die beiden Fünfjahreszeiträume an, in denen sich die Schulden mindestens verdoppelt haben. 2

b) Geben Sie ein Verfahren an zur Bestimmung einer Funktion, die für den Zeitraum von 1950 bis 2010 die Schulden in Abhängigkeit von der Zeitdauer seit 1950 näherungsweise beschreibt.
Nennen Sie drei Schritte der Durchführung des Verfahrens. 4

In der nebenstehenden Abbildung sind die Daten aus der Grafik eingetragen.
Die auf ganz $\mathbb{R}$ definierte Funktion f mit
$f(x) = 11 \cdot e^{0{,}089x}$
beschreibt für $0 \leq x \leq 60$ näherungsweise die Schulden Deutschlands von 1950 bis 2010. Dabei gibt x die Zeit in Jahren seit 1950 an und f(x) die Schulden in Mrd. Euro.

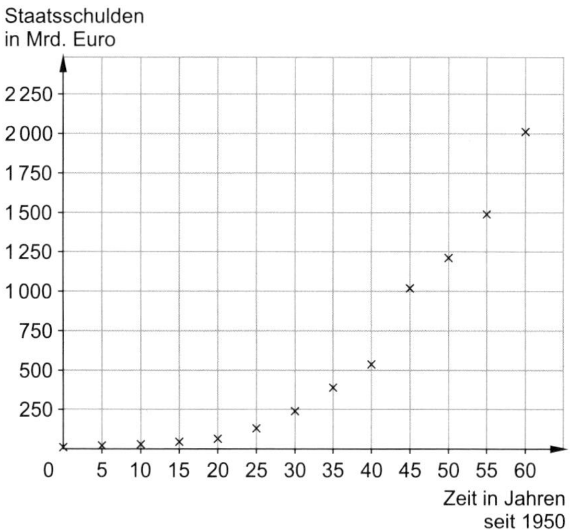

c) Zeichnen Sie den Graphen von f in die Abbildung. 3

d) Bestimmen Sie mithilfe der Funktion f die jährliche prozentuale Zunahme der Schulden.
Untersuchen Sie, ob es einen Zeitpunkt gibt, zu dem die momentane Änderungsrate der Schulden größer als 250 Mrd. Euro pro Jahr ist. 5

Im Folgenden wird in einem anderen Modell die momentane Änderungsrate der Schulden Deutschlands zu Beginn eines Jahres ab dem Jahr 2005 betrachtet. Sie wird für $x \geq 0$ durch die auf ganz $\mathbb{R}$ definierte Funktion g mit $g(x) = 250 \cdot e^{-0{,}25x} - 38$ beschrieben.
Dabei gibt x die Zeit in Jahren seit 2005 und g(x) die momentane Änderungsrate der Schulden in Mrd. Euro pro Jahr an.
(**GTR-Variante:** Ohne Nachweis können Sie verwenden, dass G mit $G(x) = -1\,000 \cdot e^{-0{,}25x} - 38 \cdot x$ eine Stammfunktion von g ist.)

e) Begründen Sie, dass in der Modellierung mit g die momentane Änderungsrate der Schulden ab Beginn des Jahres 2005 abnimmt.
Berechnen Sie das Jahr, in dem die Schulden ihren Höchststand erreichen. 6

Im Folgenden werden die zu erwartenden Schulden Deutschlands m Jahre nach dem Jahr 2005 für $0 \leq m \leq 70$ betrachtet.

f) Begründen Sie, dass sich die zu erwartenden Schulden zu Beginn des Jahres 2005 + m mithilfe des folgenden Terms berechnen lassen:

$$1\,490 + \int_0^m g(x)\,dx$$

Bestimmen Sie das Jahr, in dem die Schulden vollständig abgebaut sind. 7

g) Begründen Sie, dass die Lösungen der Gleichung $\dfrac{g(m)}{1\,490 + \int_0^m g(x)\,dx} = 0{,}05$

Zeitpunkte nach dem Jahr 2005 angeben, zu denen die Schulden um 5 % der vorhandenen Schulden wachsen.
Bestimmen Sie den Zeitraum, in dem die momentane Änderungsrate der Schulden weniger als 5 % der Schulden beträgt. 8

35

TIPP Lösungshinweise zum Wahlteil (GTR/CAS) – Aufgabe 1 B

Teilaufgabe a

Angabe der beiden Fünfjahreszeiträume

Es gibt genau zwei Fünfjahreszeiträume, in denen sich die Schulden mindestens verdoppeln.

Schauen Sie sich die Daten der Grafik genau an und geben Sie die beiden Zeiträume an.

Teilaufgabe b

Angabe eines Verfahrens und der drei Schritte bei der Durchführung

Geben Sie ein Verfahren an, mit dem Sie unter Einsatz des Rechners eine Näherungsfunktion für die zeitliche Entwicklung der Schulden seit 1950 ermitteln können.

Ein übliches Verfahren stellt die Regression dar. Beschreiben Sie die Durchführung dieses Verfahrens in drei Schritten.

Alternativ lässt sich eine Näherungsfunktion auch mit dem Verfahren der Parameterbestimmung ermitteln. Wenn Sie dieses Verfahren nennen, ist seine Durchführung ebenfalls in drei Schritten zu beschreiben.

Teilaufgabe c

Zeichnung des Graphen von f

Ermitteln Sie mithilfe des Rechners die Funktionswerte einer Reihe von x-Werten im Intervall [0; 60] und tragen Sie die dazugehörigen Punkte $(x \mid f(x))$ sorgfältig in die Abbildung ein.

Verbinden Sie die Punkte zum Graphen der Funktion f.

Teilaufgabe d

Bestimmung der jährlichen prozentualen Zunahme der Schulden

Beachten Sie, dass die Funktion f mit $f(x) = 11 \cdot e^{0,089 \cdot x}$ die Schulden von 1950 bis 2010 näherungsweise beschreibt.

Bei der Funktion f handelt es sich um eine exponentielle Wachstumsfunktion, d. h., der Funktionswert des Folgejahres ergibt sich aus dem Funktionswert des Vorjahres stets durch eine Multiplikation mit einem festen Faktor $k > 1$.

Ermitteln Sie diesen Faktor k, indem Sie $f(x + 1)$ berechnen.

Lesen Sie aus dem Faktor k die jährliche prozentuale Zunahme der Schulden ab.

Untersuchung zum Maximum der momentanen Änderungsrate

Beachten Sie, dass die momentane Änderungsrate der Schulden durch die Funktion f' gegeben ist.

Da mit f auch f' monoton wächst, nimmt f' sein Maximum am rechten Rand des Definitionsbereichs an, also bei $x = 60$.

Bestimmen Sie die momentane Änderungsrate am Rand des Definitionsbereichs und formulieren Sie Ihr Untersuchungsergebnis.

Teilaufgabe e

Begründung, dass die momentane Änderungsrate g ab 2005 abnimmt

Beachten Sie, dass im Funktionsterm von g der Exponent von e negativ ist. Was bedeutet dies für das Monotonieverhalten von g?

Berechnung des Zeitpunktes mit dem Höchststand an Schulden

Beachten Sie, dass zum Zeitpunkt des Schuldenmaximums die Änderungsrate der Schulden null ergeben muss, d. h., es muss $g(x) = 0$ gelten.

Sie können die Gleichung $g(x) = 0$ mithilfe des Rechners numerisch oder grafisch lösen.

Teilaufgabe f

Begründung für den angegebenen Term

Die Funktion g beschreibt die momentane Änderungsrate der Schulden ab 2005.

Welche Bedeutung hat folglich der Term $\int_0^m g(x)\,dx$?

Beachten Sie, dass im Jahr 2005 bereits 1 490 Mrd. Euro Schulden vorhanden sind.

Bestimmung des Zeitpunktes, bei dem die Schulden vollständig abgebaut sind

Zu lösen ist die Gleichung $1\,490 + \int_0^m g(x)\,dx = 0$. Dabei ist m die Unbekannte.

Beachten Sie, dass die Lösung m eine positive Zahl ist.

Teilaufgabe g

Begründung für die Bedeutung der Lösung der angegebenen Gleichung

Lesen Sie die Aufgabenstellung sorgfältig durch und deuten Sie zunächst den Bruchterm auf der linken Seite der Gleichung.

Deuten Sie diesen Bruchterm als Anteil und den Wert 0,05 auf der rechten Seite der Gleichung als 5 %.

Bestimmung des Zeitraums mit der angegebenen Eigenschaft

Beachten Sie, dass die Änderungsrate g der Schulden eine monoton fallende Funktion ist, die eine Nullstelle besitzt (siehe Teilaufgabe e).

Der Term g(m) wechselt bei dieser Nullstelle sein Vorzeichen. Dies gilt dann auch für den Bruchterm auf der linken Seite der Gleichung.

Zur Bestimmung des gesuchten Zeitraums sind somit die positiven Lösungen m der folgenden beiden Gleichungen zu ermitteln:

$$\frac{g(m)}{1\,490 + \int\limits_0^m g(x)\,dx} = 0{,}05 \quad \text{und} \quad \frac{g(m)}{1\,490 + \int\limits_0^m g(x)\,dx} = -0{,}05$$

Nutzen Sie zum Lösen dieser Gleichungen die Möglichkeiten des Rechners.

Lösungsvorschlag zum Wahlteil (GTR/CAS) – Aufgabe 1 B

a) Angabe der beiden Fünfjahreszeiträume:
Vom Beginn des Jahres 1950 bis zu Beginn des Jahres 1955 stiegen die Schulden von 10 auf 21 Mrd. Euro. Die Schulden haben sich in diesem Zeitraum also mehr als verdoppelt.
Im Zeitraum von 1970 bis 1975 stiegen die Schulden von 64 auf 130 Mrd. Euro. Sie haben sich hier ebenfalls mehr als verdoppelt.

b) Angabe eines Verfahrens und der drei Schritte bei der Durchführung:
Ein übliches Verfahren stellt die Regression dar, die mit dem Rechner durchgeführt werden kann.

Schritt 1: Man gibt die Wertepaare der vorgelegten Grafik in Listen oder in eine Tabelle ein. Dabei wird für x die Zeit in Jahren seit 1950 und für y die Höhe der Schulden in Mrd. Euro gewählt.

Schritt 2: Im Statistik-Menü wählt man den Funktionstyp. Im vorliegenden Fall wählt man „Exponentielle Regression“, da die Grafik ein exponentielles Wachstum der Schulden nahelegt.

Schritt 3: Der Rechner gibt für den Funktionsterm $a \cdot b^x$ die berechneten Werte für a und b an. Damit ist die Näherungsfunktion bestimmt.

Alternative:
Man wählt das Verfahren der Parameterbestimmung.

Schritt 1: Als Funktionstyp wird die Exponentialfunktion mit der Gleichung $y = a \cdot b^x$ gewählt.

Schritt 2: Man wählt aus der vorgelegten Grafik geeignete Wertepaare aus, setzt die Koordinaten in die Funktionsgleichung ein und erhält ein Gleichungssystem mit den Unbekannten a und b.

Schritt 3: Das Gleichungssystem wird mithilfe des Rechners gelöst. Die Lösungen liefern dann die Gleichung der Näherungsfunktion.

c) Zeichnung des Graphen von f:

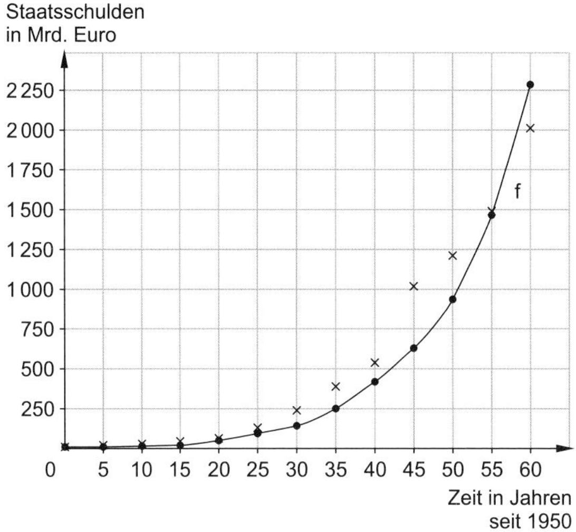

d) Bestimmung der jährlichen prozentualen Zunahme der Schulden:
Die Funktion f mit $f(x) = 11 \cdot e^{0,089 \cdot x}$ beschreibt näherungsweise die Schulden von 1950 bis 2010. Dabei gibt x die Anzahl der Jahre nach 1950 an. Der Term $f(x+1)$ stellt daher die Schulden dar, die $x+1$ Jahre nach 1950 vorhanden sind.
Es gilt:

$$f(x+1) = 11 \cdot e^{0,089 \cdot (x+1)}$$
$$= 11 \cdot e^{0,089 \cdot x} \cdot e^{0,089}$$
$$= f(x) \cdot e^{0,089}$$

$11 \cdot e^{0.089 \cdot x} \rightarrow f(x)$	*Fertig*
$e^{0.089}$	1.09308

Mit $e^{0,089} \approx 1,093$ folgt, dass die Schulden jährlich um etwa 9,3 % zunehmen.

Untersuchung zum Maximum der momentanen Änderungsrate:
Die Funktion f beschreibt ein exponentielles Wachstum. Dies gilt auch für die momentane Änderungsrate f'. Da f' monoton wächst, nimmt f' sein Maximum am rechten Rand des Definitionsbereichs an, also bei $x = 60$. Man erhält:
$f'(60) \approx 204 < 250$
Es gibt somit keinen Zeitpunkt, bei dem die momentane Änderungsrate der Schulden größer als 250 Mrd. Euro pro Jahr ist.

$\frac{d}{dx}(f(x))\|x=60$	204.134

e) Begründung, dass die momentane Änderungsrate g ab 2005 abnimmt:
Wegen $e^{-0,25} < 1$ beschreibt der Term $250 \cdot e^{-0,25 \cdot x}$ eine exponentielle Abnahme. Daher ist die Funktion g monoton fallend.

Berechnung des Zeitpunktes mit dem Höchststand an Schulden:

Zum Zeitpunkt des Schuldenmaximums muss die Änderungsrate der Schulden null ergeben, d. h., es muss $g(x) = 0$ gelten. Der Rechner liefert $x \approx 7{,}54$.

$250 \cdot e^{-0.25 \cdot x} - 38 \to g(x)$	*Fertig*
nSolve$(g(x)=0, x)$	7.5355

Die Schulden erreichen also ihren Höchststand im Laufe des Jahres 2012.

Alternative:

Das Jahr, in dem der Höchststand der Schulden erreicht wird, lässt sich mithilfe des Rechners auch grafisch ermitteln. Die Nullstelle des Graphen von g liegt bei $x \approx 7{,}54$.

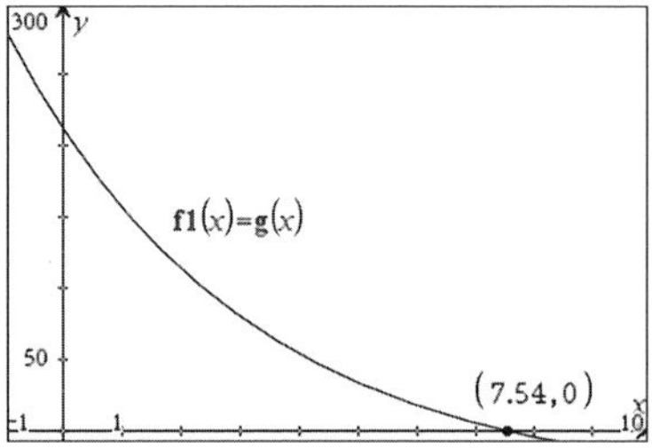

f) Begründung für den angegebenen Term:

Die Funktion g beschreibt die momentane Änderungsrate der Schulden ab 2005. Nach dem Hauptsatz der Differenzial- und Integralrechnung stellt daher der Term $\int_0^m g(x)\,dx$ die zu erwartenden Schulden dar, die seit Beginn des Jahres 2005 in den darauffolgenden m Jahren hinzukommen.

Da im Jahre 2005 bereits 1 490 Mrd. Euro Schulden vorhanden sind (siehe Grafik in der Aufgabenstellung), beschreibt der Term $1\,490 + \int_0^m g(x)\,dx$ die zu erwartenden Gesamtschulden zu Beginn des Jahres $2005 + m$.

Bestimmung des Zeitpunktes, bei dem die Schulden vollständig abgebaut sind:

Zu bestimmen ist die positive Lösung der folgenden Gleichung:

$$1\,490 + \int_0^m g(x)\,dx = 0 \quad \Leftrightarrow \quad m \approx 65{,}5$$

nSolve$\left(1490+\int_0^m g(x)\,dx=0, m\right) \vert m>0$
65.5263

Im Laufe des Jahres 2070 sind nach dem zugrunde liegenden Modell die Schulden vollständig abgebaut.

g) Begründung für Bedeutung der Lösung für die angegebene Gleichung:

Der Nenner $1\,490 + \int_0^m g(x)\,dx$ des Bruches auf der linken Seite der Gleichung gibt, wie oben festgestellt, die Schulden zu Beginn des Jahres $2005 + m$ an. Der Zähler g(m) stellt die momentane Änderungsrate der Schulden im Jahr m nach 2005 dar.

Der gesamte Bruch beschreibt somit den Anteil der momentanen Änderungsrate im Jahr m nach 2005 an den vorhandenen Schulden im Jahr m nach 2005. Die Lösung der angegebenen Gleichung gibt den Zeitpunkt nach 2005 an, bei dem dieser Anteil 5 % beträgt.

Bestimmung des Zeitraums mit der angegebenen Eigenschaft:

Die positive Größe m ist die Unbekannte in der aufgeführten Gleichung. Der Rechner liefert für diese Gleichung die Lösung $m_1 \approx 2{,}6$.

Im Laufe des Jahres 2007 wachsen also die Schulden um 5 % der vorhandenen Schulden.

$$\text{nSolve}\left(\frac{g(m)}{1490+\int_0^m g(x)\,dx}=0.05, m\right)\Big|m>0 \qquad 2.57468$$

Die momentane Änderungsrate g ist monoton fallend, daher ist der Wert von $\frac{g(m)}{1\,490+\int_0^m g(x)\,dx}$ größer als 5 %, wenn m kleiner als m_1 ist. Dies bedeutet, dass m_1 den Anfang des gesuchten Zeitraums darstellt. Aus Teilaufgabe e ist bekannt, dass g(m) für $m > 7{,}54$ negativ wird. Soll die betragsmäßige momentane Änderungsrate der Schulden unter 5 % der vorhandenen Schulden betragen, so wird das Ende des gesuchten Zeitraums durch die Lösung der Gleichung

$\frac{g(m)}{1\,490+\int_0^m g(x)\,dx} = -0{,}05$ bestimmt.

$$\text{nSolve}\left(\frac{g(m)}{1490+\int_0^m g(x)\,dx}=-0.05, m\right)\Big|m>0 \qquad 45.5275$$

Man erhält die Lösung $m_2 \approx 45{,}5$.

Der gesuchte Zeitraum beginnt 2007 und endet im Jahr 2050.

Alternative:

Die Lösungen m_1 und m_2 der Gleichungen $\frac{g(m)}{1\,490+\int_0^m g(x)\,dx} = \pm\, 0{,}05$ lassen sich auch auf grafischem Wege ermitteln.

Dies zeigt die nebenstehende Abbildung. Dargestellt sind die Graphen der Funktionen f_2, f_3 und f_4.

Dabei ist $\frac{g(x)}{1\,490+\int_0^x g(t)\,dt}$ der Funktionsterm von f_2, der im Rechner unter h(x) abgespeichert wurde. Zu beachten ist, dass hier die Variable x die Rolle der Variablen m übernimmt. Die Grenzen des gesuchten Zeitraums sind die beiden Schnittstellen des Graphen von f_2 mit den Graphen von f_3 und f_4.

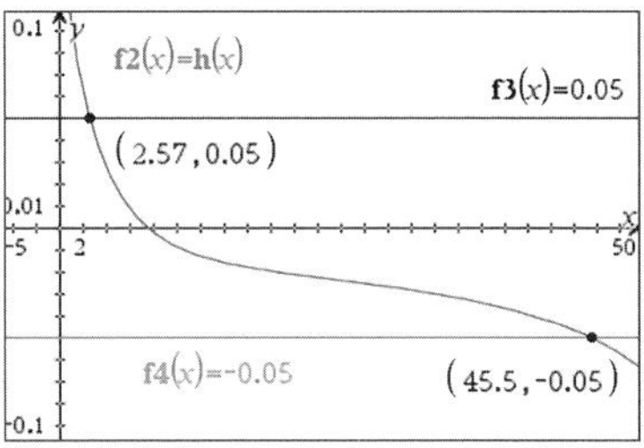

Wahlteil (CAS) – Aufgabe 1 C

Gegeben ist die in $\mathbb{R}$ definierte Funktion f mit
$f(x) = -\frac{1}{640}x^4 + \frac{1}{40}x^3 - \frac{9}{80}x^2 + \frac{1}{5}x + 3.$

Punkte

a) Geben Sie eine Gleichung der Tangente an den Graphen von f im Punkt $P(12 \mid 0)$ an. 2

b) Die Ableitung von f kann durch eine Gleichung der Form $f'(x) = a \cdot (x - b) \cdot (x - c)^2$ dargestellt werden.
Geben Sie die passenden Werte von a, b und c an. 3

c) Untersuchen Sie für jede der drei folgenden Aussagen die Gültigkeit mithilfe des Graphen von f':

I. Die Funktion f ist überall monoton steigend.
II. An der Stelle $x = 6$ hat die Funktion f kein lokales Maximum.
III. Die Tangente an den Graphen von f im Punkt $(0{,}5 \mid f(0{,}5))$ ist parallel zu zwei weiteren Tangenten an den Graphen von f. 7

d) Der Graph der in $\mathbb{R}$ definierten Funktion h mit $h(x) = f'(x+4) - \frac{1}{10}$ ist symmetrisch bezüglich des Koordinatenursprungs.
Geben Sie die Symmetrie des Graphen von f' an und begründen Sie Ihre Angabe ausgehend vom Graphen von h. 4

Die Abbildung zeigt einen Längsschnitt eines Carports für ein Wohnmobil. Das Dach des Carports ist in Querrichtung nicht geneigt. Im Folgenden sollen die Materialstärken der Bauteile des Carports vernachlässigt werden.

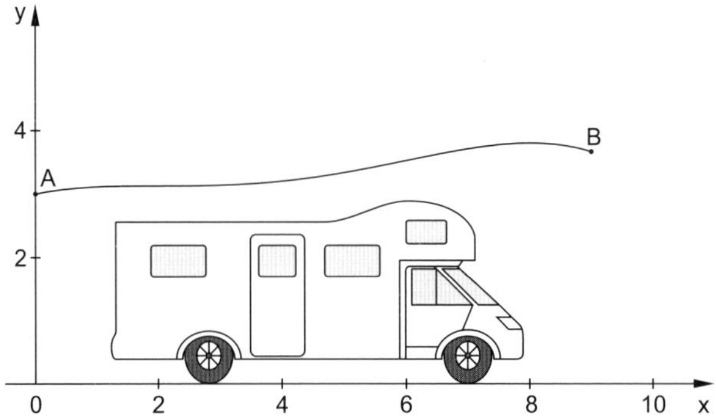

Die Profillinie des Längsschnitts des Dachs wird zwischen den Punkten $A(0\,|\,3)$ und $B(9\,|\,f(9))$ modellhaft mithilfe der Funktion f beschrieben. Eine Längeneinheit im Koordinatensystem entspricht einem Meter in der Wirklichkeit. Die x-Achse stellt den horizontalen Untergrund dar.

e) Untersuchen Sie, ob ein Wohnmobil mit einer Länge von 7,05 m und einer Höhe von 3,10 m vollständig im Carport untergestellt werden kann. 4

f) Die maximale Neigung von Carportdächern sollte bei 25 % liegen. Untersuchen Sie, ob das betrachtete Carportdach diese Eigenschaft erfüllt. 4

g) Abgesehen von einem 20 cm hohen Streifen unmittelbar über dem Untergrund ist der Carport auf einer Seite über seine gesamte Länge vollständig verkleidet. Die Verkleidung ist eben und vertikal angebracht. Berechnen Sie den Inhalt der verkleideten Fläche. 4

Ausgehend vom selben Punkt des Untergrunds verlaufen entlang der seitlichen Verkleidung des Carports zwei geradlinige Stützen jeweils bis zum Dach. Die Stützen schließen einen Winkel mit einer Größe von 60° ein. Die Endpunkte der ersten Stütze werden im Modell durch $C(6\,|\,0)$ und $D(8\,|\,f(8))$ dargestellt.

h) Zeichnen Sie die beiden Stützen in die Abbildung ein. Berechnen Sie die x-Koordinate des Punkts, der den Endpunkt der zweiten Stütze am Dach darstellt. 7

35

TIPP Lösungshinweise zum Wahlteil (CAS) – Aufgabe 1 C

Teilaufgabe a

Angabe der Tangentengleichung

Speichern Sie im Rechner den Funktionsterm f(x) und den Term f'(x) der Ableitungsfunktion.

Für die Gleichung der Tangente t an den Graphen einer Funktion f im Punkt $P(x_0 \mid f(x_0))$ gilt allgemein: $t(x) = f'(x_0) \cdot (x - x_0) + f(x_0)$

Teilaufgabe b

Angabe der Werte von a, b und c

In der Aufgabenstellung wird mitgeteilt, dass sich der Term f'(x) als Produkt darstellen lässt.

Nutzen Sie die **factor**-Funktion des Rechners für den Term f'(x) und lesen Sie aus dem Ergebnis die gesuchten Werte von a, b und c ab.

Teilaufgabe c

Untersuchung der Aussage I

Stellen Sie mithilfe des Rechners den Graphen von f' dar. Achten Sie dabei auf eine geeignete Fenstereinstellung und auf eine sinnvolle Skalierung der Koordinatenachsen.

Der Graph von f ist genau dann überall monoton steigend, wenn f'(x) keine negativen Werte annimmt.

Untersuchung der Aussage II

Notwendig dafür, dass die Funktion f an der Stelle $x = 6$ ein lokales Maximum hat, ist $f'(6) = 0$.

Untersuchung der Aussage III

Sie können die Steigung der Tangente t an den Graphen von f an der Stelle $x = 0{,}5$ am Graphen von f' ablesen.

Die Tangente t ist genau dann parallel zu zwei weiteren Tangenten an den Graphen von f, wenn es zwei weitere Stellen gibt, bei denen der Graph von f die gleiche Steigung hat wie bei $x = 0{,}5$.

Entscheiden Sie mithilfe des Graphen von f', ob diese Bedingung erfüllt ist.

Teilaufgabe d

Angabe und Begründung der Symmetrie des Graphen von f'

Sie können sich vorstellen, dass der Graph von h durch zwei Verschiebungen des Graphen von f' längs der Koordinatenachsen entstanden ist. Um welche Verschiebungen handelt es sich?

Laut Angabe im Aufgabentext ist der Graph von h punktsymmetrisch bezüglich des Koordinatenursprungs.

Beachten Sie, dass sich bei der Verschiebung des Graphen von f' seine Form nicht verändert hat. Was bedeutet dies für die Symmetrie des Graphen von f''?

Teilaufgabe e

Untersuchung zur Unterstellmöglichkeit des Wohnmobils

Beachten Sie die angegebenen Maße des Wohnmobils.

Berechnen Sie die Stelle x, bei der die Dachhöhe des Carports gerade mit der Höhe 3,10 m des Wohnmobils übereinstimmt.

Beachten Sie den weiteren Verlauf des Carportdaches und beantworten Sie die Frage, ob das Wohnmobil vollständig untergestellt werden kann.

Teilaufgabe f

Untersuchung zur maximalen Dachneigung

Beachten Sie, dass die maximale Neigung dort liegt, wo f' ein Maximum bzw. ein Minimum besitzt.

Zu bestimmen ist das betragsmäßige Maximum von f' über dem Intervall [0; 9].

Nutzen Sie die Rechnerfunktionen und geben Sie an, ob das Carport die Auflage erfüllt.

Teilaufgabe g

Berechnung des Inhalts der verkleideten Fläche

Der gesamte Inhalt der Seitenfläche des Carports ergibt sich als bestimmtes Integral über f(x) in den Grenzen von $x = 0$ bis $x = 9$.

Zur Bestimmung des Inhalts der Seitenverkleidung des Carports müssen Sie den Inhalt der unteren Rechtecksfläche mit der Länge 9 m und der Breite 0,2 m vom Inhalt der gesamten Seitenfläche abziehen.

Teilaufgabe h

Einzeichnen der beiden Stützen

Die Verbindung von $C(6\,|\,0)$ und $D(8\,|\,f(8))$ stellt die erste Stütze dar und durch Abtragen des Winkels von 60° erhalten Sie die zweite Stütze.

Zeichnen Sie die Stützen in die Abbildung ein.

Berechnung der x-Koordinate des Endpunktes der zweiten Stütze am Dach

Aus den Koordinaten der Punkte C und D können Sie den Tangens des Neigungswinkels α und somit auch α selbst bestimmen.

Unter Beachtung des 60°-Winkels zwischen den Stützen steht dann auch der Neigungswinkel β der zweiten Stütze fest. Geben Sie β an.

Die gesuchte x-Koordinate liegt im Intervall [0; 6]. Stellen Sie eine Gleichung auf, in der $\tan\beta$ durch x und f(x) ausgedrückt wird, und lösen Sie diese Gleichung mithilfe des Rechners nach x auf.

Lösungsvorschlag zum Wahlteil (CAS) – Aufgabe 1 C

a) Angabe der Tangentengleichung:
Die Gleichung der Tangente ist gegeben durch:

$t(x) = f'(12) \cdot (x - 12) + f(12)$

Mit dem Rechner erhält man die Gleichung:

$t(x) = -\frac{5}{2}(x - 12) = -\frac{5}{2} \cdot x + 30$

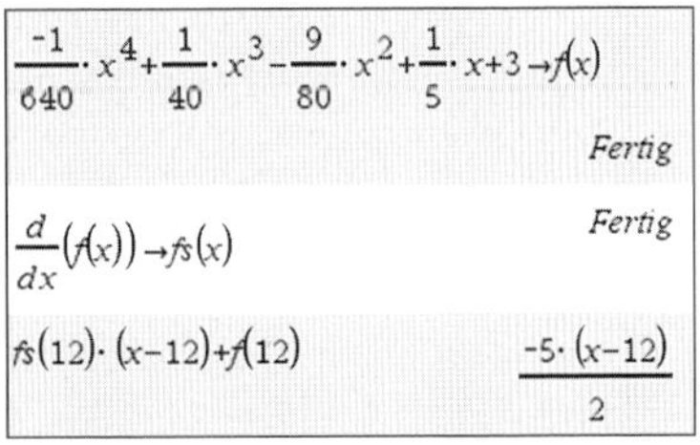

b) Angabe der Werte für a, b und c:
Der Funktionsterm von f'(x) lässt sich faktorisieren. Der Rechner liefert:

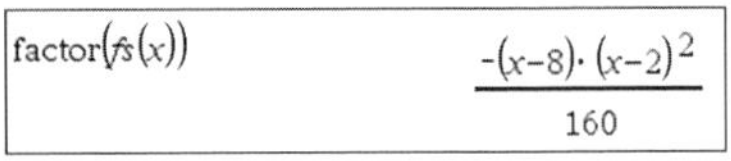

$f'(x) = -\frac{1}{160} \cdot (x - 8) \cdot (x - 2)^2$

Die gesuchten Werte sind $a = -\frac{1}{160}$, $b = 8$ und $c = 2$.

c) Untersuchung der Aussage I:
Wäre die Funktion f überall monoton steigend, so dürfte die Ableitungsfunktion f' keine negativen Funktionswerte haben. Der Graph von f' zeigt aber, dass die Funktionswerte für $x > 8$ negativ sind. Die Aussage ist also falsch.

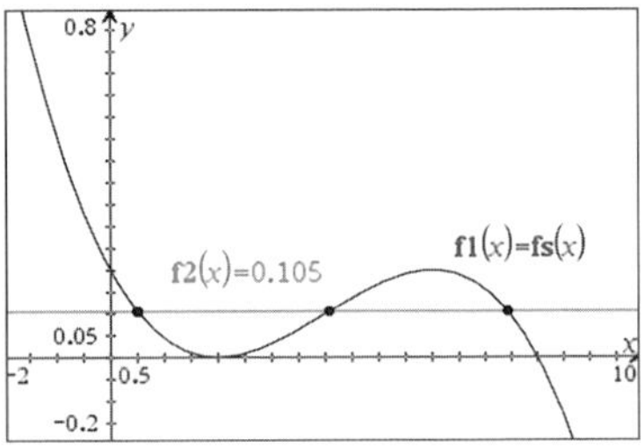

Untersuchung der Aussage II:
An der Stelle $x = 6$ hat der Graph von f' keine Nullstelle. Somit hat f bei $x = 6$ kein lokales Maximum. Die Aussage ist also richtig.

Untersuchung der Aussage III:
Der Graph von f_2 mit $f_2(x) = f'(0{,}5) \approx 0{,}105$ ist eine Parallele zur x-Achse und schneidet den Graphen von f' dreimal. Dies bedeutet, dass es zwei weitere Stellen gibt, bei denen der Graph von f die gleiche Steigung hat wie bei $x = 0{,}5$. Die Aussage ist somit richtig.

d) Aussage zur Symmetrie des Graphen von f' mithilfe des Graphen von h:
Der Graph von h entsteht aus dem Graphen von f' durch eine Verschiebung um 4 Einheiten in negativer x-Richtung und durch eine Verschiebung um $\frac{1}{10}$ Einheiten in negativer y-Richtung. Der Graph von h ist laut Angabe punktsymmetrisch zum Ursprung. Da durch die Verschiebungen die Form des Graphen von f' nicht verändert wird, ist er ebenfalls punktsymmetrisch, und zwar bezüglich des Punktes $P\left(4 \,\middle|\, \frac{1}{10}\right)$.

e) Untersuchung zur Unterstellmöglichkeit des Wohnmobils:
Die Gleichung $f(x) = 3{,}1$ hat im Unterstellbereich $0 \leq x \leq 9$ des Carports die Lösung $x \approx 0{,}8$. Der Abbildung in der Aufgabenstellung ist zu entnehmen, dass für $x > 0{,}8$ die Dachhöhe des Carports größer als 3,1 m ist. Damit steht dem Wohnmobil auf einer Länge von etwa 8,20 m eine Stellmöglichkeit mit ausreichender Dachhöhe zur Verfügung. Das Wohnmobil kann also vollständig untergestellt werden.

solve(f(x)=3.1,x)|0≤x≤9	x=0.797536

f) Untersuchung zur maximalen Dachneigung:
Die Neigung des Carportdaches wird durch die Ableitung f' beschrieben. Die maximale Neigung im Intervall [0; 9] liegt dort vor, wo f' ein Maximum bzw. ein Minimum hat.
Daher ist es sinnvoll, nach der Stelle x des betragsmäßigen Maximums von f'(x) im Intervall [0; 9] zu suchen. Der Rechner liefert $x = 9$ und $f'(9) \approx -0{,}31$.
Das Dach hat also eine maximale Neigung von etwa 31 % und erfüllt somit nicht die Vorgabe einer maximalen Dachneigung von 25 %.

fMax(|fs(x)|,x)|0≤x≤9	x=9
fs(9)	-0.30625

g) Berechnung des Inhalts der verkleideten Fläche:
Der gesamte Inhalt der Seitenfläche unterhalb des Daches ist durch das folgende Integral gegeben:

$$\int_0^9 f(x)\,dx$$

Man erhält den Flächeninhalt der Seitenverkleidung, indem man den Inhalt der Rechtecksfläche mit den Seitenlängen 0,2 m und 9 m von der gesamten Seitenfläche abzieht. Der Rechner liefert:

$$\int_0^9 f(x)\,dx - 9 \cdot 0{,}2 \approx 28{,}5$$

$\int_0^9 f(x)\,dx-9\cdot 0.2$	28.5159

Die Seitenverkleidung hat einen Flächeninhalt von etwa 28,5 m^2.

h) Einzeichnen der beiden Stützen:

Die Lage der ersten Stütze ist vorgegeben.
Durch Abtragen des Winkels von 60° erhält man die zweite Stütze.

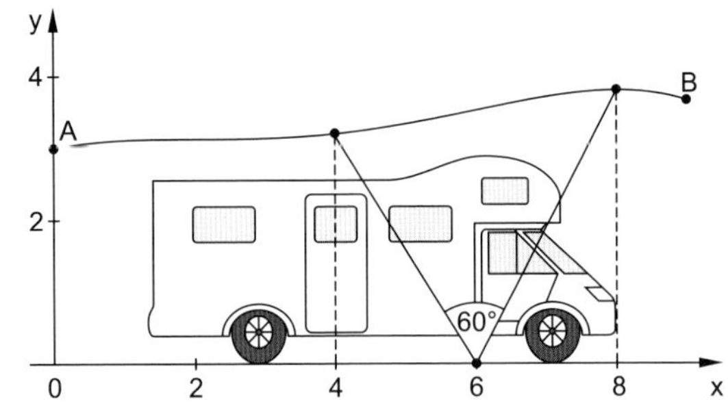

Berechnung der x-Koordinate des Endpunktes der zweiten Stütze am Dach:
Für den Neigungswinkel α der ersten Stütze gilt:

$$\tan(\alpha) = \frac{f(8)}{2} \quad \Rightarrow \quad \alpha \approx 62°$$

Für den Neigungswinkel β der zweiten Stütze folgt:
$\beta \approx 180° - 62° - 60° = 58°$

Für die gesuchte x-Koordinate gilt dann:

$$\tan(\beta) = \frac{f(x)}{6-x} \quad \text{mit } 0 \le x \le 6$$

Mit dem Rechner erhält man die Lösung $x \approx 4$. Die gesuchte x-Koordinate hat also ungefähr den Wert 4.

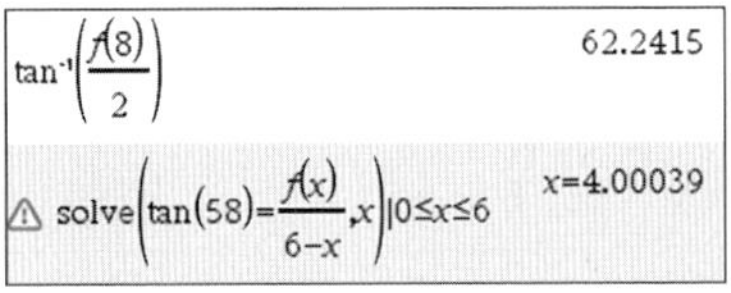

Wahlteil (GTR/CAS) – Aufgabe 2 A

In einem Paketzentrum werden pro Jahr viele Millionen Pakete angeliefert. Die Pakete werden automatisch nach ihrem Bestimmungsort sortiert. 10 % der Pakete haben das Ziel A, 7 % das Ziel B. Die übrigen Pakete haben andere Ziele.

Punkte

a) Bestimmen Sie die Wahrscheinlichkeit dafür, dass von 100 zufällig ausgewählten Paketen
- genau neun das Ziel B haben.
- weniger als neun das Ziel B haben. 4

b) Unter 100 zufällig ausgewählten Paketen haben genau neun das Ziel B. Berechnen Sie die prozentuale Abweichung dieser Anzahl vom Erwartungswert für die Anzahl von Paketen mit dem Ziel B unter 100 zufällig ausgewählten Paketen. 3

Im Paketzentrum werden 20 Pakete zufällig ausgewählt.

c) Eines der anderen Ziele ist Ziel C. Die Wahrscheinlichkeit dafür, dass von den 20 ausgewählten Paketen keines das Ziel C hat, beträgt etwa 54 %. Ermitteln Sie den Anteil der Pakete mit dem Ziel C unter allen Paketen, die pro Jahr im Paketzentrum angeliefert werden. 4

d) Die Wahrscheinlichkeit eines Ereignisses im Sachzusammenhang kann mit dem Term

$$0{,}9^{14} \cdot \left[0{,}9^6 + \binom{6}{1} \cdot 0{,}1 \cdot 0{,}9^5 + \binom{6}{2} \cdot 0{,}1^2 \cdot 0{,}9^4 + \binom{6}{3} \cdot 0{,}1^3 \cdot 0{,}9^3\right]$$

berechnet werden.
Geben Sie ein passendes Ereignis an. 2

Alle im Paketzentrum angelieferten Pakete werden im Rahmen der Sortierung gewogen. 5 % der Pakete haben ein Gewicht von mehr als 10 kg und gelten damit als schwer. Von den Paketen mit dem Ziel A sind 8 % schwer.

Ein Paket wird zufällig ausgewählt. Betrachtet werden die folgenden Ereignisse:

S: „Das ausgewählte Paket ist schwer."
A: „Das ausgewählte Paket hat das Ziel A."
Der Sachzusammenhang ist in der Vierfeldertafel dargestellt.

	S	$\overline{S}$	
A	0,8 %	9,2 %	10 %
$\overline{A}$	4,2 %	85,8 %	90 %
	5 %	95 %	100 %

e) Untersuchen Sie, ob der Anteil der Pakete mit Ziel A unter den schweren Paketen ebenso groß ist wie unter den nicht-schweren Paketen. 4

f) Von den Paketen, die das Ziel B haben, sind 2 % schwer.
Berechnen Sie den Anteil der schweren Paketе unter denen, die weder Ziel A noch Ziel B haben. $\frac{3}{20}$

TIPP **Lösungshinweise zum Wahlteil (GTR/CAS) – Aufgabe 2 A**

Teilaufgabe a

Bestimmung der Wahrscheinlichkeiten

Die Zufallsgröße X: „Anzahl der Pakete mit dem Ziel B unter den 100 zufällig ausgewählten Paketen" ist binomialverteilt mit $p = 0{,}07$ und $n = 100$.

Berechnen Sie die Wahrscheinlichkeit für genau 9 „Erfolge" und verwenden Sie dabei die **binompdf**-Funktion des Rechners.

Berechnen Sie im zweiten Fall die Wahrscheinlichkeit für weniger als 9 „Erfolge" und nutzen Sie die **binomcdf**-Funktion des Rechners.

Teilaufgabe b

Berechnung der prozentualen Abweichung

Bestimmen Sie zunächst den Erwartungswert E(X) der Zufallsgröße X.

Die prozentuale Abweichung der Anzahl $X = 9$ vom Erwartungswert ist der Quotient aus der Differenz $9 - E(X)$ und E(X).

Berechnen Sie den Quotienten und geben Sie den Wert in Prozent an.

Teilaufgabe c

Ermittlung des Anteils der Pakete mit Ziel C unter allen Paketen

Beachten Sie, dass in dieser Teilaufgabe die zufällige Auswahl von 20 Paketen betrachtet wird und das Ziel C in den Blick genommen wird.

Die Zufallsgröße Y: „Anzahl der Pakete unter den 20 zufällig ausgewählten Paketen, die das Ziel C haben" ist binomialverteilt mit unbekanntem p und $n = 20$.

Beachten Sie, dass die Wahrscheinlichkeit p zu bestimmen ist. Sie stellt den gesuchten Anteil der Pakete mit dem Ziel C unter allen Paketen dar.

Vorgegeben ist die Information $P(Y = 0) = 0{,}54$. Übersetzen Sie dies in eine Gleichung, in der die gesuchte Wahrscheinlichkeit p auftritt.

Lösen Sie diese Gleichung mithilfe des Rechners nach p auf und formulieren Sie Ihr Ergebnis.

Teilaufgabe d

Angabe eines passenden Ereignisses

Beachten Sie, dass auch in dieser Teilaufgabe die zufällige Auswahl von 20 Paketen den Sachzusammenhang darstellt.

Betrachten Sie den angegebenen Wahrscheinlichkeitsterm sorgfältig. Welches der drei Ziele A, B, C wird hier in den Blick genommen?

Der angegebene Term besteht aus zwei Faktoren. Für welche Teilereignisse stellen diese beiden Faktoren jeweils die Wahrscheinlichkeiten dar?

Der erste Faktor macht eine Aussage zu den ersten 14 Paketen und der zweite Faktor über die folgenden 6 Pakete.

Geben Sie abschließend ein passendes Ereignis an, dessen Auftreten mit der angegebenen Wahrscheinlichkeit insgesamt beschrieben wird.

Teilaufgabe e

Untersuchung zu den Anteilen der Pakete mit Ziel A

Schauen Sie sich die angegebene Vierfeldertafel genau an und machen Sie sich die inhaltliche Bedeutung der einzelnen Einträge klar.

Beachten Sie dabei, dass 10 % der Pakete das Ziel A haben und 8 % der Pakete mit Ziel A schwer sind. Beachten Sie auch, dass 5 % aller Pakete schwer sind.

Deuten Sie insbesondere die beiden oberen Einträge 0,8 % und 9,2 % in den Spalten S und $\overline{S}$.

Lesen Sie den Arbeitsauftrag sorgfältig durch. Es sind zwei Anteile zu berechnen. Führen Sie die Berechnungen jeweils durch eine geeignete Quotientenbildung durch und vergleichen Sie die beiden Anteile.

Teilaufgabe f

Berechnung des Anteils der schweren Pakete unter denen, die weder A noch B als Ziel haben:

Beachten Sie, dass 8 % der Pakete mit Ziel A und 2 % der Pakete mit Ziel B schwer sind. Gesucht ist der Anteil x der schweren Pakete unter denen, die weder A noch B als Ziel haben.

Nur 10 % aller Pakete haben das Ziel A und 7 % aller Pakete das Ziel B. Wie viel Prozent aller Pakete haben dann weder A noch B als Ziel?

Der obere Eintrag 0,8 % in der Spalte S besagt: 0,8 % aller Pakete sind schwer und haben das Ziel A. Dieser Anteil ergibt sich aus dem Produkt $0{,}1 \cdot 0{,}08$.

Wie viel Prozent aller Pakete sind schwer und haben das Ziel B? Wie viel Prozent aller Pakete sind schwer und haben weder A noch B als Ziel?

5 % aller Pakete sind schwer. Stellen Sie mithilfe dieser Information eine Gleichung auf, die den oben beschriebenen unbekannten Anteil x enthält.

Lösen Sie diese Gleichung mit dem Rechner und formulieren Sie Ihr Ergebnis.

Lösungsvorschlag zum Wahlteil (GTR/CAS) – Aufgabe 2 A

a) Bestimmung der Wahrscheinlichkeiten:
Die Zufallsgröße X: „Anzahl der Pakete unter den 100 zufällig ausgewählten Paketen, die das Ziel B haben" ist binomialverteilt mit p = 0,07 und n = 100.

Berechnung der ersten Wahrscheinlichkeit:

$$\begin{aligned} P(X=9) &= \binom{100}{9} \cdot 0{,}07^9 \cdot 0{,}93^{91} \\ &= \text{binompdf } (100, 0.07, 9) \\ &\approx 0{,}104 \end{aligned}$$

`binomPdf(100,0.07,9)    0.104015`

Mit einer Wahrscheinlichkeit von etwa 10 % haben von den 100 zufällig ausgewählten Paketen genau neun das Ziel B.

Berechnung der zweiten Wahrscheinlichkeit:

$$\begin{aligned} P(X<9) &= P(X \le 8) \\ &= \sum_{k=0}^{8} \binom{100}{k} \cdot 0{,}07^k \cdot 0{,}93^{100-k} \\ &= \text{binomcdf } (100, 0.07, 0, 8) \\ &\approx 0{,}734 \end{aligned}$$

`binomCdf(100,0.07,0,8)    0.733966`

Mit einer Wahrscheinlichkeit von etwa 73 % haben von den 100 zufällig ausgewählten Paketen weniger als neun das Ziel B.

b) Berechnung der prozentualen Abweichung:
Als Erwartungswert erhält man:
$E(X) = n \cdot p = 100 \cdot 0{,}07 = 7$

Haben genau 9 von den 100 zufällig ausgewählten Paketen das Ziel B, so folgt für die prozentuale Abweichung a vom Erwartungswert:

$$a = \frac{9-7}{7} = \frac{2}{7} \approx 0{,}286$$

Die prozentuale Abweichung vom Erwartungswert beträgt somit ungefähr 29 %.

c) Ermittlung des Anteils der Pakete mit Ziel C unter allen Paketen:
Die Zufallsgröße Y: „Anzahl der Pakete unter den 20 zufällig ausgewählten Paketen, die das Ziel C haben" ist binomialverteilt mit der noch zu bestimmenden Wahrscheinlichkeit p und n = 20.
Laut Aufgabenstellung gilt P(Y = 0) = 0,54.

Es gilt also:

$$P(Y=0) = \binom{20}{0} \cdot p^0 \cdot (1-p)^{20} = 1 \cdot 1 \cdot (1-p)^{20} = 0{,}54$$

Der Rechner liefert die Lösung p ≈ 0,03.
3 % aller Pakete haben daher das Ziel C.

`nSolve((1-p)^20=0.54,p)    0.03034`

d) Angabe eines passenden Ereignisses:
In der textlichen Hinführung zu den Teilaufgaben c und d wird ein neuer Sachverhalt dargestellt. Es geht in diesen Teilaufgaben um die Auswahl von 20 Paketen in einem Paketzentrum.
Da 90 % der Pakete nicht das Ziel A haben, stellt der erste Faktor $0{,}9^{14}$ des vorgelegten Terms die Wahrscheinlichkeit dafür dar, dass man hintereinander 14 Pakete auswählt, die nicht das Ziel A haben.
Der zweite Faktor ist als Summe dargestellt, die sich auch in der Form
$\sum_{k=0}^{3} \binom{6}{k} \cdot 0{,}1^k \cdot 0{,}9^{6-k}$ aufschreiben lässt. Diese Summe beschreibt die Wahrscheinlichkeit dafür, dass von 6 ausgewählten Paketen höchstens 3 das Ziel A haben.
Ein passendes Ereignis für die angegebene Wahrscheinlichkeit kann wie folgt beschrieben werden: Die ersten 14 von den 20 ausgewählten Paketen haben nicht das Ziel A und von den nächsten 6 Paketen haben höchstens 3 das Ziel A.

e) Untersuchung zu den Anteilen der Pakete mit Ziel A:
Der Anteil der Pakete mit Ziel A unter den schweren Paketen ist der Quotient aus dem Anteil aller Pakete, die schwer sind und Ziel A haben (oberer Eintrag in Spalte S) und dem Anteil der schweren Pakete in der Gesamtheit der Pakete (unterer Eintrag in Spalte S):

$$\frac{0{,}8\,\%}{5\,\%} = 16\,\%$$

Für den Anteil der Pakete mit Ziel A unter den nicht-schweren Paketen gilt entsprechend:

$$\frac{9{,}2\,\%}{95\,\%} \approx 9{,}7\,\%$$

Die beiden Anteile sind also nicht gleich groß.

f) Berechnung des Anteils der schweren Pakete unter denen, die weder A noch B als Ziel haben:
Von den Paketen mit Ziel A sind 8 % schwer, aber nur 10 % aller Pakete haben das Ziel A. Folglich sind $0{,}1 \cdot 0{,}08 = 0{,}008 = 0{,}8\,\%$ aller Pakete schwer und haben das Ziel A.
Von den Paketen mit Ziel B sind 2 % schwer, aber nur 7 % aller Pakete haben das Ziel B. Folglich sind $0{,}07 \cdot 0{,}02 = 0{,}0014 = 0{,}14\,\%$ aller Pakete schwer und haben das Ziel B.
Von den Paketen, die weder Ziel A noch Ziel B haben, ist der Anteil bzw. der Prozentsatz x der schweren Pakete gesucht. Wegen $1 - 0{,}1 - 0{,}07 = 0{,}83$ haben 83 % aller Pakete weder Ziel A noch Ziel B. Also stellt $0{,}83 \cdot x$ den Anteil aller Pakete dar, die schwer sind und weder A noch B als Ziel haben.

Da laut Aufgabenstellung 5 % aller Pakete schwer sind, muss gelten:

```
nSolve(0.008+0.0014+0.83·x=0.05,x)
                                0.048916
```

$0{,}008 + 0{,}0014 + 0{,}83 \cdot x = 0{,}05$

Der Rechner liefert $x \approx 0{,}049$.

Von den Paketen, die weder Ziel A noch Ziel B haben, sind ca. 4,9 % schwer.

Wahlteil (CAS/GTR) – Aufgabe 2 B

Ein Unternehmen stellt Tischtennisbälle her. 98 % der hergestellten Bälle weichen nur unwesentlich von der Kugelform ab; diese werden im Weiteren als „rund" bezeichnet, die übrigen als „unrund". Aus der großen Menge der hergestellten Bälle werden regelmäßig Stichproben entnommen, wobei die Auswahl der Bälle für jede Stichprobe als zufällig angenommen werden kann. Die Zufallsgröße X gibt die Anzahl der runden Bälle in diesen Stichproben an. X ist binomialverteilt.

Punkte

a) Es wird eine Stichprobe von 200 Bällen untersucht.
Bestimmen Sie die Wahrscheinlichkeit dafür, dass die Stichprobe
- nur runde Bälle enthält,
- mindestens 190 runde Bälle enthält,
- genau einen oder genau zwei unrunde Bälle enthält. 4

Nach der Herstellung durchlaufen die Bälle eine Sortieranlage. Dabei wird ein unrunder Ball mit einer Wahrscheinlichkeit von 90 % aussortiert. Allerdings werden auch 5 % der runden Bälle aussortiert.

b) Stellen Sie den Prozess der Herstellung und Sortierung der Bälle in einem beschrifteten Baumdiagramm dar. 3

c) Beschreiben Sie die Bedeutung des Terms $0{,}98 \cdot 0{,}05 \cdot 2\,000$ im Sachzusammenhang. 2

d) Angenommen, die nicht aussortierten Bälle würden die gleiche Sortieranlage ein zweites Mal durchlaufen.
Begründen Sie, dass die Wahrscheinlichkeit dafür, dass ein nach zweimaligem Durchlaufen der Anlage zufällig ausgewählter Ball unrund ist und nicht aussortiert wird, $0{,}02 \cdot 0{,}1^2$ ist.
Berechnen Sie den Anteil der unrunden Bälle unter denjenigen, die dann nach zweimaligem Durchlaufen der Anlage nicht aussortiert würden. 4

Das Gewicht eines Tischtennisballs soll 2,70 Gramm (g) betragen. Bei einer Kontrolle einer sehr großen Anzahl von Bällen der Produktion wurden die in der Tabelle aufgeführten relativen Häufigkeiten für die Gewichte der Bälle festgestellt.

Gewicht in Gramm	relative Häufigkeit
kleiner als 2,67	0,05
2,67	0,04
2,68	0,06
2,69	0,10
2,70	0,30
2,71	0,25
2,72	0,04
2,73	0,03
2,74	0,03
2,75	0,03
2,76	0,02
2,77	0,02
größer als 2,77	0,03

e) Begründen Sie, warum es nicht möglich ist, zu den in der Tabelle vorliegenden Daten das arithmetische Mittel der Gewichte zu berechnen. 2

Die relativen Häufigkeiten aus der Tabelle werden im Folgenden als Wahrscheinlichkeiten verwendet.

f) Geben Sie das größte Gewicht an, das ein zufällig ausgewählter Ball mit einer Wahrscheinlichkeit von höchstens 20 % unterschreitet. 2

g) Bestimmen Sie die Wahrscheinlichkeit dafür, dass in einer Stichprobe von 24 zufällig ausgewählten Bällen höchstens einer ein Gewicht aufweist, das kleiner als 2,67 g oder größer als 2,77 g ist. 3

20

TIPP Lösungshinweise zum Wahlteil (CAS/GTR) – Aufgabe 2 B

Teilaufgabe a

Bestimmung der Wahrscheinlichkeiten

Die Zufallsgröße X: „Anzahl der runden Bälle unter den 200 ausgewählten“ ist binomialverteilt mit $p = 0{,}98$ und $n = 200$.

Berechnen Sie die Wahrscheinlichkeit für genau 200 „Erfolge“ und verwenden Sie dabei die **binompdf**-Funktion des Rechners.

Berechnen Sie im zweiten Fall die Wahrscheinlichkeit für mindestens 190 „Erfolge“ und nutzen Sie die **binomcdf**-Funktion des Rechners.

Dass die Stichprobe von 200 Bällen genau einen oder genau zwei unrunde Bälle enthält, bedeutet, dass sie genau 199 runde oder genau 198 runde Bälle enthält.

Berechnen Sie beim dritten Arbeitsauftrag die Wahrscheinlichkeit für genau 198 oder genau 199 „Erfolge“ und nutzen Sie die **binomcdf**-Funktion des Rechners.

Teilaufgabe b

Darstellung im Baumdiagramm

Fertigen Sie ein Baumdiagramm an, das die Herstellung und Sortierung der Bälle beschreibt.

Beschriften Sie die einzelnen Pfade mit den entsprechenden Wahrscheinlichkeiten.

Teilaufgabe c

Beschreibung der Bedeutung des Terms im Sachzusammenhang

Deuten Sie mithilfe des Baumdiagramms das Produkt $0{,}98 \cdot 0{,}05$ als Wahrscheinlichkeit und benutzen Sie dabei die Pfadregel.

Deuten Sie das Produkt $0{,}98 \cdot 0{,}05 \cdot 2\,000$ als Erwartungswert.

Teilaufgabe d

Begründung für die angegebene Wahrscheinlichkeit

Deuten Sie die Faktoren $0{,}02$ und $0{,}1^2$ jeweils als Wahrscheinlichkeiten.

Begründen Sie mithilfe der Pfadregel, dass das Produkt $0{,}02 \cdot 0{,}1^2$ die in der Aufgabe beschriebene Wahrscheinlichkeit darstellt.

Berechnung des Anteils

Beachten Sie, dass nach dem zweimaligen Durchlaufen der Anlage nicht aussortierte Bälle rund oder unrund sein können.

Berechnen Sie mithilfe der Pfadregeln die Wahrscheinlichkeit dafür, dass nach zweimaligen Durchlaufen der Anlage ein zufällig ausgewählter Ball rund oder unrund ist und nicht aussortiert wird.

Berechnen Sie den gesuchten Anteil als Quotient von Wahrscheinlichkeiten.

Teilaufgabe e

Begründung dafür, dass das arithmetische Mittel nicht berechnet werden kann

Beachten Sie, dass für die Berechnung des arithmetischen Mittels der Gewichte sämtliche auftretenden Einzelgewichte mit den dazugehörigen relativen Häufigkeiten benötigt werden.

Warum wird diese Forderung mit den Angaben in der Tabelle nicht vollständig erfüllt?

Teilaufgabe f

Angabe des größten Gewichts mit der geforderten Eigenschaft

Beachten Sie, dass die relativen Häufigkeiten aus der Tabelle in dieser Teilaufgabe als Wahrscheinlichkeiten verwendet werden, und lesen Sie den Arbeitsauftrag genau durch.

Der Tabelle können Sie beispielsweise entnehmen, dass ein zufällig ausgewählter Ball mit einer Wahrscheinlichkeit von 9 % (wegen 5 % + 4 %) das Gewicht von 2,68 g unterschreitet.

Teilaufgabe g

Bestimmung der Wahrscheinlichkeit

Beachten Sie, dass die relativen Häufigkeiten aus der Tabelle auch in dieser Teilaufgabe als Wahrscheinlichkeiten verwendet werden.

Bestimmen Sie zunächst die Wahrscheinlichkeit p dafür, dass ein zufällig ausgewählter Ball ein Gewicht hat, das kleiner als 2,67 g oder größer als 2,77 g ist.

Die Zufallsgröße Y: „Anzahl der Bälle mit einem Gewicht kleiner als 2,67 g oder größer als 2,77 g“ ist somit binomialverteilt mit der Wahrscheinlichkeit p und $n = 24$.

Zu berechnen ist $P(Y \leq 1)$. Nutzen Sie die **binomcdf**-Funktion des Rechners.

Lösungsvorschlag zum Wahlteil (CAS/GTR) – Aufgabe 2 B

a) Bestimmung der Wahrscheinlichkeiten:
Die Zufallsgröße X: „Anzahl der runden Bälle unter den 200 ausgewählten“ ist binomialverteilt mit $p = 0{,}98$ und $n = 200$.

Berechnung der ersten Wahrscheinlichkeit:

$$P(X = 200) = \binom{200}{200} \cdot 0{,}98^{200} \cdot 0{,}02^{0}$$
$$= \text{binompdf } (200,\ 0.98,\ 200)$$
$$\approx 0{,}018$$

```
binomPdf(200,0.98,200)        0.017588
```

Mit einer Wahrscheinlichkeit von etwa 1,8 % enthält die Stichprobe nur runde Bälle.

Alternative:

Mit $\binom{200}{200} = 1$ und $0{,}02^{0} = 1$ folgt:

$$P(X = 200) = 0{,}98^{200} \approx 0{,}018$$

Berechnung der zweiten Wahrscheinlichkeit:

$$P(X \geq 190)$$
$$= \sum_{k=190}^{200} \binom{200}{k} \cdot 0{,}98^{k} \cdot 0{,}02^{200-k}$$
$$= \text{binomcdf } (200,\ 0.98,\ 190,\ 200)$$
$$\approx 0{,}997$$

```
binomCdf(200,0.98,190,200)        0.997469
```

Mit einer Wahrscheinlichkeit von etwa 99,7 % enthält die Stichprobe mindestens 190 runde Bälle.

Berechnung der dritten Wahrscheinlichkeit:
Dass die Stichprobe von 200 Bällen genau einen oder genau zwei unrunde Bälle enthält, bedeutet, dass sie genau 199 runde oder genau 198 runde Bälle enthält.

$$P(198 \leq X \leq 199)$$
$$= \sum_{k=198}^{199} \binom{200}{k} \cdot 0{,}98^{k} \cdot 0{,}02^{200-k}$$
$$= \text{binomcdf } (200,\ 0.98,\ 198,\ 199)$$
$$\approx 0{,}218$$

```
binomCdf(200,0.98,198,199)        0.21756
```

Mit einer Wahrscheinlichkeit von etwa 21,8 % enthält die Stichprobe genau einen oder genau zwei unrunde Bälle.

b) Darstellung im Baumdiagramm:
Das beschriftete Baumdiagramm zeigt den Prozess der Herstellung und Sortierung der Bälle.

Dabei bedeutet:
r: „Ein Ball ist rund."
a: „Ein Ball wird aussortiert."

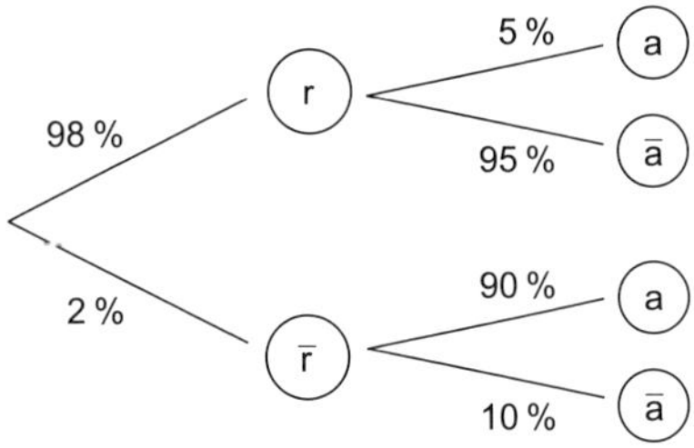

c) Beschreibung der Bedeutung des Terms im Sachzusammenhang:
$0{,}98 \cdot 0{,}05$ gibt die Wahrscheinlichkeit dafür an, dass ein runder Ball aussortiert wird.
Werden 2 000 hergestellte Bälle sortiert, so gibt der Term $0{,}98 \cdot 0{,}05 \cdot 2\,000$ den Erwartungswert für die Anzahl der aussortierten runden Bälle an.

d) Begründung für die angegebene Wahrscheinlichkeit:
Ein zufällig ausgewählter Ball ist mit einer Wahrscheinlichkeit von 0,02 unrund. Er wird mit einer Wahrscheinlichkeit von $0{,}1^2$ beim zweimaligen Durchlaufen der Anlage nicht aussortiert. Nach der Pfadregel ist dann $0{,}02 \cdot 0{,}1^2$ die Wahrscheinlichkeit dafür, dass nach zweimaligem Durchlaufen der Anlage ein zufällig entnommener Ball unrund ist und nicht aussortiert wird.

Berechnung des Anteils:
Die Wahrscheinlichkeit dafür, dass nach zweimaligen Durchlaufen der Anlage ein zufällig ausgewählter Ball rund ist und nicht aussortiert wird, ist $0{,}98 \cdot 0{,}95^2$.
Der Term $0{,}98 \cdot 0{,}95^2 + 0{,}02 \cdot 0{,}1^2$ beschreibt daher die Wahrscheinlichkeit dafür, dass nach zweimaligen Durchlaufen der Anlage ein zufällig ausgewählter Ball rund oder unrund ist und nicht aussortiert wird.
Der Anteil der unrunden Bälle unter denjenigen, die nach zweimaligem Durchlaufen der Anlage nicht aussortiert werden, beträgt somit:

$$\frac{0{,}02 \cdot 0{,}1^2}{0{,}98 \cdot 0{,}95^2 + 0{,}02 \cdot 0{,}1^2} \approx 0{,}00023$$

e) Begründung dafür, dass das arithmetische Mittel nicht berechnet werden kann:
Für die Berechnung des arithmetischen Mittels der Gewichte werden sämtliche auftretenden Einzelgewichte mit den dazugehörigen relativen Häufigkeiten benötigt.
In der ersten und letzten Zeile der Tabelle werden die einzelnen Gewichte unter 2,67 g bzw. über 2,77 g nicht konkret angegeben, sondern zusammengefasst. Die angegebenen relativen Häufigkeiten beziehen sich also nicht auf einzelne Gewichte, sondern jeweils auf die Menge der zusammengefassten Gewichte. Daher lässt sich das exakte arithmetische Mittel nicht berechnen.

f) Angabe des größten Gewichts mit der geforderten Eigenschaft:
Die in der Tabelle ausgewiesenen relativen Häufigkeiten sind als Wahrscheinlichkeiten zu verwenden. Den Tabellendaten kann man Folgendes entnehmen.
Ein zufällig ausgewählter Ball unterschreitet das Gewicht

- 2,67 g mit der Wahrscheinlichkeit von 5 %
- 2,68 g mit der Wahrscheinlichkeit von 5 % + 4 % = 9 %
- 2,69 g mit der Wahrscheinlichkeit von 5 % + 4 % + 6 % = 15 %
- 2,70 g mit der Wahrscheinlichkeit von 5 % + 4 % + 6 % + 10 % = 25 %

Das größte Gewicht, das ein zufällig ausgewählter Ball mit einer Wahrscheinlichkeit von höchstens 20 % unterschreitet, beträgt somit 2,69 g.

g) Bestimmung der Wahrscheinlichkeit:
Die Wahrscheinlichkeit dafür, dass das Gewicht eines zufällig ausgewählten Balls kleiner als 2,67 g oder größer als 2,77 g ist, beträgt:
$0{,}05 + 0{,}03 = 0{,}08$

Die Zufallsgröße Y: „Anzahl der Bälle mit einem Gewicht kleiner als 2,67 g oder größer als 2,77 g" ist somit binomialverteilt mit $p = 0{,}08$ und $n = 24$.

Zu berechnen ist $P(Y \leq 1)$.

$$P(Y \leq 1) = \sum_{k=0}^{1} \binom{24}{k} \cdot 0{,}08^k \cdot 0{,}92^{24-k}$$

$$= \text{binomcdf }(24, 0.08, 0, 1)$$

$$\approx 0{,}417$$

binomCdf(24,0.08,0,1)	0.41729

Die Wahrscheinlichkeit, dass unter den 24 zufällig ausgewählten Bällen höchstens einer ein Gewicht hat, das kleiner als 2,67 g oder größer als 2,77 g ist, beträgt etwa 41,7 %.

Wahlteil (GTR/CAS) – Aufgabe 3 A

Ein Element eines Klettergartens ist eine ebene, viereckige Kletterwand. In einem Koordinatensystem können die Eckpunkte der Kletterwand durch die Punkte $A(6|7|4)$, $B(10|5|5)$, $C(9|5{,}5|8)$ und $D(5|7{,}5|7)$ beschrieben werden.
Die x_1x_2-Ebene stellt den horizontalen Boden dar. Die Kletterwand liegt in einer Ebene, die senkrecht zur x_1x_2-Ebene steht. Eine Längeneinheit im Koordinatensystem entspricht 1 Meter (m) in der Wirklichkeit.

		Punkte
a)	Weisen Sie nach, dass die Kletterwand die Form eines Parallelogramms hat, aber nicht rechteckig ist.	4
b)	Auf der Kletterwand verläuft eine horizontale Linie, die den Punkt D enthält. Diese Linie teilt die Wand in zwei Teile. Begründen Sie, dass der Flächeninhalt des unteren Teils größer ist als der des oberen Teils.	4

Ein anderes Element des Klettergartens ist ein Stahlseil, das zwischen zwei vertikal stehenden, 8 m hohen Masten gespannt ist. Der Fußpunkt des ersten Masts wird durch $F_1(0|0|0)$ dargestellt, der Fußpunkt des zweiten Masts durch $F_2(2{,}5|6|0)$. Das Seil ist am ersten Mast in einer Höhe von 6 m befestigt, am zweiten Mast in einer Höhe von 4,7 m. Es soll davon ausgegangen werden, dass das Seil geradlinig verläuft.

c)	Stellen Sie die beiden Masten und das Seil in einem dreidimensionalen Koordinatensystem dar.	3
d)	Bestimmen Sie die Neigung des Seils zwischen den beiden Masten in Prozent.	4
e)	Über das bisher betrachtete Seil hinweg ist ein zweites Stahlseil gespannt. Dieses obere Seil verläuft entlang der Geraden $h: \vec{x} = \begin{pmatrix} -1 \\ 3 \\ 8 \end{pmatrix} + t \cdot \begin{pmatrix} 5 \\ 0 \\ 0 \end{pmatrix}$ mit $t \in \mathbb{R}$. Ein Punkt des oberen Seils liegt vertikal über einem Punkt des unteren Seils. Ermitteln Sie den Abstand dieser beiden Punkte.	5
		20

Teilaufgabe a

Nachweis, dass die Kletterwand ABCD die Form eines Parallelogramms hat

Beachten Sie, dass die Kletterwand in einer Ebene liegt, die laut Aufgabenstellung senkrecht zur x_1x_2-Ebene steht. Aus den x_3-Koordinaten der Punkte können Sie schließen, dass die Punkte C und D oberhalb der Punkte B und A liegen.

Ein Parallelogramm ist ein Viereck, bei dem die gegenüberliegenden Seiten jeweils parallel und gleich lang sind.

Es genügt, wenn Sie zeigen, dass zwei Seiten parallel und gleich lang sind. Dann gilt dies auch für das zweite Seitenpaar.

Nachweis, dass die Kletterwand nicht rechteckig ist

Es genügt der Nachweis dafür, dass der Winkel in einem der Eckpunkte kein rechter ist.

Wäre das Parallelogramm ein Rechteck, so müssten in allen Eckpunkten rechte Winkel vorliegen.

Der Winkel in einem Eckpunkt ist genau dann kein rechter Winkel, wenn das Skalarprodukt der von diesem Eckpunkt ausgehenden Seitenvektoren nicht null ist.

Teilaufgabe b

Begründung für die Flächeninhalte

Skizzieren Sie die prinzipielle Lage der Eckpunkte der Kletterwand ABCD, wenn Sie senkrecht auf die Ebene schauen, in der die Kletterwand liegt. Sie schauen also auch senkrecht auf die horizontale Linie der Kletterwand. Beachten Sie dabei die Koordinaten der vier Eckpunkte.

Zeichnen Sie auch eine horizontale Linie ein, die den Punkt D enthält.

Begründen Sie, dass die Fläche der Kletterwand, die unterhalb dieser Linie liegt, größer ist als die Fläche oberhalb der Linie.

Teilaufgabe c

Darstellung der beiden Masten mit Seil im Koordinatensystem

Wählen Sie ein geeignet skaliertes dreidimensionales Koordinatensystem und kennzeichnen Sie die beiden Masten und das Seil mit einer größeren Linienstärke.

Kennzeichnen Sie die Fußpunkte F_1, F_2 und die Befestigungspunkte des Seils an den Masten.

Beachten Sie, dass eine sorgfältige Zeichnung für die Bearbeitung der weiteren Teilaufgaben vorteilhaft sein wird.

Teilaufgabe d

Bestimmung der Neigung des Seils in Prozent

Die Neigung des Seils ist der Quotient aus der Höhenabnahme und der Länge der senkrechten Projektion des Seils auf die x_1x_2-Ebene.

Die Länge der senkrechten Projektion des Seils auf die x_1x_2-Ebene entspricht dem Abstand der beiden Fußpunkte F_1 und F_2.

Sie können das Neigungsdreieck auch darstellen, indem Sie in die Zeichnung unter Teilaufgabe c vom tiefer gelegenen Befestigungspunkt des zweiten Mastes aus eine horizontale Linie bis zum ersten Mast einzeichnen.

Berechnen Sie den Quotienten und geben Sie den Wert in Prozent an.

Teilaufgabe e

Ermittlung des Abstandes der beiden Seilpunkte

Betrachten Sie die in der Aufgabenstellung angegebene Gleichung der Geraden h, die den Verlauf des oberen Stahlseils beschreibt. Was lässt sich über die x_3-Koordinate der Punkte von h aussagen und was folgt daraus für den geometrischen Verlauf dieses Seils?

Veranschaulichen Sie sich die geometrische Situation der beiden Seile durch eine Skizze bzw. durch eine Ergänzung der Zeichnung aus Teilaufgabe c.

Bestimmen Sie die Gleichung der Geraden, die den Verlauf des unteren Seils beschreibt.

Ein Punkt des oberen Seils soll vertikal über einem Punkt des unteren Seils stehen. Beachten Sie, dass dann diese beiden Punkte die gleiche x_1- und x_2-Koordinate haben müssen.

Aus der Gleichheit der x_2-Koordinate der beiden Punkte lassen sich auf einfachem Wege die Höhe des unteren Punktes und schließlich der gesuchte Abstand der beiden Punkte als Höhendifferenz ermitteln.

Lösungsvorschlag zum Wahlteil (GTR/CAS) – Aufgabe 3 A

a) Nachweis, dass die Kletterwand ABCD die Form eines Parallelogramms hat:
Laut Aufgabenstellung liegt die Kletterwand in einer Ebene, die senkrecht zur x_1x_2-Ebene steht. Die x_3-Koordinaten der Punkte D und C sind größer als die der Punkte A und B. Hieraus folgt, dass die Seite $\overline{DC}$ in einer größeren Höhe liegt als die Seite $\overline{AB}$.
Ein Parallelogramm ist ein Viereck, bei dem die gegenüberliegenden Seiten jeweils parallel und gleich lang sind. Zum Nachweis genügt es, zu zeigen, dass zwei Seiten parallel und gleich lang sind. Dann ist auch das zweite Seitenpaar parallel und gleich lang.

Man erhält:

$$\overrightarrow{AB} = \overrightarrow{OB} - \overrightarrow{OA} = \begin{pmatrix} 10 \\ 5 \\ 5 \end{pmatrix} - \begin{pmatrix} 6 \\ 7 \\ 4 \end{pmatrix} = \begin{pmatrix} 4 \\ -2 \\ 1 \end{pmatrix}$$

$$\overrightarrow{DC} = \overrightarrow{OC} - \overrightarrow{OD} = \begin{pmatrix} 9 \\ 5{,}5 \\ 8 \end{pmatrix} - \begin{pmatrix} 5 \\ 7{,}5 \\ 7 \end{pmatrix} = \begin{pmatrix} 4 \\ -2 \\ 1 \end{pmatrix} = \overrightarrow{AB}$$

Die gegenüberliegenden Seiten des Vierecks sind also parallel und gleich lang, d. h., das Viereck ABCD ist ein Parallelogramm.

Nachweis, dass die Kletterwand nicht rechteckig ist:
Gezeigt wird, dass im Eckpunkt A kein rechter Winkel vorliegt. Es muss also nachgewiesen werden, dass das Skalarprodukt der von A ausgehenden Seitenvektoren nicht null ist.

Mit $\overrightarrow{AD} = \overrightarrow{OD} - \overrightarrow{OA} = \begin{pmatrix} 5 \\ 7{,}5 \\ 7 \end{pmatrix} - \begin{pmatrix} 6 \\ 7 \\ 4 \end{pmatrix} = \begin{pmatrix} -1 \\ 0{,}5 \\ 3 \end{pmatrix}$ folgt:

$$\overrightarrow{AB} \circ \overrightarrow{AD} = \begin{pmatrix} 4 \\ -2 \\ 1 \end{pmatrix} \circ \begin{pmatrix} -1 \\ 0{,}5 \\ 3 \end{pmatrix} = -4 - 1 + 3 = -2 \neq 0$$

Im Eckpunkt A liegt kein rechter Winkel vor, das Parallelogramm ABCD ist somit nicht rechtwinklig.

b) Begründung für die Flächeninhalte:
Die Abbildung zeigt die prinzipielle Lage der Eckpunkte der Kletterwand ABCD, wenn man senkrecht auf die Ebene schaut, in der die Kletterwand liegt. Da die Ebene der Kletterwand senkrecht zur x_1x_2-Ebene steht, verläuft die Blickrichtung parallel zu dieser x_1x_2-Ebene und auch senkrecht auf die ebenfalls gekennzeichnete horizontale Linie $\overline{DD'}$ auf der Kletterwand.

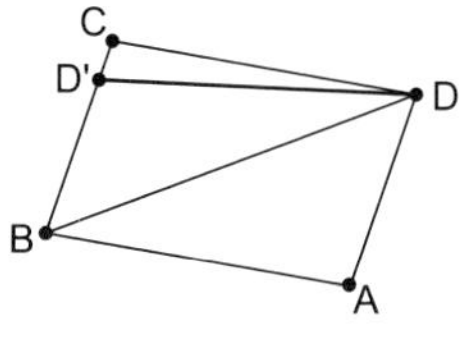

Der Punkt C liegt höher als der Punkt D, weil seine x_3-Koordinate größer ist. Der Punkt B liegt tiefer als D, weil seine x_3-Koordinate kleiner ist.

Insgesamt zeigt diese Abbildung, dass der Flächeninhalt des unteren Teils BADD' größer ist als der des oberen Teils D'DC der Kletterwand. Die Flächeninhalte wären gleich groß, wenn die Linie auf der Kletterwand durch B verlaufen würde. Diese Linie verläuft aber nicht horizontal.

c) Darstellung der beiden Masten mit Seil im Koordinatensystem:
Die nebenstehende Abbildung zeigt die beiden Masten mit ihren Fußpunkten F_1, F_2 und dem Seil PQ.

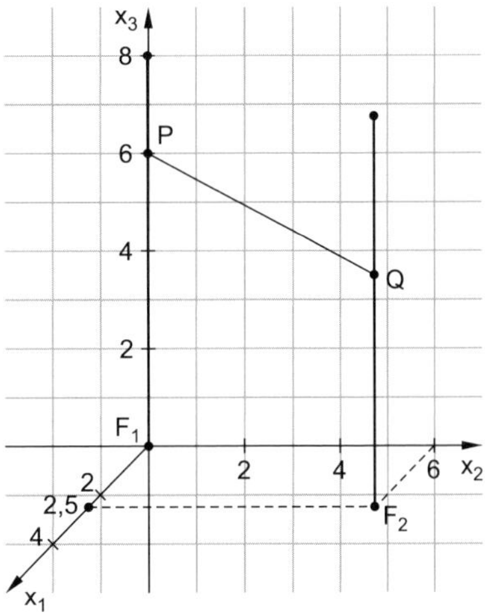

d) Bestimmung der Neigung des Seils in Prozent:
Die prozentuale Neigung p des Seils ist gegeben durch das Verhältnis der Kathetenlängen im Dreieck P'QP:

$$p = \frac{|\overline{PP'}|}{|\overline{P'Q}|}$$

Es gilt:

$$|\overline{P'Q}| = |\overline{F_1F_2}| = \sqrt{2,5^2 + 6^2} = 6,5$$

Damit folgt:

$$p = \frac{6 - 4,7}{6,5} = 0,2 = 20\ \%$$

Die Neigung des Seils zwischen den beiden Masten beträgt 20 %.

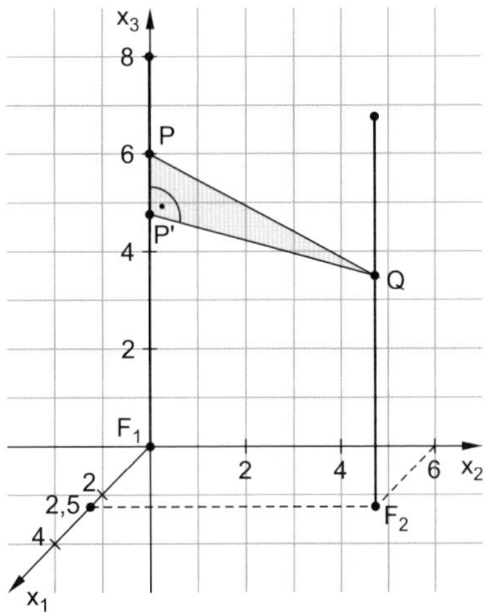

e) Ermittlung des Abstandes der beiden Seilpunkte:

Der Geradengleichung des zweiten Seils lässt sich entnehmen, dass für alle Punkte des Seils die x_3-Koordinate den Wert 8 hat. Dieses Seil verläuft also horizontal in einer Höhe von 8 m über der x_1x_2-Ebene.

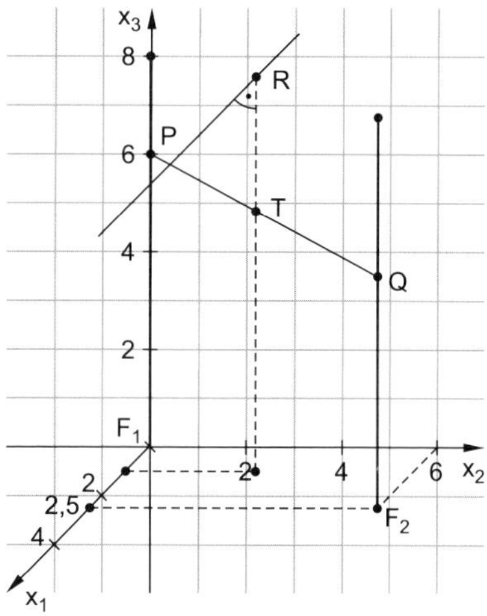

Der Punkt R des oberen Seils liegt vertikal über dem Punkt T des unteren Seils. Gesucht ist der Abstand von R und T.

Mit dem Stützvektor $\begin{pmatrix} 0 \\ 0 \\ 6 \end{pmatrix}$ und dem Richtungsvektor

$$\overrightarrow{PQ} = \begin{pmatrix} 2,5 \\ 6 \\ 4,7 \end{pmatrix} - \begin{pmatrix} 0 \\ 0 \\ 6 \end{pmatrix} = \begin{pmatrix} 2,5 \\ 6 \\ -1,3 \end{pmatrix}$$

erhält man die Gleichung für die Gerade, die den Verlauf des unteren Seils beschreibt:

$$\vec{x} = \begin{pmatrix} 0 \\ 0 \\ 6 \end{pmatrix} + s \cdot \begin{pmatrix} 2,5 \\ 6 \\ -1,3 \end{pmatrix}, \ s \in \mathbb{R}$$

Die beiden Punkte R und T haben die gleichen x_1- und x_2-Koordinaten. Es gilt:

$2,5 \cdot s = -1 + 5 \cdot t$ und

$6 \cdot s = 3$

Aus der 2. Gleichung folgt sofort $s = 0,5$ und hieraus ergibt sich die x_3-Koordinate des Punktes T:

$x_3 = 6 - 0,5 \cdot 1,3 = 5,35$

Der untere Punkt T liegt also in einer Höhe von 5,35 m über der x_1x_2-Ebene. Da sich der obere Punkt R in einer Höhe von 8 m befindet, beträgt ihr Abstand 2,65 m.

Wahlteil (CAS/GTR) – Aufgabe 3 C

Die Abbildung zeigt modellhaft das Dach eines Kirchturms. Die Eckpunkte der dreieckigen Giebelflächen (grau markiert) und der viereckigen Dachflächen werden durch die Punkte $B(8|0|0)$, $C(8|8|0)$, $E(4|0|6)$, $F(8|4|6)$, $G(4|8|6)$ und $S(4|4|12)$ sowie A, D und H dargestellt.

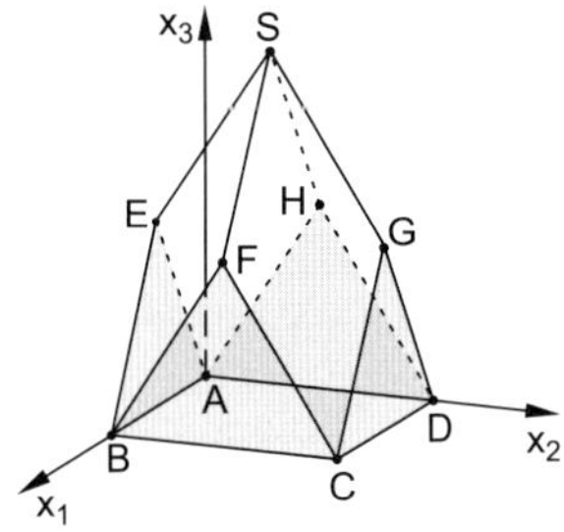

Die vier Dachflächen haben die gleiche Form und die gleiche Größe. Im verwendeten Koordinatensystem entspricht eine Längeneinheit einem Meter in der Realität.

Die Materialstärken der Bauteile des Dachs sollen im Folgenden vernachlässigt werden.

		Punkte
a)	Die Ebene L enthält die Punkte C, G und F. Geben Sie eine Gleichung von L in Parameterform an und zeigen Sie, dass auch S in L liegt.	4
b)	Weisen Sie nach, dass das Viereck CGSF eine Raute ist.	3
c)	Berechnen Sie die Größe des Innenwinkels des Vierecks CGSF im Punkt S sowie den gesamten Flächeninhalt der Dachflächen.	5
d)	Die Gerade q_1 verläuft durch S und F, die Gerade q_2 durch S und G. Die beiden Geraden schneiden die x_1x_2-Ebene in den Punkten Q_1 bzw. Q_2. Geben Sie das Verhältnis des Abstands von Q_1 und Q_2 zum Abstand von F und G an. Begründen Sie Ihre Angabe, ohne die Koordinaten von Q_1 und Q_2 zu berechnen.	3
e)	Zur Stabilisierung wird zwischen den durch E und G dargestellten Giebelspitzen ein gerader Stahlträger montiert. Vom Mittelpunkt dieses Stahlträgers aus soll eine möglichst kurze Stütze zum durch $\overline{SF}$ dargestellten Balken verlaufen. Der Punkt, in dem die Stütze auf den Balken trifft, wird im Modell mit R bezeichnet. Berechnen Sie die Koordinaten von R.	5
		20

TIPP Lösungshinweise zum Wahlteil (CAS/GTR) – Aufgabe 3C

Teilaufgabe a

Angabe der Gleichung für die Ebene L

Die Gleichung einer Ebene in Parameterform ist gegeben durch $\vec{x} = \vec{p} + s \cdot \vec{u} + t \cdot \vec{v}$, s, $t \in \mathbb{R}$. Dabei ist $\vec{p}$ der Ortsvektor eines Punktes der Ebene. Die Vektoren $\vec{u}$ und $\vec{v}$ stellen die Richtungsvektoren der Ebene dar.

Beachten Sie, dass die Ebene L die drei Punkte C, G und F enthält. Wählen Sie für $\vec{p}$ einen der drei Ortsvektoren dieser Punkte aus und bestimmen Sie dann die beiden Richtungsvektoren.

Nachweis, dass der Punkt S in L liegt

Zu zeigen ist, dass der Ortsvektor $\overrightarrow{OS}$ die Gleichung der Ebene L erfüllt.

Das Gleichsetzen des Ortsvektors $\overrightarrow{OS}$ mit der rechten Seite der Ebenengleichung von L führt auf ein lineares Gleichungssystem mit drei Gleichungen und den Unbekannten s und t.

Sie müssen zeigen, dass es ein Lösungspaar (s; t) gibt, das alle drei Gleichungen erfüllt.

Sie können das Gleichungssystem von Hand lösen.

Teilaufgabe b

Nachweis, dass das Viereck CGSF eine Raute ist

Eine Raute ist ein Parallelogramm mit vier gleich langen Seiten.

Weisen Sie mithilfe der Vektorrechnung die Parallelität der gegenüberliegenden Seiten des Vierecks CGSF nach und bestätigen Sie durch Rechnung, dass alle Seiten die gleiche Länge haben.

Teilaufgabe c

Berechnung der Größe des Innenwinkels des Vierecks CGSF im Punkt S

Zu bestimmen ist der Winkel φ zwischen den Vektoren $\overrightarrow{SF}$ und $\overrightarrow{SG}$.

Verwenden Sie für die Winkelbestimmung die Formel $\cos\varphi = \frac{\overrightarrow{SF} \circ \overrightarrow{SG}}{|\overrightarrow{SF}| \cdot |\overrightarrow{SG}|}$.

Der Rechner muss auf das Gradmaß eingestellt sein.

Berechnung des gesamten Flächeninhalts der Dachflächen

Beachten Sie, dass die gesamte Dachfläche aus vier kongruenten Rauten besteht und dass jede Raute aus jeweils zwei kongruenten gleichschenkligen Dreiecken besteht.

Das Dreieck FGS ist eines dieser acht kongruenten Dreiecke. Berechnen Sie zunächst den Flächeninhalt A_{FGS} dieses Dreiecks.

Verwenden Sie zur Berechnung dieser Dreiecksfläche die Formel $A_{FGS} = \frac{1}{2} \cdot g \cdot h$. Dabei ist g die Länge der Grundseite und h die zugehörige Höhe des Dreiecks.

Sie können die Strecke $\overline{FG}$ als Grundseite und die Hälfte der Strecke $\overline{CS}$ als Höhe ansehen.

Geben Sie zum Schluss den gesamten Flächeninhalt der Dachfläche in der Einheit m^2 an.

Einfachere Alternativlösung: Da die Fläche eines Dreiecks halb so groß ist wie das Produkt zweier Seiten und des Sinus des eingeschlossenen Winkels, gilt in diesem Fall $A_{FGS} = \frac{1}{2} \cdot |\overrightarrow{SF}| \cdot |\overrightarrow{SG}| \cdot \sin\varphi$.

Teilaufgabe d

Begründung für das Verhältnis der Abstände

Veranschaulichen Sie sich die geometrische Situation mithilfe einer Skizze.

In welcher Lagebeziehung stehen die in Teilaufgabe a betrachtete Ebene L und das Dreieck Q_1Q_2S?

Beachten Sie bei Ihren weiteren Überlegungen, dass die Punkte Q_1 und Q_2 in der x_1x_2-Ebene liegen und ihre x_3-Koordinate jeweils den Wert null hat.

Beachten Sie, dass auch die Punkte F und G die gleiche x_3-Koordinate haben. Was folgt daraus für die geometrische Lage der Strecken $\overline{Q_1Q_2}$ und $\overline{FG}$ zueinander und für die geometrische Beziehung zwischen den Dreiecken Q_1Q_2S und FGS?

Die x_3-Koordinate des Punktes S ist doppelt so groß wie die der Punkte F und G. Was bedeutet dies für die Längenverhältnisse der Streckenpaare $\overline{SQ_1}$ und $\overline{SF}$ bzw. $\overline{SQ_2}$ und $\overline{SG}$?

Formulieren Sie eine begründete zusammenfassende Schlussfolgerung über das Längenverhältnis der Strecken $\overline{Q_1Q_2}$ und $\overline{FG}$.

Teilaufgabe e

Berechnung der Koordinaten des Punktes R

Auch hier kann eine Skizze zur geometrischen Situation hilfreich sein.

Lassen Sie dabei die Dach- und Giebelflächen weg und skizzieren Sie nur den Stahlträger $\overline{EG}$, den Balken $\overline{SF}$ und die Stütze $\overline{NR}$.

Bestimmen Sie zunächst den Mittelpunkt N der Strecke $\overline{EG}$. Die x_1- und x_3-Koordinaten der Punkte E und G stimmen überein. Sie können daher die Koordinaten von N direkt ablesen.

Der Auftreffpunkt R der Stütze ist ein bestimmter Punkt auf der Geraden durch F und S. Bestimmen Sie den Ortsvektor $\overrightarrow{OR}$ von R, dessen Koordinaten von einem noch zu bestimmenden Parameter abhängen.

Die Stütze zum Balken $\overline{FS}$ hat genau dann eine minimale Länge, wenn die Vektoren $\overrightarrow{NR}$ und $\overrightarrow{FS}$ zueinander senkrecht stehen. Dies ist dann der Fall, wenn das Skalarprodukt dieser beiden Vektoren null ergibt.

Berechnen Sie das Skalarprodukt $\overrightarrow{NR} \circ \overrightarrow{FS}$ und bestimmen Sie denjenigen Parameterwert, für den das Skalarprodukt null ergibt.

Geben Sie anschließend den Punkt R an.

Sie können die Rechnungen per Hand oder mithilfe der Rechnerfunktionen durchführen.

Lösungsvorschlag zum Wahlteil (CAS/GTR) – Aufgabe 3 C

a) Angabe der Gleichung für die Ebene L:

Als Stützvektor wird $\overrightarrow{OC}$ gewählt und als Richtungsvektoren $\overrightarrow{CF}$ und $\overrightarrow{CG}$. Es gilt:

$$\overrightarrow{OC} = \begin{pmatrix} 8 \\ 8 \\ 0 \end{pmatrix}$$

$$\overrightarrow{CF} = \overrightarrow{OF} - \overrightarrow{OC} = \begin{pmatrix} 8 \\ 4 \\ 6 \end{pmatrix} - \begin{pmatrix} 8 \\ 8 \\ 0 \end{pmatrix} = \begin{pmatrix} 0 \\ -4 \\ 6 \end{pmatrix}$$

$$\overrightarrow{CG} = \overrightarrow{OG} - \overrightarrow{OC} = \begin{pmatrix} 4 \\ 8 \\ 6 \end{pmatrix} - \begin{pmatrix} 8 \\ 8 \\ 0 \end{pmatrix} = \begin{pmatrix} -4 \\ 0 \\ 6 \end{pmatrix}$$

Damit erhält man die Gleichung der Ebene L in Parameterform:

$$\vec{x} = \begin{pmatrix} 8 \\ 8 \\ 0 \end{pmatrix} + s \cdot \begin{pmatrix} 0 \\ -4 \\ 6 \end{pmatrix} + t \cdot \begin{pmatrix} -4 \\ 0 \\ 6 \end{pmatrix}, \ s, t \in \mathbb{R}$$

Nachweis, dass der Punkt S in L liegt:

Der Punkt $S(4\,|\,4\,|\,12)$ liegt genau dann in L, wenn es für die folgende Vektorgleichung ein Lösungspaar (s; t) gibt:

$$\begin{pmatrix} 4 \\ 4 \\ 12 \end{pmatrix} = \begin{pmatrix} 8 \\ 8 \\ 0 \end{pmatrix} + s \cdot \begin{pmatrix} 0 \\ -4 \\ 6 \end{pmatrix} + t \cdot \begin{pmatrix} -4 \\ 0 \\ 6 \end{pmatrix}$$

Das dazugehörige lineare Gleichungssystem lautet:

$$\begin{aligned} 4 &= 8 - 4 \cdot t \\ 4 &= 8 - 4 \cdot s \\ 12 &= 6 \cdot s + 6 \cdot t \end{aligned}$$

Aus den beiden ersten Gleichungen folgt $s = t = 1$.

Diese Werte erfüllen auch die dritte Koordinatengleichung, denn:
$12 = 6 \cdot 1 + 6 \cdot 1$
Der Punkt S liegt also in L.

b) Nachweis, dass das Viereck CGSF eine Raute ist:
Eine Raute ist ein Parallelogramm mit gleich langen Seiten. Man erhält:

$$\overrightarrow{FS} = \begin{pmatrix} 4 \\ 4 \\ 12 \end{pmatrix} - \begin{pmatrix} 8 \\ 4 \\ 6 \end{pmatrix} = \begin{pmatrix} -4 \\ 0 \\ 6 \end{pmatrix} = \overrightarrow{CG}$$

$$\overrightarrow{GS} = \begin{pmatrix} 4 \\ 4 \\ 12 \end{pmatrix} - \begin{pmatrix} 4 \\ 8 \\ 6 \end{pmatrix} = \begin{pmatrix} 0 \\ -4 \\ 6 \end{pmatrix} = \overrightarrow{CF}$$

Die gegenüberliegenden Seiten sind parallel.

Für die Seitenlängen folgt:

$$|\overrightarrow{FS}| = |\overrightarrow{CG}| = \sqrt{(-4)^2 + 0^2 + 6^2} = \sqrt{52}$$

$$|\overrightarrow{GS}| = |\overrightarrow{CF}| = \sqrt{0^2 + (-4)^2 + 6^2} = \sqrt{52}$$

Da zusätzlich alle Seiten vom Viereck CGSF gleich lang sind, ist dieses Viereck eine Raute.

c) Berechnung der Größe des Innenwinkels des Vierecks CGSF im Punkt S:
Zu bestimmen ist der Winkel φ zwischen den Vektoren $\overrightarrow{SF}$ und $\overrightarrow{SG}$. Es gilt:

$$\cos\varphi = \frac{\overrightarrow{SF} \circ \overrightarrow{SG}}{|\overrightarrow{SF}| \cdot |\overrightarrow{SG}|} = \frac{\begin{pmatrix} 4 \\ 0 \\ -6 \end{pmatrix} \circ \begin{pmatrix} 0 \\ 4 \\ -6 \end{pmatrix}}{\sqrt{52} \cdot \sqrt{52}} = \frac{36}{52} = \frac{9}{13} \approx 0{,}692 \quad \Rightarrow \quad \varphi \approx 46{,}2°$$

Der Innenwinkel im Punkt S beträgt ungefähr 46,2°.

Berechnung des gesamten Flächeninhalts der Dachflächen:
Die Dachfläche besteht aus vier kongruenten Rauten und jede Raute besteht aus zwei kongruenten gleichschenkligen Dreiecken. Das Dreieck FGS ist eines dieser acht kongruenten gleichschenkligen Dreiecke. Der Flächeninhalt A_{FGS} dieses Dreiecks ist durch die Formel $A_{FGS} = \frac{1}{2} \cdot g \cdot h$ gegeben. Dabei kann $|\overrightarrow{FG}|$ als Länge g der Grundseite angesehen werden und $\frac{1}{2} \cdot |\overrightarrow{CS}|$ als Höhenlänge h.
Man erhält daher:

$$A_{FGS} = \frac{1}{2} \cdot |\overrightarrow{FG}| \cdot \frac{1}{2} \cdot |\overrightarrow{CS}|$$

Es gilt:

$$\overrightarrow{FG} = \begin{pmatrix} 4 \\ 8 \\ 6 \end{pmatrix} - \begin{pmatrix} 8 \\ 4 \\ 6 \end{pmatrix} = \begin{pmatrix} -4 \\ 4 \\ 0 \end{pmatrix} \Rightarrow |\overrightarrow{FG}| = \sqrt{(-4)^2 + 4^2} = \sqrt{32}$$

$$\overrightarrow{CS} = \begin{pmatrix} 4 \\ 4 \\ 12 \end{pmatrix} - \begin{pmatrix} 8 \\ 8 \\ 0 \end{pmatrix} = \begin{pmatrix} -4 \\ -4 \\ 12 \end{pmatrix} \Rightarrow |\overrightarrow{CS}| = \sqrt{(-4)^2 + (-4)^2 + 12^2} = \sqrt{176}$$

Für den Flächeninhalt A_{FGS}des Dreiecks FGS gilt dann:

$$A_{FGS} = \frac{1}{2} \cdot |\overrightarrow{FG}| \cdot \frac{1}{2} \cdot |\overrightarrow{CS}| = \frac{1}{2} \cdot \sqrt{32} \cdot \frac{1}{2} \cdot \sqrt{176} = 4 \cdot \sqrt{22}$$

Als Flächeninhalt A_{ges} für die gesamte Dachfläche folgt:

$$A_{ges} = 8 \cdot A_{FGS} = 8 \cdot 4 \cdot \sqrt{22} = 32 \cdot \sqrt{22} \approx 150{,}1$$

Der Flächeninhalt der gesamten Dachfläche beträgt etwa 150,1 m^2.

Alternative:
Die Fläche eines Dreiecks ist halb so groß wie das Produkt zweier Seiten und des Sinus des eingeschlossenen Winkels. Es gilt also:

$$A_{FGS} = \frac{1}{2} \cdot |\overrightarrow{SF}| \cdot |\overrightarrow{SG}| \cdot \sin \varphi$$

Alle auftretenden Größen sind aus den Teilaufgaben b und c bekannt:

$$A_{FGS} = \frac{1}{2} \cdot \sqrt{52} \cdot \sqrt{52} \cdot \sin 46{,}2° = 26 \cdot \sin 46{,}2°$$

Für die gesamte Dachfläche folgt:

$$A_{ges} = 8 \cdot A_{FGS} = 8 \cdot 26 \cdot \sin 46{,}2° \approx 150{,}1$$

d) Angabe des Verhältnisses der Abstände:
Der Abstand der Punkte Q_1 und Q_2 ist doppelt so groß wie der Abstand von F und G.

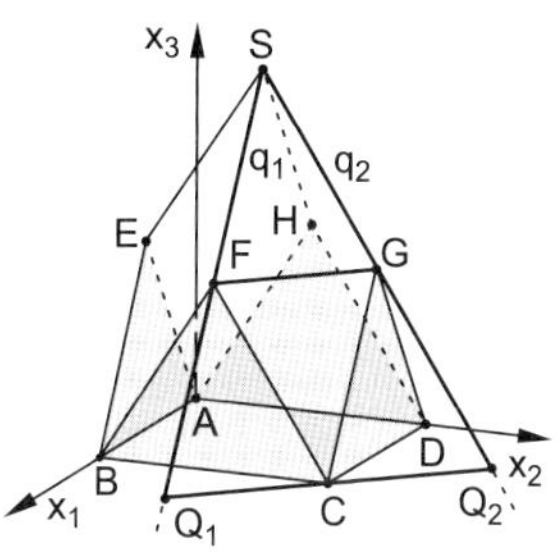

Begründung für das Verhältnis der Abstände:
Laut Konstruktion von Q_1 und Q_2 und nach den Ergebnissen aus Teilaufgabe a liegt das Dreieck Q_1Q_2S in der Ebene L (siehe Abbildung).
Die Punkte F auf $\overline{SQ_1}$ und G auf $\overline{SQ_2}$ haben die gleiche x_3-Koordinate:
$x_{3,F} = x_{3,G} = 6$

Daher verläuft die Strecke $\overline{FG}$ parallel zur Strecke $\overline{Q_1Q_2}$. Die Dreiecke Q_1Q_2S und FGS sind also zueinander ähnlich. Mit $x_{3,S} = 12$ ist die x_3-Koordinate von S doppelt so groß wie die von F bzw. G. Somit ist auch $\overline{SQ_1}$ doppelt so lang wie $\overline{SF}$. Insgesamt ist daher auch $\overline{Q_1Q_2}$ doppelt so lang wie $\overline{FG}$.

…nung der Koordinaten des Punktes R:

…e x_1- und x_3-Koordinaten der Punkte E und G stimmen überein. Wegen $x_{2,E} = 0$ und $x_{2,G} = 8$ ist der Mittelpunkt von $\overline{EG}$ durch N(4 | 4 | 6) gegeben.

Der Ortsvektor des gesuchten Punktes R auf dem Balken $\overline{FS}$ lautet:

$$\overrightarrow{OR} = \overrightarrow{OF} + r \cdot \overrightarrow{FS} = \begin{pmatrix} 8 \\ 4 \\ 6 \end{pmatrix} + r \cdot \begin{pmatrix} -4 \\ 0 \\ 6 \end{pmatrix} = \begin{pmatrix} 8-4r \\ 4 \\ 6+6r \end{pmatrix}$$

Dabei ist r eine noch zu bestimmende reelle Zahl.

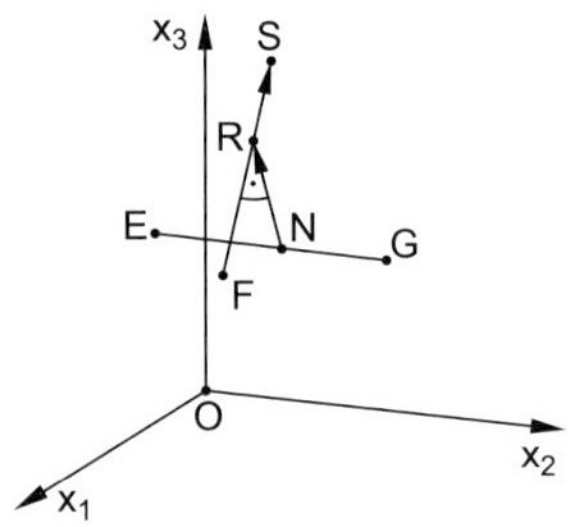

Die Stütze zum Balken $\overline{FS}$ hat genau dann eine minimale Länge, wenn die Vektoren $\overrightarrow{NR}$ und $\overrightarrow{FS}$ zueinander senkrecht stehen (siehe Abbildung). Dies ist dann der Fall, wenn ihr Skalarprodukt null ergibt.

Man erhält zunächst:

$$\overrightarrow{NR} = \overrightarrow{OR} - \overrightarrow{ON} = \begin{pmatrix} 8-4r \\ 4 \\ 6+6r \end{pmatrix} - \begin{pmatrix} 4 \\ 4 \\ 6 \end{pmatrix} = \begin{pmatrix} 4-4r \\ 0 \\ 6r \end{pmatrix}$$

Zu lösen ist nun die Gleichung $\overrightarrow{NR} \circ \overrightarrow{FS} = 0$.

$$\overrightarrow{NR} \circ \overrightarrow{FS} = \begin{pmatrix} 4-4r \\ 0 \\ 6r \end{pmatrix} \circ \begin{pmatrix} -4 \\ 0 \\ 6 \end{pmatrix} = -16 + 16r + 36r = 0 \quad \Leftrightarrow \quad 52 \cdot r = 16 \quad \Leftrightarrow \quad r = \frac{4}{13}$$

Einsetzen der Lösung $r = \frac{4}{13}$ in den Ortsvektor $\overrightarrow{OR} = \begin{pmatrix} 8-4r \\ 4 \\ 6+6r \end{pmatrix}$ des Punktes R führt auf:

$$\overrightarrow{OR} = \begin{pmatrix} 8 - 4 \cdot \frac{4}{13} \\ 4 \\ 6 + 6 \cdot \frac{4}{13} \end{pmatrix} = \begin{pmatrix} \frac{88}{13} \\ 4 \\ \frac{102}{13} \end{pmatrix}$$

$$\text{solve}\left(\text{dotP}\left(\begin{bmatrix} 4-4\cdot r \\ 0 \\ 6\cdot r \end{bmatrix}, \begin{bmatrix} -4 \\ 0 \\ 6 \end{bmatrix}\right) = 0, r\right) \qquad r = \frac{4}{13}$$

$$\begin{bmatrix} 8-4\cdot r \\ 4 \\ 6+6\cdot r \end{bmatrix} \Big| r = \frac{4}{13} \qquad \begin{bmatrix} \frac{88}{13} \\ 4 \\ \frac{102}{13} \end{bmatrix}$$

Der gesuchte Punkt R auf dem Balken $\overline{FS}$ lautet somit $R\left(\frac{88}{3} \,\middle|\, 4 \,\middle|\, \frac{102}{13}\right)$.